Python

数据分析、挖掘与可视化

从入门到精通

熊　熙　张雪莲◎编著

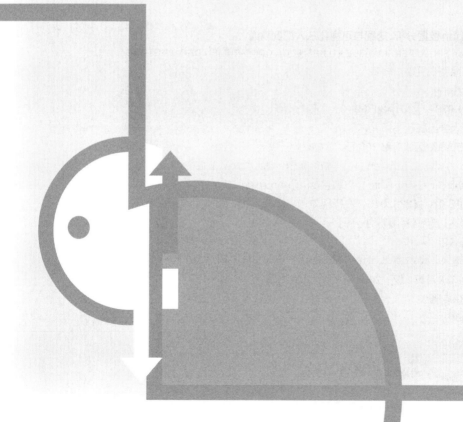

北京大学出版社
PEKING UNIVERSITY PRESS

内 容 简 介

笔者根据自己多年的数据分析与挖掘经验,从零基础读者的角度,详尽地介绍了 Python 数据分析与挖掘的基础知识及大量的实战案例。

全书分为 4 篇,第 1 篇是基础入门篇,主要介绍数据分析与挖掘的基本概念及 Python 语言的数据分析基础;第 2 篇是数据分析篇,主要介绍常用的数据分析方法;第 3 篇是数据挖掘篇,主要介绍常用的数据挖掘方法;第 4 篇是实战应用篇,介绍两个完整的数据分析与挖掘案例,让读者了解如何系统地应用前面学到的各种方法解决实际问题。对于书中的大部分章节,笔者还结合实际工作及面试经验,精心配备了大量高质量的练习题,供读者边学边练,以便更好地掌握本书内容。

本书配备所有案例的源代码,适合有一定数学基础的读者使用,但不要求读者具备编程基础,适合刚入行的数据分析人员或从事与数据相关工作、对数据感兴趣的人员,也适合从事其他岗位但想掌握一定的数据分析能力的职场人员,还可以作为大中专院校相关专业的教学参考用书。

图书在版编目(CIP)数据

Python 数据分析、挖掘与可视化从入门到精通 / 熊熙,张雪莲编著. — 北京:北京大学出版社,2024.6
ISBN 978-7-301-34769-0

Ⅰ.①P… Ⅱ.①熊… ②张… Ⅲ.①软件工具 – 程序设计 Ⅳ.①TP311.561

中国国家版本馆 CIP 数据核字(2024)第 017283 号

书　　　名	Python 数据分析、挖掘与可视化从入门到精通	
	Python SHUJU FENXI、WAJUE YU KESHIHUA CONG RUMEN DAO JINGTONG	
著作责任者	熊　熙　张雪莲　编著	
责 任 编 辑	王继伟	
标 准 书 号	ISBN 978-7-301-34769-0	
出 版 发 行	北京大学出版社	
地　　　址	北京市海淀区成府路 205 号　　100871	
网　　　址	http://www. pup. cn　　　新浪微博:@北京大学出版社	
电 子 邮 箱	编辑部 pup7@pup.cn　　总编室 zpup@pup.cn	
电　　　话	邮购部 010-62752015　发行部 010-62750672　编辑部 010-62570390	
印 刷 者	北京飞达印刷有限责任公司	
经 销 者	新华书店	
	787 毫米 × 1092 毫米　16 开本　20.5 印张　494 千字	
	2024 年 6 月第 1 版　2024 年 6 月第 1 次印刷	
印　　　数	1-3000 册	
定　　　价	89.00 元	

前

Preface

言

 为什么要写这本书?

数据科学正在重塑全球经济,重新定义我们的生活和工作方式,并从多个方面为产业赋能。例如,在新冠肺炎疫情时期,数据为卫生部门的紧急响应提供了有力支撑;在公司运营方面,数据辅助管理层制定决策;在个人生活方面,上网浏览记录有助于网站为用户推荐更感兴趣的内容。因此,数据分析师和数据科学家在各行各业中都备受青睐。

对于初学者来说,Python是一门非常优秀的编程语言。首先,与其他编程语言相比,Python的语法相对简单,代码的可读性很高,这极大地方便了初学者的学习。其次,Python在数据分析、探索性计算、数据可视化等领域中拥有非常成熟的库和活跃的社区支持,这使得Python成为数据处理领域的重要解决方案。最后,Python的强大不仅体现在数据分析与挖掘方面,而且在网络爬虫、Web开发等领域中也有着广泛的应用,它更是人工智能时代的通用语言。对于公司来说,使用Python作为主要的开发语言,有助于简化技术栈,提高开发效率,甚至有可能使用一门语言就完成全部业务。

笔者阅读过很多数据分析与挖掘的书籍,发现这些书籍中往往以概念和理论为主,其中大量统计学和机器学习的公式对于初学者来说可能较难理解和应用,而具体的实例和实现细节则相对较少。对于初学者来说,仅学习理论是远远不够的,只有将理论与实践相结合,才能更深入地理解和掌握数据分析与挖掘。此外,笔者自从多年前接触Python语言后,便对其产生了浓厚的兴趣,并坚信Python在未来将拥有广阔的发展前景。基于以上原因,笔者希望能够将自己对数据科学的理解、对Python语言的热爱及实践经验,分享给广大读者,从而吸引和帮助更多的人加入数据科学这个行业中来。

 本书特色

本书结合了笔者多年的一线教学经验和项目实战积累,从实例出发讲解每个知识点,让读者清楚每个知识点的真实使用场景。本书的最大特点就是代码实践,旨在使读者对数据分析与挖掘原理的理解达到代码级。全书共12章,从Python语言的基础讲起,再到数据分析方法和数据挖掘建模,最后讲解了两个典型的数据分析与挖掘案例。本书有两条线,一条明线是数据分析与挖掘实战,还有一条暗线是Python语言从入门到项目实战。书中最后两个实战应用案例各自都是一个完整的Python项目,读者不仅能学习数据分析与挖掘,还能掌握Python语言的应用能力。本书具有以下特点。

（1）理论与实践相结合，每个理论都有对应的实践代码讲解，读者参考源代码，完成实例，就可以看到实例效果。

（2）除最后两章外，每章末尾都配备相应的思考与练习题，方便读者阅读后巩固知识点，举一反三，学以致用，加深印象。

（3）本书最后两章的完整案例，可以帮助读者针对特定场景快速设计数据分析与挖掘的方案。

（4）本书偏向零基础的读者，会简单操作计算机就可以阅读本书。如果读者具备编程基础和统计学知识，阅读起来会更加顺畅。

写给读者的学习建议

在阅读本书时，如果读者是零基础，建议从第1篇Python语言基础开始学起。如果读者已经具备Python语言基础，可以跳过第1篇，直接从第2篇开始学习。因为数据分析与挖掘的很多原理都需要通过Python语言加以实践，如果不懂Python语言的语法，学习起来就会困难重重，很多时候还要去关注语法本身，这样就达不到事半功倍的效果。

Python数据分析与挖掘的难度并不高，读者只要掌握了数据分析工具的使用、常用的数据挖掘模型、一定的数据处理与分析思想，就可以得到自己想要的结果。但是，内容看懂了与实验做出来不是一回事，只有实实在在地操作，才能了解所有的细节，并深刻体会数据模型的原理及容易被忽略的一些细节问题。因此，强烈建议读者在阅读的同时，动手实践相关实验，这样才能把知识掌握牢固，打下良好的基础。

配套资源下载说明

本书为读者提供了以下配套学习资源。

（1）书中所有案例的源代码，方便读者参考学习、优化修改和分析使用。

（2）重点知识及相关案例的视频教程。读者可以在看书学习的同时，参考对应的视频教程，学习效果更佳。

（3）PPT课件，方便教师教学使用。

备注：以上资源已上传到百度网盘，供读者下载。请读者关注封底"博雅读书社"微信公众号，输入图书77页的资源下载码，获取下载地址及密码。

本书是由具有丰富的教学实践经验与项目工作经验的熊熙老师、张雪莲老师策划并统筹编写。参与书稿内容创作的还有马腾、蒋雯静、徐孟奇、王靖、韩昆等研究生，在此对他们的辛勤付出表示感谢。另外，由于计算机技术发展较快及作者水平有限，书中疏漏和不足之处在所难免，恳请广大读者指正。

目
Contents
录

第1篇 基础入门篇

第2篇　数据分析篇

第4章　数据的预处理

第5章　数据的分析方法

第6章　数据可视化工具的应用

第3篇 数据挖掘篇

第7章 数据挖掘之线性回归

第8章 数据挖掘之分类模型

第9章 数据挖掘之关联分析

第1篇　基础入门篇

　　在基础入门篇中，我们将结合具体的实例，对数据分析与挖掘相关的概念进行介绍，使读者对数据分析与挖掘有宏观的认识和了解。然后通过Python基础语法的教学，帮助读者掌握后期数据分析与挖掘的工具。本篇的最后一部分将为读者系统地讲解数据分析中最常用的模块及对应的简单测试用例。希望通过本篇的讲解，读者能够对简单实例进行实操，并对数据分析有一些自己的思考。

第 1 章

从零开始:初识数据分析与挖掘

随着移动互联网的发展和手机 App 的广泛使用,用户数据越来越多,但是仅有这些数据是远远不够的。如何发现数据背后的规律,挖掘用户习惯和爱好,产生商业价值,才是重中之重。由此产生的数据分析与挖掘技术也理所应当地成了近几年的热门工具。本章主要介绍数据分析与挖掘的入门级概念,并通过一些通俗易懂的实例来辅助读者理解。

通过本章内容的学习,读者能掌握以下知识。

- 了解数据分析与挖掘的概念、基本原理和工具。
- 了解大数据的概念。
- 了解使用 Python 进行数据分析与挖掘的优点。

1.1 什么是数据分析

数据分析作为一个传统领域，其本身的概念并没有统一的定义。本书为了让读者能够有一个全面的理解，就从"数据"和"数据分析"两个方面开始介绍。

1.1.1 与数据相关的概念

在日常生活中，我们与数据接触的机会非常多，但数据到底是什么，很多人并不能给出一个准确的描述。

1. 数据

汉语字典中对数据的解释是，进行各种统计、计算、科学研究或技术设计等所依据的数值。在维基百科中，数据是指未经处理的原始记录，是可识别的、抽象的符号。

当然，数据不仅指狭义上的数字，也可以是具有一定意义的文字、字母、数字符号的组合、图形、图像、视频、音频等，还可以是客观事物的属性、数量、位置及其相互关系的抽象表示。例如，"0，1，2，…""阴、雨、下降、气温""学生的档案记录、货物的运输情况"等都是数据。数据经过加工后就成为信息。

在计算机科学中，数据是所有能输入计算机并被计算机程序处理的符号的总称，是用于输入电子计算机进行处理，具有一定意义的数字、字母、符号和模拟量等的通称。在大数据时代，从企业的大量数据中分析和提取有意义的数据，是推动数据分析发展的主要驱动力之一。尽管每天有大量的数据产生，但实际上其中只有0.5%的数据被分析并被实际应用。收集、整理、组织和理解这些可能促进业务发展的信息就是数据分析。

2. 数据分析

数据分析是一个检查、清理、转换和建模数据的过程，目的是发现有用的信息，得出结论并支持决策。数据分析包含多种方法，广泛应用于商业、科学和医疗等多个领域。尤其是在当今的商业世界中，数据分析在助力企业制定科学决策和提升运营效率方面发挥着重要作用。根据行业和分析目的的不同，可以选择多种方法进行组合式分析，产生更大的效能。

在生活中，我们也无时无刻不在进行数据分析。你带着50元去菜市场买菜，对于琳琅满目的鸡鸭鱼猪肉及各类蔬菜，想荤素搭配，你逐一询问价格，不断进行分析和组合，计算50元能买到多少肉和多少菜、大概能吃多久，最终在心里得出一组信息，这就是数据分析。

1.1.2 什么是大数据

在生活中，我们常用"数值+单位"的形式来描述数据的大小。在计算机领域中，数据单位有比特（bit），再大一点的是字节（Byte），1Byte = 8bit。随着计算机和网络技术的发展，数据变得越来越大，根据2021年Facebook最新的统计数据,Facebook每月活跃用户超过22亿,每天生成4PB的数据(1KB = 1024B,1MB = 1024KB,1GB = 1024MB,1TB = 1024GB,1PB = 1024TB)。这些数据都存储在Hive(一个数据仓库工具)中,其中包含大约300PB的数据。而我们常用的移动硬盘也不过几个TB的大小,可见"大数据"之大。

严谨地讲,大数据是一个领域,主要是指能够从复杂数据集中提取信息并实现分析预测等功能的方法。这种高级数据分析方法可以提供更强的统计能力,并提高错误发现率和运算效率。大数据分析技术包括数据采集、数据存储、数据分析、信息搜索、数据共享、数据传输、可视化和隐私保护等方面。

1.1.3 数据分析工具

Python最初是用于软件和Web开发的面向对象的编程语言,在后期的发展中,逐渐对数据科学方面的功能进行了提升。NumPy是最早用于数据科学的库之一,可以用于数据可视化、数据合并、数据分组和数据清理等,支持多种文件格式,可从Excel表格中导入数据集以进行分析。Pandas则是基于NumPy构建的用于数据分析的扩展程序库。

R语言是另一种用于统计建模和数据分析的编程语言。在统计学中,探索性数据分析(Exploratory Data Analysis,EDA)是一种分析数据集以总结其主要特征的方法,其通常为视觉方法。使用plyr、dplyr包可以轻松地在R语言中进行数据操作。同时,R语言在使用gplot、lattice、ggvis等包进行数据可视化和分析时的表现也非常出色。在具体应用上,R语言被用于Facebook的状态更新和个人资料图片相关的行为分析,在Google中用于预测广告效果和经济趋势。限于本书篇幅,对R语言先不做介绍。

为了改善Python有限的数据分析功能,在实际分析过程中我们会安装第三方库,常见的有NumPy、Pandas、SciPy、Matplotlib、Scikit-learn等,其简介和图标分别如表1-1所示。接下来,我们将初步介绍这些库的安装及简单使用,详细的语法和使用方法会在后续的章节中讲解。

表1-1 Python常用的数据分析库

Python库	图标	简介
NumPy		基础的N维数组包,提供数组支持和相关的高效处理函数
Pandas		提供灵活的数据分析工具
SciPy		科学计算的基础库,提供矩阵支持和与矩阵相关的计算模块
Matplotlib		全面而强大的二维绘图工具
Scikit-learn		支持回归、分类、聚类等功能的机器学习库

（1）NumPy：NumPy代表Numerical Python。尽管Python列表的创建和操作相对简便，但它在支持向量化操作方面却存在局限。相比之下，NumPy库为矢量操作提供了极大的便利，使得其在数值计算和数据科学领域中的应用更为高效和灵活。同时，Python列表没有固定类型的元素，例如，for循环在每次迭代时，都需要检查数据类型。然而在NumPy数组中，数据类型是固定的，也支持向量化操作。通过更改N维数组对象Ndarray的大小，将创建一个新数组并删除原始数组，所以它的内存效率更高。并且NumPy数组中的元素具有相同的数据类型，因此在内存中大小相同，这样就有助于对大量数据进行高级数学运算和其他类型的运算。与Python内置序列相比，对NumPy进行操作的执行效率更高，代码更少。

（2）Pandas：Pandas是一个开源Python包，广泛应用于数据科学、数据分析和机器学习任务。它建立在NumPy包之上，该包提供对多维数组的支持。作为最受欢迎的数据处理包之一，Pandas与Python生态系统中的许多其他数据科学模块配合良好。Pandas建立在NumPy包之上，意味着Pandas中使用或复制了NumPy的许多结构。Pandas中的数据通常用于SciPy中的统计分析、Matplotlib中的绘图函数及Scikit-learn中的机器学习算法。

（3）SciPy：Python中的SciPy是一个开源库，数据类型和函数构建在NumPy上。SciPy适用于数值数据的复杂计算，用于解决数学、科学、工程和技术问题。它允许用户使用各种高级Python命令来操作数据和可视化数据。SciPy也读作"Sigh Pi"，代表Scientific Python。SciPy实际上是Python工具的集合，这些工具支持积分、微分、梯度优化等操作，其中包含所有代数函数。虽然这些函数中的一些在某种程度上也存在于NumPy中，但NumPy却不是完全成熟的形式。目前，SciPy在机器学习中的应用比NumPy更多一些。

（4）Matplotlib：Matplotlib一个基于NumPy数组构建的多平台数据可视化库，旨在与SciPy堆栈的广泛组件协同工作。作为Python及其数值扩展的得力助手，它提供了丰富的数据可视化和图形绘制功能。尤为值得一提的是，Matplotlib为MATLAB用户提供了一个强大且开源的替代方案，使他们能够无缝地转换到Python环境中进行数据处理和可视化。开发人员可以通过Matplotlib的API编程接口，轻松地在程序中嵌入绘图功能，实现数据的直观展示。此外，Matplotlib的另一大亮点在于其出色的兼容性，能够与众多操作系统和图形后端无缝配合，为用户提供流畅且高效的可视化体验。

（5）Scikit-learn：Scikit-learn是一个通用的机器学习库，建立在NumPy之上。它具有许多机器学习算法，如支持向量机、随机森林，多用于数据预处理和后处理的实用程序。对于数据挖掘和数据分析来说，它是一个简单有效的工具，可以使用Scikit-learn执行各种任务，例如，模型选择、聚类、分类和回归。该库专注于数据建模，但不擅长加载、操作和汇总数据。Scikit-learn提供了一些主流模型，如图1-1所示。

①分类：主要用于识别对象属于哪个类别。

②回归：预测与对象关联的连续值属性。

③聚类：用于对K-Means等未标记数据进行分组。

④降维：用于减少数据中用于汇总、可视化和特征选择（例如，主成分分析）的属性数量。

⑤型号选择：比较、验证和选择参数和模型。

⑥预处理:用于特征提取和归一化。

分类

识别对象属于哪个类别。

应用:垃圾邮件检测、图像识别。
算法: SVM、最近邻、随机森林等。

（a）

回归

预测与对象关联的连续值属性。

应用:药物反应、股票价格。
算法: SVR、最近邻、随机森林等。

Boosted Decision Tree Regression

（b）

聚类

自动将相似对象分组为集合。

应用:客户细分、分组实验结果。
算法: K-Means、谱聚类、均值漂移等。

K-means clustering on the digits dataset (PCA-reduced data)
Centroids are marked with white cross

（c）

降维

减少要考虑的随机变量的数量。

应用:可视化、提高效率。
算法: K-Means、特征选择、非负矩阵分解等。

Virginica
Versicolour
Setosa

（d）

型号选择

比较、验证和选择参数和模型。

应用:通过参数调整提高准确性。
算法: 网格搜索、交叉验证、指标等。

（e）

预处理

特征提取和归一化。

应用:转换输入数据,例如用于机器学习算法的文本。
算法: 预处理、特征提取等。

（f）

图 1-1 Scikit-learn 的主流模型

1.1.4 数据分析技术的发展

如今，数据分析受到很多关注，在各种规模的企业中扮演着越来越重要的角色，而数据分析的实践也是随着时间的推移逐渐发展起来的。接下来通过一段简单的介绍来了解数据分析的历史。

（1）数据分析与统计：数据分析，其深厚的根基源自悠久的统计学历史。据传，统计学的萌芽可追溯至古埃及时代，那时它便以定期人口普查的形式，助力了金字塔的宏伟建设。纵观历史长河，统计学的应用在世界各地的政府中均占据着举足轻重的地位，成为政府进行各类规划活动，尤其是税收管理时不可或缺的人口普查工具。当我们收集到这些数据后，接下来的关键步骤便是深入分析这些数据，以揭示其中蕴含的信息与规律。

（2）数据分析与计算：在使用计算机之前，美国1880年的人口普查需要7年多的时间来处理收集到的数据并得出最终报告。为了缩短人口普查所需的时间，1890年，Herman Hollerith 发明了"制表机"。这台机器能够系统地处理记录在穿孔卡片上的数据。由于制表机的发明，1890年的人口普查仅用了18个月就完成了，比预计时间要少得多。冯·诺依曼架构被发明后，数据已经被视为要处理的信息来进行分析。转折点是20世纪80年代关系数据库的出现，它允许用户编写Sequel（SQL）语句从数据库中检索数据。对于用户来说，RDB和SQL能够按需分析他们的数据，使处理数据的过程变得容易，有助于扩展数据库的使用。

（3）数据仓库和商业智能：从20世纪80年代后期开始，由于硬盘驱动器的成本不断下降，收集的数据量显著增加。就在那时，William H. Inmon 提出了"数据仓库"的概念，这是一个针对报告和数据分析进行优化的系统。与通常的关系数据库不同的是，数据仓库通常针对查询的响应时间进行优化。很多时候，数据与时间戳一起存储，而诸如Delete和Update之类的操作的使用频率要低得多。例如，如果企业要比较每个月的销售趋势，则可以将所有销售交易与时间戳一起存储在数据仓库中，并根据此时间戳进行查询。商业智能（Business Intelligence，BI）一词是由 Gartner Group 的 Howard Dresner 于1989年提出的。BI通过深度搜索、精准收集与细致分析业务中积累的海量数据，为制定更优的业务决策提供有力支持。特别是在大型企业中，BI的地位尤为重要。在制定业务决策时，这些企业会充分运用BI系统，对客户数据进行深入的分析，以获取更有价值的洞察，从而更精准地把握市场动态，提升决策的科学性与准确性。

（4）数据挖掘：数据挖掘出现在20世纪90年代左右，是在大型数据集中发现模式的计算过程。通过采用不同于常规方法的方式分析数据，可以得到意想不到但有益的结果。数据库和数据仓库技术使数据挖掘的发展成为可能，这些技术使公司能够存储更多数据并仍然以合理的方式对其进行分析，进而出现了一种普遍的业务趋势，即公司开始分析历史购买模式以"预测"客户的潜在需求。

（5）互联网：对在网络上搜索特定网站的需求，Larry Page 和 Sergey Brin 开发了Google搜索引擎，在分布式计算机上处理和分析大数据。令人惊讶的是，Google引擎会在几秒钟内响应用户最有可能希望看到的结果。该系统的关键点在于它是自动化、可扩展和高性能的。2004年，关于MapReduce的白皮书极大地启发了工程师，吸引了大量人才来应对处理大数据的挑战。为应对该挑战，2010年左右出现了许多开源软件项目，如Apache Hadoop和Apache Cassandra。

(6)云端大数据分析:21世纪10年代初期,基于云计算的数据仓库Amazon Redshift和处理数千台Google服务器中的查询的Google BigQuery问世,二者都显著降低了数据分析成本并减少了处理大数据的障碍。如今,每家公司都能够在合理的预算内获得用于大数据分析的基础设施。即使是过去没有预算来进行此类分析的初创公司,现在也能够通过使用Amazon Redshift等大数据工具快速重复PDCA[PDCA是英语单词Plan(计划)、Do(执行)、Check(检查)和Act(修正)的第一个字母,是一种绩效检查方式]周期。

正如我们所见,自计算机出现以来,数据分析和计算机技术一直在发展并相互影响。随着收集到的数据规模越来越大,每个阶段都不得不引入新的数据分析方法。随着数据收集和计算的成本越来越低,我们还会继续看到大数据领域的突破。

 1.2 什么是数据挖掘

与数据分析相同,数据挖掘技术也是一门广泛应用于各个学科的技术,本节将分别介绍数据挖掘的概念、发展历史及主要任务。

1.2.1 数据挖掘相关概念

前文介绍了数据分析的发展历史,数据分析与数据挖掘联系紧密却又不尽相同。数据分析侧重于通过对历史数据的统计分析,提炼出数据中深层次的价值,并将结果中的有效信息呈现出来,那么数据挖掘又是什么呢?

数据挖掘被定义为从一组巨大的原始数据中提取可用信息的过程,它意味着使用一个或多个软件分析大量数据的数据模式。数据挖掘在很多领域中都有应用,比如科学研究。数据源可以包括数据库、数据仓库、网络和其他信息存储库或动态流入系统的数据。商业智能涵盖了严重依赖聚合的数据分析,主要关注业务信息,而数据挖掘也是特殊的数据分析技术,侧重于统计建模和知识发现,用于预测目的而不是纯粹的描述目的。在统计应用中,数据分析可分为描述性统计分析、探索性数据分析(Exploratory Data Analysis,EDA)和验证性数据分析(Confirmatory Data Analysis,CDA)。EDA侧重于发现数据中的新特征,而CDA则侧重于确认或证伪现有假设。预测分析侧重于应用统计模型进行预测或分类,而文本分析则应用统计、语言和结构技术从文本源(一种非结构化数据)中提取和分类信息。以上是各种数据分析。

如果觉得专业术语晦涩难懂,那么不妨这样理解数据挖掘和数据分析的区别:例如,对泰坦尼克号幸存者的数据进行分析发现,是否能幸存与年龄、性别、所在舱位和社会地位相关;而数据挖掘所做的工作则是通过编写好的算法从数据中提取有用的信息,从而对船上的人员是否能存活进行合理的预测。

1.2.2 数据挖掘起源

随着大数据时代的来临，数据挖掘技术日益普及。大数据，这一规模庞大的数据集，经过计算机的分析处理，能够揭示出人类可以理解的特定模式、关联和趋势。这种数据集合不仅体量巨大，而且涵盖了多种类型和内容丰富的信息，为各行各业提供了前所未有的洞察力和决策支持。

因此，对于如此大量的数据，人工干预的简单统计是行不通的，需要由数据挖掘过程来满足需求。这个过程将从交易、照片、视频、平面文件等原始数据中提取相关信息，并自动处理这些信息以生成对企业采取行动有用的报告。因此，数据挖掘过程对于企业发现数据中的模式和趋势、汇总数据并提取相关信息来做出更好的决策至关重要。

到20世纪90年代初，数据挖掘被认为是一个子过程或更大过程中的一个步骤，称为数据库中的知识发现（Knowledge Discovery in Databases，KDD）。KDD最常用的定义是"在数据中识别有效的、新颖的、潜在有用的和最终可理解的模式的非平凡过程"。

构成KDD流程的一部分子流程如下。

（1）了解应用程序并确定KDD过程的目标。

（2）创建目标数据集。

（3）数据清洗和预处理。

（4）将KDD过程的目标与特定的数据挖掘方法相匹配。

具体的流程可以参照图1-2。

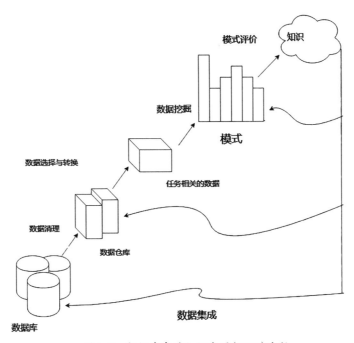

图1-2 数据库中的知识发现（KDD）流程

到20世纪90年代末，数据挖掘已经是一项众所周知的技术。这打开了允许组织记录客户购买数据的大门,可以挖掘此数据来识别客户购买模式。数据挖掘的普及在过去十年中持续快速增长。在过去的二十年中,数据挖掘作为一门学科变得非常流行,其应用程序广泛应用于商业、政府和科学等各领域。从文本挖掘开始,它已经发展了很多技术,未来用它来观察不同数据(例如,空间数据、不同来源的多媒体数据)的使用会非常有趣。

1.2.3　数据挖掘要解决的问题

面对数以千万甚至上亿并且格式各异的数据,很难再用纯人工或纯统计的方法从如此多的变量中找到其隐含价值,此时需要用到一个与数据挖掘相关的概念——机器学习。机器学习是规范的解决方案,能够充分利用数据中的每一个部分,自动提取价值。数据挖掘就提供了这样一系列的框架、工具和方法,可以处理不同类型的大量数据,并且使用复杂的算法部署,去探索数据中的模式。总之,数据挖掘的产生原因主要有以下几点。

(1)海量数据。随着互联网技术的发展,数据的生产、收集和存储也越来越方便,海量数据因此产生。比如,微信每天要产生超过380亿条数据;今日头条每天要发布上百万篇新文章;淘宝每天有上千万的包裹要发出。

(2)维度众多。在一个多维度的数据中,每增加一个维度都会增加数据分析的复杂程度。比如,点外卖事件涉及的维度就有浏览饭店的菜品(形式有文字、图片或语音、视频等)、浏览时间、下单价格、交易流程、分配配送员及GPS信息、完成订单后的评价等。

(3)问题复杂。通常用数据挖掘解决的问题都比较复杂,很难用一些规则或简单的统计方式给出结果。如果让开发者写一个微波炉的智能控制逻辑,难度不是很大,即便是有十几个甚至几十个按钮的控制中心,也不过是多花费一点时间而已。但如果编写一段代码来区分某图片中是否有一只猫咪,那要考虑的问题就太多了,使用传统的方法很难解决,而这恰恰是数据挖掘所擅长的。

对于每一种基本任务,除了要了解它们具体可以做什么,更重要的是要学习每一种任务对应哪些行之有效的方法。举个例子来说,分类与预测,常用的方法有决策树、神经网络、朴素贝叶斯、支持向量机、随机森林等。这些典型方法的具体原理是什么,怎么使用,如何应用于具体的数据挖掘任务,将会在后续的章节中逐一说明。

1.2.4　数据挖掘任务

数据挖掘位于机器学习、统计和数据库系统的交界处。正如之前讲述的,它可以以多种方式为现代行业赋能。因此,我们可以将数据挖掘任务分为以下几大类。

(1)分类与预测。这是一种基于类别标号的学习方式,这种标号若是离散的,则属于分类问题;若是连续的,则属于预测问题,或者称为回归问题。从广义上来说,不管是分类还是回归,都可以看作一种预测,差异就是预测的结果是离散的还是连续的。

(2)聚类分析。就是"物以类聚,人以群分"在原始数据集中的运用,其目的是把原始数据聚成几类,从而使类内相似度高,类间差异性大。

(3)关联规则。数据挖掘可以用来发现规则，关联规则属于一种非常重要的规则，即通过数据挖掘方法，发现事务数据背后所隐含的某一种或多种关联，从而利用这些关联来指导商业行为和决策。

(4)异常值检测。根据一定准则识别或检测出数据集中的异常值，所谓异常值就是和数据集中的绝大多数数据表现不一致的值。

(5)智能推荐。这是数据挖掘中一个很活跃的研究和应用领域，在各大电商网站中都会有各种形式的推荐，例如，推荐同类用户所购买的产品。

1.3 数据分析与挖掘的应用领域

数据分析与挖掘已经被广泛用于各行各业，由于篇幅问题，我们无法一一列举，因此选取一些经典领域来做介绍。数据分析与挖掘可以用于以下几个领域。

(1)财务分析：金融业十分依赖质量高且可靠的数据。在贷款市场中，财务和用户数据可用于多种目的，例如，预测贷款支付和确定信用评级。数据挖掘方法使这些任务更易于管理。分类技术有助于将影响客户银行决策的关键因素与无关因素分开。此外，多维聚类技术允许识别具有相似贷款支付行为的客户。数据分析与挖掘还可以帮助检测洗钱和其他金融犯罪行为。

(2)电信业：随着互联网的出现，电信业快速扩张和增长。数据挖掘可以使关键行业参与者提高他们的服务质量，从而在竞争中保持领先地位。时空数据库的模式分析可以在移动电信、移动计算及网络和信息服务中发挥巨大作用。异常值分析等技术可以检测是否有欺诈用户的行为。此外，联机分析处理（Online Analytical Processing，OLAP，一种让用户提取多个数据库系统的信息并从多角度分析的计算方法）和可视化工具可以帮助比较信息，例如，利润、数据流量、系统过载等。

(3)入侵检测：在全球连通性日益增强的当今技术驱动型经济中，网络管理面临着前所未有的安全挑战。网络资源时常受到侵犯其机密性或完整性的潜在威胁与行为的影响。因此，入侵检测作为一种核心的数据挖掘实践，其重要性日益凸显。入侵检测涵盖了关联和相关性分析、聚合技术、可视化和查询工具等多种技术手段，能够精准地检测并识别出与正常行为模式存在偏差的异常活动，从而有效保障网络的安全与稳定。

(4)零售业：有组织的零售部门拥有大量数据点，包括销售、采购历史、货物交付、消费和客户服务。随着电子商务市场的到来，零售业的数据库变得更大。现代零售业通过数据仓库可以发挥数据挖掘的全部优势。多维数据分析有助于处理与不同类型的客户、产品、地区和时区相关的数据。在线零售商还可以推荐产品以增加销售收入，并分析其促销活动的有效性。因此，从关注购买模式到改善客户服务和满意度，数据挖掘在该领域中打开了许多大门。

(5)高等教育：随着全球对高等教育的需求不断上升，教育机构正在寻找创新的解决方案来满足不断增长的需求。这些机构可以使用数据挖掘来预测哪些学生会注册特定课程、哪些学生需要额外的帮助才能毕业，从而完善整体招生管理。此外，通过有效的分析，学生职业道路的预测和数据呈现将变得更加完整。通过这种方式,数据挖掘技术可以帮助揭示高等教育领域海量数据库中的隐藏模式。

(6)能源:如今,能源领域也可以使用大数据和适当的数据挖掘技术。决策树模型和支持向量机学习是业界最流行的方法,为决策和管理提供了可行的解决方案。此外,数据挖掘还可以通过预测电力输出和电力清算价格来提高生产收益。

(7)空间数据挖掘:通常,空间数据挖掘可以揭示拓扑和距离等方面的相关信息。地理信息系统(Geographic Information System,GIS)和其他几个导航应用程序利用数据挖掘来保护重要信息并了解其含义。这一新趋势包括提取地理、环境和天文数据,其中也有来自外太空的图像。

(8)生物数据分析:生物数据挖掘实践在基因组学、蛋白质组学和生物医学研究领域已广泛融入日常实践中。借助数据科学技术,从精准刻画患者行为、预测诊疗进程,到精确制定疾病治疗方案,都展现出了显著的优势。在生物信息学领域中,数据挖掘的应用尤为丰富,涵盖了异构和分布式数据库的语义集成、关联和路径分析、可视化工具的运用、结构模式的发现,以及遗传网络和蛋白质通路的深入分析。这些技术的运用,不仅推动了生物科学研究的发展,也为临床诊断和治疗提供了有力的数据支撑。

(9)其他科学应用:化学工程、流体动力学、气候和生态系统建模等科学领域的快速数值模拟会产生大量数据集。数据挖掘带来了数据仓库、数据预处理、数据可视化、基于图的挖掘等功能。

(10)制造工程:系统级设计利用数据挖掘来提取产品组合和产品架构之间的关系。此外,这些方法还可用于预测产品成本和开发时间。

(11)刑事调查:数据挖掘活动也常用于犯罪学,用来对犯罪特征进行研究。首先需要将基于文本的犯罪报告转换为文本文件,然后通过对存储的大量数据进行模式识别,从而推断出犯罪过程。

(12)反恐:复杂的数学算法可以指出哪个情报单位应该在反恐活动中发挥主导作用。数据挖掘甚至可以执行警察管理任务,例如,确定在何处部署劳动力等。

1.4 用Python进行数据分析与挖掘

Python作为与大数据相关的最受欢迎的编程语言,其开源、简洁易读等特点也是被用于数据分析与挖掘的重要原因。下面我们就来详细介绍与Python相关的知识。

1.4.1 Python语言概述

Python由荷兰数学和计算机科学研究学会的Guido van Rossum于20世纪90年代初设计,作为一门叫作ABC语言的替代品,随着版本的不断更新和语言新功能的增加,逐渐被用于独立的、大型项目的开发。

Python是一种解释型高级动态编程语言,其语言结构及面向对象的方法旨在帮助程序员为小型和大型项目编写清晰、合乎逻辑的代码。Python能够支持多种编程范式，包括结构化（特别是过程式）、面向对象和函数式编程。同时，Python也是一种解释性的、面向对象的、具有动态语义的高级编程语言，其内置的高级数据结构，结合动态类型和动态绑定，使其可以实现快速的应用程序开发。它可以作为将现有组件连接在一起的脚本或胶水语言，非常具有吸引力。这门语言的语法强调可读性，因此降低了程序的维护成本，同时保持模块和包，鼓励程序模块化和代码重用。

1.4.2　Python 的优点

在2019年的Stack Overflow调查中，Python被评为开发人员第二喜爱的语言。Python语言的多样化应用是特性组合的结果，这些特性使该语言比其他语言更具优势。Python语言包括以下优点。

（1）用途广泛，易于使用且开发速度快。Python专注于代码可读性，简洁、易于使用和学习，且结构良好。它的强大之处在于灵活性和易用性，学习曲线非常温和，语言功能丰富。由于Python是动态类型的编程语言，这使得其开发过程更加友好和快速。同时，Python的灵活性也使其非常适合进行探索性数据分析。

（2）开源。Python遵循GPL协议，用户使用Python开发程序不需要支付任何费用，即便是用作商业用途也是免费的。因此，使用Python进行开发很轻松。更重要的是，Python程序员社区是世界上最好的社区之一，非常庞大且活跃，有着强大的生命力。

（3）功能强大。Python丰富的功能可以为程序员提供广阔的应用空间。从Web开发到游戏开发，再到机器学习和3D图形编程，借助拓展模块都能轻松完成。

（4）跨平台。由于Python是用ANSI C实现的，这意味着它有着良好的跨平台特性，能够移植到许多平台上，包括Linux、Windows、macOS、Android等。正如前面提到的，Python易于学习且开发速度快，用户可以用更少的代码做更多的事情，这意味着可以用Python更快地构建原型和测试想法。这样不仅可以节省大量时间，还可以提高生产力。

Python不仅广泛用于数据分析和人工智能，而且还因为丰富的Web框架和标准库，成为网络建站及系统管理和信息安全等领域的热门方案。例如，YouTube、Instagram、豆瓣、知乎等都是用Python写的。

Python是数据处理的绝佳选择的一个主要原因是，数据科学家和分析师对Python的要求很高，需要在短时间内构建数据模型、系统化数据集、创建机器学习算法及应用数据挖掘来完成不同的任务。灵活性的优势使Python成为数据科学行业需要的理想解决方案。与R语言、Go语言等其他语言相比，Python速度更快，可扩展性更强。因此，Python广泛应用于各个领域，解决不同类型的问题。

正如先前所强调的，Python无疑是当今备受推崇的编程语言之一。其之所以备受瞩目，一个核心要素在于它拥有数量庞大且完全免费的库，这些库向所有用户开放，极大地推动了Python的蓬勃发展。在数据科学这一领域中，Python同样展现出了其强大的实力。对于那些涉足数据科学领域的人来说，Pandas、SciPy、StatsModels等库无疑是耳熟能详的，它们在数据科学社区中广受欢迎并被大量使用，为研究者们提供了强大的工具支持。

除数据科学类的库外,还有很多图形和可视化工具。众所周知,视觉信息更容易理解、操作和记忆。这使得 Python 不仅是数据分析的必备工具,也是所有数据可视化的必备工具。用户可以通过创建各种图表和图形及可用于 Web 的交互式绘图,使数据更易于理解和使用。

1.4.3 认识 Python 常用库

本书在前面提到了数据分析与挖掘常用的模块,这里对其他 Python 标准库中的模块再做简单介绍。

（1）datetime:处理日期和时间的模块,为日期和时间处理提供了各种方法。

（2）zlib:实现数据压缩和解压缩的包。

（3）random:生成范围在[0,1)内随机数的工具。

（4）math:提供了对浮点数的数学运算函数。

（5）sys:用来处理 Python 运行时的配置及资源,从而可以与当前程序之外的系统环境进行交互。

（6）glob:用于匹配文件路径,返回所有匹配的文件路径列表。

（7）os:用于和系统进行交互的模块。

除前面所介绍的 Python 标准库中的模块外,Python 还有众多的第三方库,其中常用的库包括以下这些。

（1）Scrapy:为了爬取网站数据,提取结构性数据而编写的应用框架。

（2）Requests:HTTP 库,是用于网络访问的模块。

（3）Pillow:一个图像处理库,PIL（Python 图形库）的一个分支。

（4）OpenCV:图片识别常用的库,能够快速实现一些图像的处理和识别任务。

（5）pytesseract:识别图片中的文字,即 OCR 识别。

（6）wxPython:一个跨平台的 GUI（图形用户界面）工具。

（7）Twisted:基于事件驱动的网络引擎框架。

（8）SymPy:该模块可以进行符号计算,定义符号变量,进行代数运算、微分运算、积分运算等。

（9）SQLAlchemy:SQL 工具包及对象关系映射（ORM）工具。

（10）SciPy:算法和数学工具库。

（11）Scapy:发送、嗅探和剖析并伪造网络数据包。

（12）pywin32:提供与 Windows 交互的方法。

（13）Pyglet:开发 3D 动画和游戏的工具。

（14）Pygame:开发 2D 游戏的工具。

（15）nose:用于 Python 测试的自动化框架。

（16）NLTK:自然语言处理工具包。

（17）IPython:Python 交互式解释器,用于补充对 Python 的提示信息,包括完成信息、历史信息、自动补全命令等功能。

（18）Beautiful Soup：XML 和 HTML 的解析库，最主要的功能是从网页中爬取数据。

 1.5 本章小结

本章主要介绍了数据分析与挖掘相关的基本概念。数据分析的重点是观察数据，数据挖掘的重点则是从数据中发现知识规则。在实际的数据分析与挖掘过程中，这二者甚至是递归的：数据分析的结果是信息，这些信息作为数据，又进行数据挖掘。数据挖掘又使用了数据分析手段，周而复始。此外，我们还介绍了数据分析与挖掘过程中十分得力的工具：Python。通过本章的学习，我们对数据分析与挖掘有了整体的认识，为后续使用 Python 实现数据分析与挖掘奠定了基础。

1.6 思考与练习

1. 填空题

（1）数据分析是一个_____、_____、_____和_____数据以提取支持决策的见解的过程。

（2）Python 第三方常用库有 _____、_____、_____、_____、_____、_____、_____、_____等。

（3）数据分析常用工具有_____、_____、_____、_____、_____。

（4）在统计应用中，数据分析可分为_____、_____和_____。

2. 问答题

（1）数据分析和数据挖掘的区别和联系是什么？

（2）数据挖掘需要完成哪些任务？

第 2 章

Python 数据分析基础

本章主要介绍数据分析中关于 Python 的基础知识,为之后的学习奠定基础。我们将从 Python 开发环境搭建和 Python 基础语法两个方面来介绍 Python 数据分析的基础知识。

通过本章内容的学习,读者能掌握以下知识。

♦ 学会在操作系统上搭建和配置 Python 开发环境。

♦ 对 Python 语法有基本了解,可以简单使用 Python 进行编程。

2.1 搭建 Python 开发环境

Python 是一种解释型、面向对象、动态数据类型的高级程序设计语言,它提供了高效的高级数据结构,还能简单有效地面向对象编程。Python 的语法和动态类型,以及解释型语言的本质,使其成为多数平台上编写脚本和快速开发应用的编程语言,随着版本的不断更新和语言新功能的添加,逐渐被用于独立的、大型项目的开发。下面将介绍 Python 在 Windows 平台上的安装过程。

2.1.1 安装 Python

本小节主要介绍 Python 3 环境在 Windows 操作系统上的安装方法。初始 Windows 系统上并没有 Python 环境,若想在 Windows 系统上使用 Python,需要自己安装。其他操作系统如 Linux 和 macOS 下 Python 环境的安装方法可以在相关网站中找到。安装 Python 3 可以分为以下几个主要步骤。

步骤1 打开 Web 浏览器,访问 Python 的官方下载地址,如图 2-1 所示。

步骤2 在 Web 页面中可以选择不同版本的 Python,现在主要分为 Python 2.X 和 Python 3.X 版本,具体需要哪个版本可以自行选择。这里以 Python 3.12.0 版本的安装为例,单击后进入下载页面,如图 2-2 所示。

图 2-1　Windows 系统下 Python 版本的选择　　　　图 2-2　Windows 系统安装包选择

步骤3 其中 Windows 安装包分为两种类型,根据计算机操作系统的不同,分为 32 位操作系统和 64 位操作系统(查看方法:右击"我的电脑"→选择"属性"→"系统类型"),现在 Windows 10 大多是 64 位操作系统,本书就以 64 位操作系统安装包为例进行安装。下载后,双击安装包,进入 Python 安装向导,安装过程非常简单,只需要使用默认的设置,一直单击"下一步"按钮直到安装完成即可。安装完成后,打开命令提示符窗口,然后输入命令"python"进行测试,如果显示当前 Python 版本信息,即为安装成功。

2.1.2　安装 PyCharm

安装完 Python 环境后,还需要安装一个 Python 集成开发环境(IDE),本书推荐使用 PyCharm。PyCharm 是一种流行的 Python IDE,其集成了代码编写、代码分析、代码编译和调试等功能。本小节主要介绍其安装方法。

步骤1 访问 PyCharm 的官方下载地址,这里的专业版是收费的,社区版是免费的,我们选择免费的社区版即可。下载 Windows 操作系统下的软件安装包,如图 2-3 所示。

步骤2 双击已下载的 PyCharm 安装包,出现图 2-4 所示的界面,单击"Next"按钮。

图 2-3　PyCharm 下载

图 2-4　安装 PyCharm

步骤3 接下来选择安装位置。PyCharm 需要的内存较多,建议将其安装在 D 盘或 E 盘,不建议放在系统盘 C 盘,然后继续单击"Next"按钮,如图 2-5 所示。

步骤4 继续安装,单击"Next"按钮,等待安装完成,如图 2-6 所示。

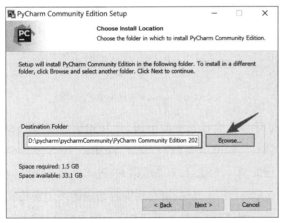

图 2-5　PyCharm 安装位置选择

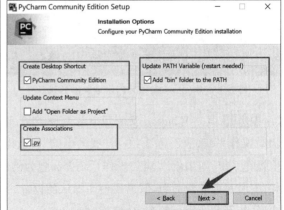

图 2-6　PyCharm 安装勾选设置

小提示:

(1)在选择安装位置时,若 C 盘空间够用,也可以不更换到其他盘,默认位置会更好。

（2）"Create Desktop Shortcut"选项表示创建桌面快捷方式。读者可以根据个人需求选择是否勾选此选项，一旦勾选，系统将自动在桌面上为该工具创建一个快捷方式，方便用户快速访问。

（3）"Update PATH Variable"选项表示将PyCharm加入系统环境变量中，建议勾选。

（4）"Create Associations"选项表示软件关联的文件后缀，比如打开.py结尾的Python文件时默认以此软件打开，根据需要勾选。

2.1.3 安装Anaconda

简单来说，Anaconda是Python的模块管理器和环境管理器。我们先来解答一个初学者都会问的问题：我已经安装了Python，为什么还需要安装Anaconda呢？原因有以下几点。

（1）Anaconda附带了一大批常用的数据科学包，包括Conda、Python和150多个科学包及其依赖项。因此，可以用Anaconda立即开始处理数据。

（2）Anaconda是在Conda（一个包管理器和环境管理器）上发展出来的，在数据分析过程中会用到很多第三方的包，而Conda（包管理器）可以很好地帮助用户在计算机上安装和管理这些包，包括安装、卸载和更新包。

（3）Anaconda可以管理环境。为什么需要管理环境呢？比如，用户在A项目中用到了Python 2，而新的项目要求使用Python 3，但同时安装两个Python版本可能会造成许多混乱和错误。这时Conda就可以帮助用户为不同的项目建立不同的运行环境。另外，很多项目使用的包版本不同，比如不同的Pandas版本，用户不可能同时安装两个Pandas版本，而是应该在项目对应的环境中创建对应的Pandas版本，这时Conda就可以帮用户做到。

Anaconda的具体安装步骤如下。

步骤1 打开Anaconda官方网站下载安装包，如图2-7所示。

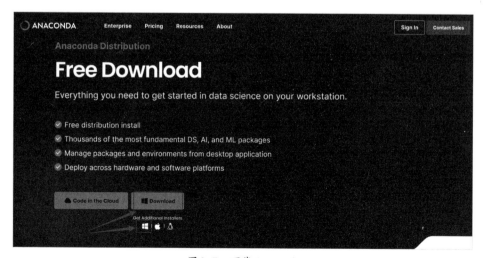

图2-7 下载Anaconda

步骤2 这里以Windows 10为例进行安装，其他系统也是下载对应的安装包进行安装即可。安位置默认在C盘，要是空间够用就不用更改安装位置，可以避免之后可能的麻烦，然后勾选高级选项框，单击"Install"按钮开始安装，如图2-8所示。

小提示：

（1）第一个复选框表示将Anaconda添加到环境变量中，可以直接勾选，也可以等待安装完成后自行添加环境变量，这里建议直接勾选。

（2）第二个复选框表示将Anaconda中的Python版本作为系统默认的Python版本，这里建议勾选。

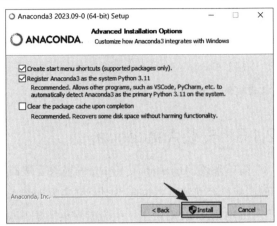

图2-8　勾选高级选项框

步骤3 安装完成后会有一个Anaconda Prompt，类似于Windows的终端操作，这时就可以打开Anaconda Powershell Prompt窗口输入命令了，如图2-9所示。

图2-9　成功运行Anaconda

至此，可以正常使用Anaconda了。

2.1.4　安装与使用Jupyter

Jupyter Notebook是基于网页的用于交互计算的应用程序，可被应用于全过程计算，如开发程序、编写文档、运行代码和展示结果。Jupyter Notebook主要有以下特点。

（1）可直接通过浏览器运行代码，同时在代码块下方展示运行结果。

（2）编程时具有语法高亮、缩进、Tab补全的功能。

（3）支持使用LaTeX编写数学公式。

（4）支持采用Markdown语法为代码添加说明文档。

（5）以富媒体格式展示计算结果。富媒体格式包括HTML、LaTeX、PNG、SVG等。

Jupyter的具体安装步骤如下。

步骤1 在前面安装Anaconda时，就已经安装好了Jupyter，如果发现环境中确实没有Jupyter，可以在命令行中输入以下命令进行安装。

```
conda install jupyter notebook
```

步骤2 安装完成后，可以在系统开始菜单的Anaconda3文件夹中找到Jupyter选项。选择Jupyter Notebook，打开后的终端最小化，不要关闭，同时会自动打开浏览器，显示工作目录，如图2-10所示。

图2-10　Jupyter Notebook工作目录

步骤3 可以选择"New"选项新建Notebook(后缀名为.ipynb),单击该文件,就可以开始编辑文本和代码了。

2.2 Python基础

本节主要介绍Python语言的基础语法、基本数据类型、控制流与文件操作、函数与模块、面向对象程序设计等内容,使读者能掌握Python的基本使用方法。

2.2.1 Python基础语法

Python中的标识符主要作为变量、函数、类、模块及其他对象的名称,需要满足以下命名规则。

(1)标识符的第一个字符必须是字母表中的字母或下划线。

(2)标识符的其他部分由字母、数字和下划线组成。

(3)标识符对大小写敏感。

在Python 3中,可以用中文作为变量名,非ASCII的标识符也是允许的。

1. Python保留字

保留字即关键字,不能把它们用作任何标识符名称。Python的标准库提供了一个keyword模块,在命令行中分别输入以下两行命令,可以输出当前版本的所有关键字。

```
>>>import keyword
>>> keyword.kwlist
['False', 'None', 'True', 'and', 'as', 'assert', 'async', 'await', 'break',
 'class', 'continue', 'def', 'del', 'elif', 'else', 'except', 'finally',
 'for', 'from', 'global', 'if', 'import', 'in', 'is', 'lambda', 'nonlocal',
 'not', 'or', 'pass', 'raise', 'return', 'try', 'while', 'with', 'yield']
```

2. 注释

Python中的单行注释以#开头,实例如下。

```
# 第一个注释
print("Hello,Python!")# 第二个注释
```

输出结果为:

```
Hello,Python!
```

多行注释可以用多个#,还有'''和"""，实例如下。

```
# 第一个注释
# 第二个注释
'''
第三个注释
第四个注释
'''
"""
第五个注释
第六个注释
"""
```

3. 行与缩进

Python最具特色的就是使用缩进来表示代码块,不需要使用大括号"{}"。缩进的空格数是可变的,但是同一个代码块的语句必须包含相同的缩进空格数,实例如下。

```
if True:
    print("True")
else:
    print("False")
```

输出结果为:

```
True
```

以下代码最后一行语句缩进的空格数不一致,会导致运行错误。

```
if True:
    print("Answer")
    print("True")
else:
    print("Answer")
  print("False")        # 缩进的空格数不一致,会导致运行错误
```

输出结果为:

```
File"<tokenize>", line6
```

```
    print("False")  # 缩进的空格数不一致,会导致运行错误
    ^
IndentationError: unindent does not match any outer indentation level
```

4. 多行语句

Python通常是一行写完一条语句,但如果语句很长,可以使用反斜杠"\"来实现多行语句,例如:

```
number1 = 'aaa'
number2 = 'bbb'
number3 = 'ccc'
total = number1 + \
        number2 + \
        number3
print(total)
```

输出结果为:

```
aaabbbccc
```

在[]、{}或()中的多行语句,不需要使用反斜杠"\",例如:

```
total = ['item_one', 'item_two', 'item_three',
         'item_four', 'item_five']
```

5. 空行

函数或类的方法之间用空行分隔,表示一段新代码的开始。类和函数入口之间也用一行空行分隔,以突出函数入口的开始。空行与代码缩进不同,空行并不是Python语法的一部分,书写时不插入空行,Python解释器运行也不会出错。但是,空行的作用在于分隔两段不同功能或含义的代码,便于日后代码的维护或重构。记住,空行也是程序代码的一部分。

6. 同一行显示多条语句

Python可以在同一行中使用多条语句,语句之间使用分号";"分隔,以下是一个简单的实例。

```
import sys; x = 'mydata'; sys.stdout.write(x+'\n')
```

输出结果为:

```
mydata
```

7. print输出

print默认输出是换行的,如果要实现不换行,需要在变量末尾加上 end=""。

```
x = "a"
y = "b"
# 换行输出
print(x)
print(y)
```

```
print('---------')
# 不换行输出
print(x, end=" ")
print(y, end=" ")
print()
```

输出结果为：

```
a
b
---------
a b
```

2.2.2 Python基本数据类型

Python中的变量不需要声明。每个变量在使用前都必须赋值，赋值以后该变量才会被创建。在Python中，变量就是变量，它没有类型，我们所说的"类型"是变量指向的内存中对象的类型。

等号"="用来给变量赋值。等号"="运算符左边是一个变量名，右边是存储在变量中的值。例如：

```
counter = 100          # 整型变量
miles = 1000.0         # 浮点型变量
name = "maria"         # 字符串
print(counter)
print(miles)
print(name)
```

输出结果为：

```
100
1000.0
maria
```

1. 多个变量赋值

Python允许同时为多个变量赋值。例如：

```
a = b = c = 1
```

2. 标准数据类型

Python 3中有6种标准数据类型，分为可变数据和不可变数据。可变数据是指其变量的大小或长度等是可以改变的，而不可变数据以字符串为代表，其内的字符是不可以被替代的。可变数据包括List（列表）、Set（集合）、Dictionary（字典）。不可变数据包括Number（数字）、String（字符串）、Tuple（元组）。

3. Number（数字）

Python 3 支持 int、float、bool、complex（复数）。在 Python 3 中，只有一种整数类型 int，表示为长整型，没有 Python 2 中的 long。像大多数语言一样，数值类型的赋值和计算都是很直观的，Python 内置的type()函数可以用来查询变量所指的对象类型。

```
a, b, c, d = 20, 5.5, True, 4+3j
print(type(a), type(b), type(c), type(d))
```

输出结果为：

```
<class'int'><class'float'><class'bool'><class'complex'>
```

4. 数值运算

实例如下。

```
a = 5 + 4    # 加法
b = 4.3 - 2  # 减法
c = 3 * 7    # 乘法
d = 2 / 4    # 除法,得到一个浮点数
e = 2 // 4   # 除法,得到一个整数
f = 17 % 3   # 取余
g = 2 ** 5   # 乘方
print(a, b, c, d, e, f, g)
```

输出结果为：

```
9 2.3 21 0.5 0 2 32
```

另外，需要注意以下几点。

（1）Python 可以同时为多个变量赋值，如a, b = 1, 2。

（2）一个变量可以通过赋值指向不同类型的对象。

（3）数值的除法包含两个运算符:/返回一个浮点数,//返回一个整数。

（4）在混合计算时,Python 会把整数转换为浮点数。

数值类型实例如表2-1所示。

表2-1　数值类型实例

int	float	complex	int	float	complex
10	0.0	3.14j	−0.490	−90.	-.6545+0j
100	15.20	45. j	−0x260	−32.54e100	3e+26j
−786	−21.9	9.322e−36j	0x69	70.2e−12	4.53e-7j
080	32.3e+18	.876j			

Python 还支持复数,复数由实数部分和虚数部分构成,可以用a+bj或complex(a,b)表示,复数的实部a和虚部b都是浮点型。

5. String（字符串）

Python中的字符串用单引号""或双引号""括起来，同时使用反斜杠"\"转义特殊字符。截取字符串的语法格式为：变量[头下标:尾下标]。索引值以0为开始值，-1为从末尾的开始位置，如图2-11所示。

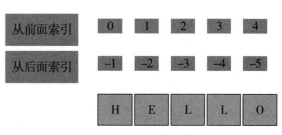

图2-11 字符串索引实例

加号"+"是字符串的连接符，星号"*"表示复制当前字符串，与之结合的数字为复制的次数，实例如下。

```python
str = 'Runoob'
print(str)            # 输出字符串
print(str[0:-1])      # 输出第一个字符到倒数第二个字符之间的所有字符
print(str[0])         # 输出字符串中的第一个字符
print(str[2:5])       # 输出第三个字符到第五个字符
print(str[2:])        # 输出从第三个字符开始的所有字符
print(str*2)          # 输出两次字符串，也可以写成print(2*str)
print(str+"TEST")     # 连接字符串
```

输出结果为：

```
Runoob
Runoo
R
noo
noob
RunoobRunoob
RunoobTEST
```

Python使用反斜杠"\"转义特殊字符，如果不想让反斜杠发生转义，可以在字符串前面添加一个r，表示原始字符串。

```python
print('Ru\noob')
print('转义后:')
print(r'Ru\noob')
```

输出结果为：

```
Ru
oob
转义后:
Ru\noob
```

与C语言字符串不同的是，Python字符串不能被改变。向一个索引位置赋值，比如word[0] = 'm'，会导致错误。

6. List（列表）

列表是 Python 中使用最频繁的数据类型。列表写在大括号"[]"之间，是用逗号分隔开的元素列表。不同于其他编程语言，列表中的元素类型可以不相同，它支持数字、字符串甚至可以包含列表（也就是嵌套）。

与字符串一样，列表同样可以被索引和截取，列表被截取后返回一个包含所需元素的新列表。截取列表的语法格式如下。

变量[头下标:尾下标]

加号"+"是列表连接运算符，星号"*"是重复操作，实例如下。

```
list = ['abcd', 786, 2.23, 'bob', 70.2]
tinylist = [123, 'bob']
print(list)                 # 输出完整列表
print(list[0])              # 输出列表中的第一个元素
print(list[1:3])            # 输出第二个元素到第三个元素
print(list[2:])             # 输出从第三个元素开始的所有元素
print(tinylist*2)           # 输出两次列表
print(list+tinylist)        # 连接列表
```

输出结果为：

```
['abcd', 786, 2.23, 'bob', 70.2]
abcd
[786, 2.23]
[2.23, 'bob', 70.2]
[123, 'bob', 123, 'bob']
['abcd', 786, 2.23, 'bob', 70.2, 123, 'bob']
```

与 Python 字符串不一样的是，列表中的元素是可以改变的。

```
a = [1, 2, 3, 4, 5, 6]
a[0] = 9
a[2:5] = [13, 14, 15]
print(a)
a[2:5] = []                 # 将对应的元素值设置为[]
print(a)
```

输出结果为：

```
[9, 2, 13, 14, 15, 6]
[9, 2, 6]
```

Python 列表的切片操作允许我们接收第三个参数，即步长，它决定了切片过程中元素之间的间隔。以下是一个示例，展示了如何使用步长为 2 来从索引 1 到索引 4（不包含索引 4）的位置截取列表中的元素,每两个元素取一个,实现了每隔一个位置进行截取的效果,如图2-12所示。

如果第三个参数为负数,表示逆向读取。假设列表 list = [1, 2, 3, 4],list[0] = 1,list[1] = 2,而-1表示最后一个元素,list[-1] = 4(与list[3] = 4一样),那么letters[-1::-1]中有三个参数,第一个参数-1表示最后一个元素;第二个参数为空,表示移动到列表开头;第三个参数为步长,-1表示逆向。以下实例用于翻转字符串。

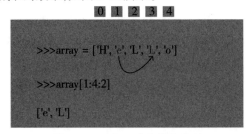

图 2-12　Python列表截取实例

```python
def reverseWords(input):
    inputWords = input.split(" ")      # 通过空格将字符串分隔,把各个单词分隔为列表
    inputWords = inputWords[-1::-1]    # 翻转字符串
    output = ' '.join(inputWords)      # 重新组合字符串
    return output
if __name__ == "__main__":
    input = 'I like bob'
    rw = reverseWords(input)
    print(rw)
```

输出结果为:

```
bob like I
```

7. Tuple(元组)

元组与列表类似,不同之处在于元组中的元素不能修改。元组写在小括号"()"中,元素之间用逗号隔开。元组中的元素类型也可以不相同。

```python
tuple = ('abcd', 786, 2.23, 'bob', 70.2)
tinytuple = (123, 'bob')
print(tuple)              # 输出完整元组
print(tuple[0])          # 输出元组中的第一个元素
print(tuple[1:3])        # 输出第二个元素到第三个元素
print(tuple[2:])         # 输出从第三个元素开始的所有元素
print(tinytuple*2)       # 输出两次元组
print(tuple+tinytuple)   # 连接元组
```

输出结果为:

```
('abcd', 786, 2.23, 'bob', 70.2)
abcd
(786, 2.23)
(2.23, 'bob', 70.2)
(123, 'bob', 123, 'bob')
('abcd', 786, 2.23, 'bob', 70.2, 123, 'bob')
```

元组与字符串类似,可以被索引且下标索引从0开始,-1为从末尾的开始位置。元组也可以进行截取,这里不再赘述。其实,可以把字符串看作一种特殊的元组。虽然元组中的元素不可改变,但它可以包含可变的对象,比如列表。

构造包含0个或1个元素的元组比较特殊,所以有一些额外的语法规则。

```
tup1 = ()        # 空元组
tup2 = (20, ) # 一个元素,需要在元素后添加逗号
```

8. Set(集合)

集合是由一个或数个形态各异的大小整体组成的,构成集合的事物或对象称为元素或成员。集合的基本功能是进行成员关系测试和删除重复元素。可以使用大括号"{}"或set()函数创建集合,注意,创建一个空集合必须用set()而不是{},因为{}用来创建一个空字典。创建集合的格式为:

```
parame = {value01, value02, ...}
```

或者

```
set(value)
```

实例如下。

```
sites = {'Google', 'Taobao', 'Bob', 'Facebook', 'Zhihu', 'Baidu'}
print(sites)            # 输出集合,重复的元素被自动去掉
# 成员测试
if 'Bob' in sites:
    print('Bob在集合中')
else:
    print('Bob不在集合中')
# set可以进行集合运算
a = set('abracadabra')
b = set('alacazam')
print(a)
print(a-b)        # a和b的差集
print(a|b)        # a和b的并集
print(a&b)        # a和b的交集
print(a^b)        # a和b中不同时存在的元素
```

输出结果为:

```
{'Facebook', 'Zhihu', 'Baidu', 'Taobao', 'Bob', 'Google'}
Bob在集合中
{'c', 'a', 'b', 'r', 'd'}
{'b', 'r', 'd'}
{'m', 'c', 'a', 'z', 'l', 'b', 'r', 'd'}
{'a', 'c'}
{'z', 'm', 'l', 'b', 'r', 'd'}
```

9. Dictionary（字典）

字典是Python中另一个非常有用的内置数据类型。列表是有序的对象集合，字典是无序的对象集合。二者之间的区别在于：字典中的元素是通过键来存取的，而不是通过偏移存取。字典是一种映射类型，用{}标识，它是一个无序的键(key):值(value)的集合。键必须使用不可变类型。在同一个字典中，键必须是唯一的。

```
dict = {}
dict['one'] = "1 - 教程"
dict[2] = "2 - 工具"
tinydict = {'name': 'baidu', 'code': 1, 'site': 'www.baidu.com'}
print(dict['one'])        # 输出键为'one'的值
print(dict[2])            # 输出键为2的值
print(tinydict)           # 输出完整的字典
print(tinydict.keys())    # 输出所有键
print(tinydict.values())  # 输出所有值
```

输出结果为：

```
1 - 教程
2 - 工具
{'name': 'baidu', 'code': 1, 'site': 'www.baidu.com'}
dict_keys(['name', 'code', 'site'])
dict_values(['baidu', 1, 'www.baidu.com'])
```

10. 数据类型转换

有时，我们需要对数据内置的类型进行转换，转换时只需要将数据类型作为函数名即可。以下几个内置的函数可以执行数据类型之间的转换。这些函数返回一个新的对象，表示转换的值，如表2-2所示。

表2-2　Python数据类型转换

函数	描述
int(x[, base])	将x转换为一个整数
float(x)	将x转换为一个浮点数
complex(real[, imag])	创建一个复数
str(x)	将对象x转换为字符串
repr(x)	将对象x转换为表达式字符串
eval(str)	用来计算在字符串中的有效Python表达式，并返回一个对象
tuple(s)	将序列s转换为一个元组
list(s)	将序列s转换为一个列表
set(s)	转换为可变集合

续表

函数	描述
dict(d)	创建一个字典,d必须是一个(key, value)元组序列
frozenset(s)	转换为不可变集合
chr(x)	将一个整数转换为一个字符
ord(x)	将一个字符转换为它的整数值
hex(x)	将一个整数转换为一个十六进制字符串
oct(x)	将一个整数转换为一个八进制字符串

2.2.3 Python控制流与文件操作

Python条件语句是通过一条或多条语句的执行结果(True或False)来决定执行的代码块。可以通过图2-13来简单了解条件语句的执行过程。

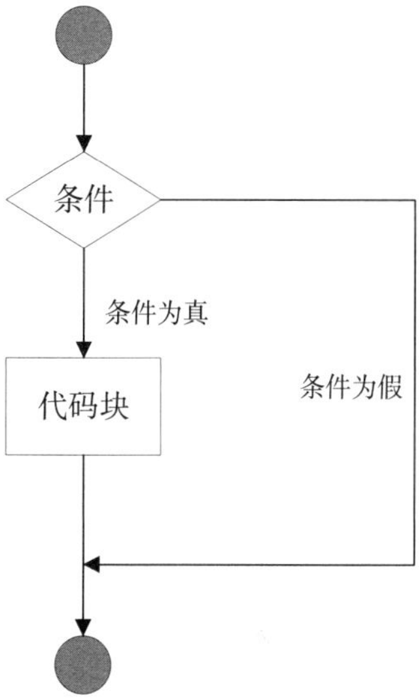

1. 条件语句

Python中if语句的一般形式如下。

```
if condition_1:
    statement_block_1
elif condition_2:
    statement_block_2
else:
    statement_block_3
```

上述语句的执行流程如下。

图2-13 条件语句的执行过程

(1)如果"condition_1"为True,将执行"statement_block_1"块语句。

(2)如果"condition_1"为False,将判断"condition_2"。

(3)如果"condition_2"为True,将执行"statement_block_2"块语句。

(4)如果"condition_2"为False,将执行"statement_block_3"块语句。

Python中用elif代替了else if,所以if语句的关键字为"if - elif - else"。需要注意以下事项。

(1)每个条件后面要使用冒号":"来表示接下来满足条件后要执行的语句块。

(2)使用缩进来划分语句块,相同缩进数的语句在一起组成一个语句块。

(3)在Python中没有switch-case语句。

以下是一个简单的if实例。

```
var1 = 100
if var1:
    print("1 - if表达式条件为True")
    print(var1)
```

```
var2 = 0
if var2:
    print("2 - if表达式条件为True")
    print(var2)
print("Good bye!")
```

输出结果为：

```
1 - if表达式条件为True
100
Good bye!
```

从结果可以看到,由于变量var2为0,所以对应的if内的语句没有执行。表2-3所示为if中常用的操作运算符。

表2-3　if中常用的操作运算符

操作运算符	描述	操作运算符	描述
<	小于	>=	大于或等于
<=	小于或等于	==	等于,比较两个值是否相等
>	大于	!=	不等于

下面的实例演示了数字的比较运算。

```
# 该实例演示了数字猜谜游戏
number = 7
guess = -1
print("数字猜谜游戏!")
while guess != number:
    guess = int(input("请输入你猜的数字:"))
    if guess == number:
        print("恭喜,你猜对了! ")
    elif guess < number:
        print("猜的数字小了...")
    elif guess > number:
        print("猜的数字大了...")
```

输出结果为：

```
数字猜谜游戏!
请输入你猜的数字:3
猜的数字小了...
请输入你猜的数字:8
猜的数字大了...
请输入你猜的数字:7
恭喜,你猜对了!
```

在嵌套if语句中,可以把if...elif...else结构放在另外一个if...elif...else结构中,实例如下。

```
num = int(input("输入一个数字:"))
if num%2 == 0:
    if num%3 == 0:
        print("你输入的数字可以整除2和3")
    else:
        print("你输入的数字可以整除2,但不能整除3")
else:
    if num%3 == 0:
        print("你输入的数字可以整除3,但不能整除2")
    else:
        print("你输入的数字不能整除2和3")
```

输出结果为:

```
输入一个数字:6
你输入的数字可以整除2和3
```

2. 循环语句

Python中的循环语句有while和for。Python循环语句的控制结构如图2-14所示。

while语句的一般形式如下。

```
while判断条件(condition):
    执行语句(statements)...
```

while循环流程如图2-15所示。

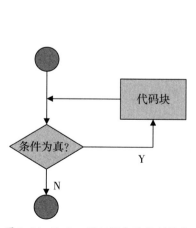

图2-14　Python循环语句的控制结构

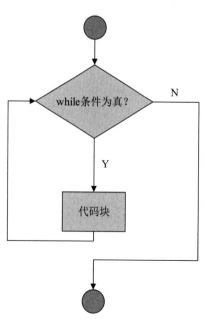

图2-15　while循环流程

同样需要注意冒号和缩进。另外，Python中没有do...while循环。以下实例使用了while来计算1到100的总和。

```
n = 100
sum = 0
counter = 1
while counter <= n:
    sum = sum + counter
    counter += 1
print("1到%d之和为: %d"%(n, sum))
```

输出结果为：

```
1到100之和为: 5050
```

如果while后面的条件语句为False，则执行else的语句块。语法格式如下。

```
while <expr>:
    <statement(s)>
else:
    <additional_statement(s)>
```

如果expr条件语句为True，则执行statement(s)语句块；如果expr条件语句为False，则执行additional_statement(s)语句块。下面的例子为循环输出数字，并判断大小。

```
count = 0
while count < 5:
    print(count, "小于5")
    count = count + 1
else:
    print(count, "大于或等于5")
```

输出结果为：

```
0    小于5
1    小于5
2    小于5
3    小于5
4    小于5
5    大于或等于5
```

for循环可以遍历任何可迭代对象，如一个列表或一个字符串。for循环的一般格式如下。

```
for <variable> in <sequence>:
    <statements>
else:
    <statements>
```

for循环流程如图2-16所示。

下面看如下实例。

```
languages = ["C", "C++", "Perl", "Python"]
for x in languages:
    print(x)
```

输出结果为:

```
C
C++
Perl
Python
```

break和continue语句及循环中的else子句在Python循环中与for循环同样重要。在while循环语句中,代码执行过程如图2-17所示。

for代码执行过程如图2-18所示。

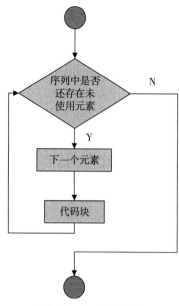

图2-16　for循环流程

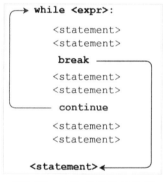

图2-17　while代码执行过程

```
Array = ['Hello', 'world', 'this', 'is', 'a', 'start']

for s in array:
    if len(s) != 2:
        continue
    print(f "Hello, {s}")
    if s == 'is':
        break
print("finish")
```

图2-18　for代码执行过程

break语句可以跳出for和while的循环体。如果从for或while循环中终止,任何对应的循环else块将不执行。continue语句被用来告诉Python跳过当前循环块中的剩余语句,然后继续进行下一轮循环。我们通过下面的实例来了解其基本使用方法。

下面是while中使用break的例子。

```
n = 5
while n > 0:
    n -= 1
    if n == 2:
        break
    print(n)
print('循环结束。')
```

输出结果为:

```
4
3
循环结束。
```

下面是while中使用continue的例子。

```
n = 5
while n > 0:
    n -= 1
    if n == 2:
        continue
    print(n)
print('循环结束。')
```

输出结果为：

```
4
3
1
0
循环结束。
```

循环语句可以包含else子句，它在穷尽列表（如for循环）或条件变为False（如while循环）导致循环终止时被执行，但循环被break终止时不执行。如下实例用于查询质数。

```
for n in range(2, 10):
    for x in range(2, n):
        if n % x == 0:
            print(n, '等于', x, '*', n//x)
            break
    else:
        # 循环中没有找到元素
        print(n, '是质数')
```

输出结果为：

```
2    是质数
3    是质数
4    等于 2 * 2
5    是质数
6    等于 2 * 3
7    是质数
8    等于 2 * 4
9    等于 3 * 3
```

Python中pass是空语句，其主要作用是保持程序结构的完整性。pass不做任何事情，一般用作占位语句，实例如下。

```
while True:
    pass   # 等待键盘中断(Ctrl+C)
```

以下实例在字母为"l"时执行pass语句块。

```
for letter in 'Hello':
    if letter == 'l':
        pass
        print('执行pass块')
    print ('当前字母:', letter)
print("Good bye!")
```

输出结果为:

```
当前字母: H
当前字母: e
执行pass块
当前字母: l
执行pass块
当前字母: l
当前字母: o
Good bye!
```

3. File(文件)方法

open()函数用于打开一个文件,并返回文件对象,在对文件进行处理的过程中都需要使用这个函数,如果该文件无法被打开,会抛出OS Error。需要注意的是,使用open()函数一定要保证关闭文件对象,即调用close()函数。open()函数的常用形式是接收两个参数:文件名(file)和模式(mode)。

```
open(file, mode='r')
```

完整的语法格式如下。

```
open(file, mode='r', buffering=-1, encoding=None, errors=None, newline=None,
closefd=True, opener=None)
```

其中的参数含义如下。

(1)file:必需,文件路径(相对或绝对路径)。

(2)mode:可选,文件打开模式。

(3)buffering:设置缓冲。

(4)encoding:一般使用utf8。

(5)errors:报错级别。

(6)newline:区分换行符。

(7)closefd:传入的file参数类型。

(8)opener:设置自定义开启器,开启器的返回值必须是一个打开的文件描述符。

mode参数如表2-4所示。

表2-4　mode参数

模式	描述
t	文本模式(默认)
x	写模式,新建一个文件,如果该文件已存在会报错
b	二进制模式
+	打开一个文件进行更新(可读可写)
U	通用换行模式(Python 3不支持)
r	以只读方式打开文件,文件的指针将会放在文件的开头,这是默认模式
rb	以二进制格式打开一个文件用于只读,文件指针将会放在文件的开头,这是默认模式,一般用于非文本文件如图片等
r+	打开一个文件用于读写,文件指针将会放在文件的开头
rb+	以二进制格式打开一个文件用于读写,文件指针将会放在文件的开头,一般用于非文本文件如图片等
w	打开一个文件只用于写入,如果该文件已存在,则打开文件,并从头开始编辑,即原有内容会被删除;如果该文件不存在,则创建新文件
wb	以二进制格式打开一个文件只用于写入,如果该文件已存在,则打开文件,并从头开始编辑,即原有内容会被删除;如果该文件不存在,则创建新文件,一般用于非文本文件如图片等
w+	打开一个文件用于读写,如果该文件已存在,则打开文件,并从头开始编辑,即原有内容会被删除;如果该文件不存在,则创建新文件
wb+	以二进制格式打开一个文件用于读写,如果该文件已存在,则打开文件,并从头开始编辑,即原有内容会被删除;如果该文件不存在,则创建新文件,一般用于非文本文件如图片等
a	打开一个文件用于追加,如果该文件已存在,则文件指针将会放在文件的结尾,即新的内容将会被写入已有内容之后;如果该文件不存在,则创建新文件进行写入
ab	以二进制格式打开一个文件用于追加,如果该文件已存在,则文件指针将会放在文件的结尾,即新的内容将会被写入已有内容之后;如果该文件不存在,则创建新文件进行写入
a+	打开一个文件用于读写,如果该文件已存在,则文件指针将会放在文件的结尾,文件打开时会是追加模式;如果该文件不存在,则创建新文件用于读写
ab+	以二进制格式打开一个文件用于追加,如果该文件已存在,则文件指针将会放在文件的结尾;如果该文件不存在,则创建新文件用于读写

默认为文本模式,如果要以二进制模式打开,加上b。

file对象使用open()函数来创建,表2-5列出了file对象常用的函数。

表2-5　file对象常用的函数

函数	描述
file.close()	关闭文件,关闭后文件不能再进行读写操作
file.flush()	刷新文件内部缓冲,直接把内部缓冲区的数据立刻写入文件,而不是被动地等待输出缓冲区写入

续表

函数	描述
file.fileno()	返回一个整型的文件描述符,可以用在如os模块的read方法等底层操作上
file.isatty()	如果文件连接到一个终端设备,则返回True,否则返回False
file.next()	Python 3中的File对象不支持next()函数 返回文件下一行
file.read([size])	从文件中读取指定的字节数,如果未给定或为负,则读取所有
file.readline([size])	读取整行,包括"\n"字符
file.readlines([sizeint])	读取所有行并返回列表,若给定sizeint>0,返回总和大约为sizeint字节的行,实际读取值可能比sizeint大,因为需要填充缓冲区
file.seek(offset[, whence])	移动文件读取指针到指定位置
file.tell()	返回文件当前位置
file.truncate([size])	从文件的首行首字符开始截断,截断文件为size个字符,无size表示从当前位置截断;截断之后后面的所有字符被删除,其中Windows系统下的换行符代表2个字符大小
file.write(str)	将字符串写入文件,返回的是写入的字符串长度
file.writelines(sequence)	向文件写入一个序列字符串列表,如果需要换行,则要自己加入每行的换行符

2.2.4　Python函数与模块

函数是组织好的、可重复使用的,用来实现单一或相关联功能的代码段,它能提高应用的模块性和代码的重复利用率。我们已经知道Python提供了许多内置函数,比如print()函数,但我们也可以自己创建函数,这叫作用户自定义函数。

1. 定义函数

可以定义一个包含自己想要功能的函数,图2-19所示为函数定义的基本模式,以下是简单的函数定义规则。

(1)函数代码块以def关键字开头,后接函数标识符名称和小括号"()"。

(2)任何传入参数和自变量必须放在小括号中间,小括号之间可以用于定义参数。

(3)函数的第一行语句可以选择性地使用文档字符串——用于存放函数说明。

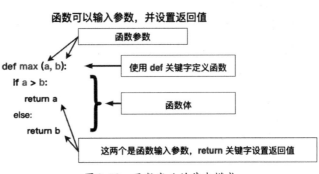

图2-19　函数定义的基本模式

(4)函数内容以冒号":"起始,并且缩进。

(5)return [表达式] 结束函数,选择性地返回一个值给调用方,不带表达式的return相当于返回None。

Python定义函数使用def关键字,一般格式如下。

```
def 函数名(参数列表):
    函数体
```

默认情况下,参数值和参数名称是按函数声明中定义的顺序匹配起来的。让我们使用函数来输出"Hello World!"。

```
def hello() :
    print("Hello World!")
hello()
```

输出结果为:

```
Hello World!
```

更复杂一点的应用,函数中带上参数变量,如下面的实例,比较两个数,并返回较大的数。

```
def max(a, b):
    if a > b:
        return a
    else:
        return b
a = 4
b = 5
print(max(a, b))
```

输出结果为:

```
5
```

2. 函数调用

定义一个函数就是给了函数一个名称,指定了函数中包含的参数和代码块结构。这个函数的基本结构完成以后,可以通过另一个函数调用执行,也可以直接从Python命令提示符窗口中执行。如下实例调用了printme()函数。

```
# 定义函数
def printme(str):
    # 打印任何传入的字符串
    print(str)
    return
# 调用函数
printme("我要调用用户自定义函数!")
```

```
printme("再次调用同一函数")
```

输出结果为：

```
我要调用用户自定义函数！
再次调用同一函数
```

3. 参数传递

在Python中，类型属于对象，变量是没有类型的。

```
a = [1, 2, 3]
a = "Hello"
```

以上代码中，[1, 2, 3]是List类型，"Hello"是String类型，而变量a没有类型，它仅仅是一个对象的引用（一个指针），可以是指向List类型对象，也可以是指向String类型对象。参数是函数调用时很重要的部分，以下是调用函数时可使用的正式参数类型：必需参数、关键字参数、默认参数、不定长参数。

必需参数须以正确的顺序传入函数，调用时的数量必须和声明时的一样。比如，调用printme()函数时，必须传入一个参数，不然会出现语法错误。

```
def printme(str):
    "打印任何传入的字符串"
    print(str)
    return
# 调用printme()函数,不加参数会报错
printme()
```

输出结果为：

```
---------------------------------------------------------------------
TypeError                                 Traceback (most recent call last)
<ipython-input-11-f78e2d81aa13> in <module>
      6
      7 # 调用printme()函数,不加参数会报错
----> 8 printme()
TypeError: printme() missing 1 required positional argument: 'str'
```

关键字参数和函数调用关系紧密，函数调用使用关键字参数来确定传入的参数值。使用关键字参数允许函数调用时参数的顺序与声明时不一致，因为Python解释器能够用参数名匹配参数值。以下实例在函数printme()调用时使用参数名。

```
def printme(str):
    "打印任何传入的字符串"
    print(str)
    return
# 调用printme()函数
printme(str="你好")
```

输出结果为：

你好

以下实例演示了函数参数的使用不需要使用指定顺序。

```
def printinfo(name, age):
    "打印任何传入的字符串"
    print ("名字: ", name)
    print ("年龄: ", age)
    return
# 调用printinfo()函数
printinfo(age=50, name="Bob")
```

输出结果为：

名字：　Bob
年龄：　50

调用函数时，如果没有传递参数，则会使用默认参数。以下实例中如果没有传入age参数，则使用默认值。

```
def printinfo(name, age=35):
    "打印任何传入的字符串"
    print("名字: ", name)
    print("年龄: ", age)
    return
# 调用printinfo()函数
printinfo(age=50, name="Bob")
print("------------------------")
printinfo(name="Bob")
```

输出结果为：

名字：　Bob
年龄：　50

名字：　Bob
年龄：　35

return语句用于退出函数，选择性地向调用方返回一个表达式。不带参数值的return语句返回None。之前的例子都没有示范如何返回数值，以下实例演示了return语句的用法。

```
def sum(arg1, arg2):
    # 返回2个参数的和
    total = arg1 + arg2
    print("函数内: ", total)
    return total   # 使用return语句返回数值
```

```
# 调用sum()函数
total = sum(10, 20)
print("函数外: ", total)
```

输出结果为:

```
函数内: 30
函数外: 30
```

4. 模块

用Python解释器编程时,如果从Python解释器退出再进入,那么之前定义的所有方法和变量就都消失了。为此Python提供了一个方法,把这些定义存放在文件中,供一些脚本或交互式的解释器实例使用,这个文件被称为模块。

模块是一个包含所有定义的函数和变量的文件,其后缀名为.py。模块可以被别的程序引入,以使用该模块中的函数等功能。这也是使用Python标准库的方法。下面是一个使用Python标准库中模块的例子。

```
import sys
print('命令行参数如下:')
for i in sys.argv:
    print(i)
print('\n\nPython 路径为:', sys.path, '\n')
```

输出结果为:

```
命令行参数如下:
C:\ProgramData\Anaconda3\envs\tf14\lib\site-packages\ipykernel_launcher.py
-f
C:\Users\china\AppData\Roaming\jupyter\runtime\kernel-1e572926-731f-41c1-
b37b-d9bfbf0e4e49.json
Python 路径为: ['C:\\Users\\china',
'C:\\ProgramData\\Anaconda3\\envs\\tf14\\python37.zip',
'C:\\ProgramData\\Anaconda3\\envs\\tf14\\DLLs',
'C:\\ProgramData\\Anaconda3\\envs\\tf14\\lib'
```

需要注意以下几点。

(1)import sys引入Python标准库中的sys.py模块,这是引入某一模块的方法。

(2)sys.argv是一个包含命令行参数的列表。

(3)sys.path包含了一个Python解释器自动查找所需模块的路径的列表。

如果想使用某个模块,只需在另一个源文件中执行import语句,语法如下。

```
import module1[, module2[, ..., moduleN]
```

当解释器遇到import语句时,如果模块在当前的搜索路径就会被导入。搜索路径是一个解释器会先进行搜索的所有目录的列表。如果想要导入support模块,需要把命令放在脚本的顶端。

```
# Filename: support.py
def print_func(par):
print("Hello : ", par)
return
```

在另一个文件中引用：

```
# test.py引入support模块
# Filename: test.py
# 导入模块
import support
# 现在可以调用模块中包含的函数了
support.print_func("Bob")
```

不管执行了多少次import，一个模块只会被导入一次，这样可以防止导入模块被一遍又一遍地执行。

Python的from语句可以从模块中导入一个指定的部分到当前命名空间中，语法如下。

```
from modname import name1[, name2[, ..., nameN]]
```

例如，要导入模块fibo中的fib函数，使用如下语句。

```
from fibo import fib1, fib2
```

这个声明不会把整个fibo模块导入当前的命名空间中，只会将fibo中的fib函数引入进来。把一个模块的所有内容全都导入当前的命名空间也是可行的，只需使用如下声明。

```
from modname import *
```

这提供了一个简单的方法来导入一个模块中的所有项目，然而这种声明不该被过多地使用。

2.2.5 Python面向对象程序设计

Python从设计之初就已经是一门面向对象的语言，正因为如此，在Python中创建一个类和对象是很容易的。本小节将详细介绍Python的面向对象编程。以前没有接触过面向对象的编程语言的读者，可能需要先了解面向对象语言的一些基本特征，在头脑中形成一个基本的面向对象的概念，这样有助于学习Python的面向对象编程。接下来，我们先来简单地了解面向对象语言的一些基本特征。

1. 面向对象技术

在了解面向对象技术前，需要对以下概念有所了解。

（1）类（Class）：用来描述具有相同的属性和方法的对象的集合，它定义了该集合中每个对象所共有的属性和方法。对象是类的实例。

（2）类变量（属性）：类变量在整个实例化的对象中是公用的。类变量定义在类中且在函数体之外，类变量通常不作为实例变量使用。

（3）数据成员：类变量或实例变量，用于处理类及其实例对象的相关数据。

(4)方法重写:如果从父类继承的方法不能满足子类的需求,可以对其进行改写,这个过程叫作方法的覆盖,也称为方法的重写。

(5)局部变量:定义在方法中的变量,只作用于当前实例的类。

(6)实例变量:在类的声明中,属性是用变量来表示的。这种变量就称为实例变量,是在类声明的内部但是在类的其他成员方法之外声明的。

(7)继承:一个派生类继承基类的字段和方法。继承也允许把一个派生类的对象作为一个基类对象对待。例如,有这样一个设计:一个Dog类型的对象派生自Animal类,这是模拟"是一个(is-a)"关系(例图,Dog是一个Animal)。

(8)实例化:创建一个类的实例,类的具体对象。

(9)方法:类中定义的函数。

(10)对象:通过类定义的数据结构实例。对象包括两个数据成员(类变量和实例变量)和方法。

与其他编程语言相比,Python在尽可能不增加新的语法和语义的情况下加入了类机制。Python中的类提供了面向对象编程的所有基本功能:类的继承机制允许多个基类,派生类可以覆盖基类中的任何方法,方法中可以调用基类中的同名方法。对象可以包含任意数量和类型的数据。类定义的语法格式如下。

```
class ClassName:
    <statement-1>
        ⋮
    <statement-N>
```

类实例化后,可以使用其属性。实际上,创建一个类之后,可以通过类名访问其属性。

类对象支持两种操作,即属性引用和实例化。属性引用使用和Python中所有的属性引用一样的标准语法:obj.name。类对象创建后,类命名空间中所有的命名都是有效属性名。所以,如果类定义是这样:

```
class MyClass:
    """一个简单的类实例"""
    i = 12345
    def f(self):
        return 'hello world'
# 实例化类
x = MyClass()
# 访问类的属性和方法
print("MyClass 类的属性 i 为:", x.i)
print("MyClass 类的方法 f 输出为:", x.f())
```

输出结果为:

```
MyClass 类的属性 i 为: 12345
MyClass 类的方法 f 输出为: hello world
```

以上创建了一个新的类实例并将该对象赋给局部变量x，x为空的对象。类有一个名为__init__()的特殊方法（构造方法），该方法在类实例化时会自动调用，像下面这样。

```
def __init__(self):
    self.data = []
```

类定义了__init__()函数，类的实例化操作会自动调用__init__()函数。如下实例化类MyClass，对应的__init__()函数就会被调用。

```
x = MyClass()
```

当然，__init__()函数可以有参数，参数通过__init__()传递到类的实例化操作上。例如：

```
class Complex:
    def __init__(self, realpart, imagpart):
        self.r = realpart
        self.i = imagpart
x = Complex(3.0, -4.5)
print(x.r, x.i)
```

输出结果为：

```
3.0 -4.5
```

需要注意的是，self代表类的实例，而非类，类的方法与普通的函数只有一个特别的区别——它们必须有一个额外的第一个参数名称，按照惯例它的名称是self。

```
class Test:
    def prt(self):
        print(self)
        print(self.__class__)
t = Test()
t.prt()
```

输出结果为：

```
<__main__.Test object at 0x00000209BB2DBC08>
<class '__main__.Test'>
```

从输出结果可以很明显地看出，self代表的是类的实例，代表当前对象的地址，而self.__class__则指向类。

2. 类的方法

在类的内部，使用def关键字来定义一个方法，与一般函数定义不同，类方法必须包含参数self，且为第一个参数，self代表的是类的实例。

```
# 类定义
class people:
    # 定义基本属性
```

```
    name = ''
    age = 0
    # 定义私有属性,私有属性在类外部无法直接进行访问
    __weight = 0
    # 定义构造方法
    def __init__(self, n, a, w):
        self.name = n
        self.age = a
        self.__weight = w
    def speak(self):
        print("%s 说: 我 %d 岁。"%(self.name, self.age))
# 实例化类
p = people(Bob, 10, 30)
p.speak()
```

输出结果为:

```
Bob 说: 我 10 岁。
```

3. 继承

Python支持类的继承,如果一种语言不支持继承,类就没有什么意义。派生类的定义如下。

```
class DerivedClassName(BaseClassName):
    <statement-1>
        ⋮
    <statement-N>
```

子类(派生类DerivedClassName)会继承父类(基类BaseClassName)的属性和方法。BaseClassName (实例中的基类名)必须与派生类定义在一个作用域内。除了类,还可以用表达式,基类定义在另一个模块中时这一点非常有用。

```
class DerivedClassName(modname.BaseClassName):
```

实例如下。

```
# 类定义
class people:
    # 定义基本属性
    name = ''
    age = 0
    # 定义私有属性,私有属性在类外部无法直接进行访问
    __weight = 0
    # 定义构造方法
    def __init__(self, n, a, w):
        self.name = n
        self.age = a
```

```
        self.__weight = w
    def speak(self):
        print("%s 说: 我 %d 岁。"%(self.name, self.age))
# 单继承示例
class student(people):
    grade = ''
    def __init__(self, n, a, w, g):
        # 调用父类的构造函数
        people.__init__(self, n, a, w)
        self.grade = g
    # 覆写父类的方法
    def speak(self):
        print("%s 说: 我 %d 岁了,我在读 %d 年级"%(self.name, self.age, self.grade))
s = student('ken', 10, 60, 3)
s.speak()
```

输出结果为:

```
ken 说: 我 10 岁了,我在读 3 年级
```

Python同样支持多继承。多继承的类定义形如下例。

```
class DerivedClassName(Base1, Base2, Base3):
    <statement-1>
        ⋮
    <statement-N>
```

需要注意小括号中父类的顺序,若是父类中有相同的方法名,而在子类中使用时未指定,则Python从左到右进行搜索,即方法在子类中未找到时,从左到右查找父类中是否包含方法。

```
# 类定义
class people:
    # 定义基本属性
    name = ''
    age = 0
    # 定义私有属性,私有属性在类外部无法直接进行访问
    __weight = 0
    # 定义构造方法
    def __init__(self, n, a, w):
        self.name = n
        self.age = a
        self.__weight = w
    def speak(self):
        print("%s 说: 我 %d 岁。"%(self.name, self.age))
# 单继承示例
```

```
class student(people):
    grade = ''
    def __init__(self, n, a, w, g):
        # 调用父类的构造函数
        people.__init__(self, n, a, w)
        self.grade = g
    # 覆写父类的方法
    def speak(self):
        print("%s 说: 我 %d 岁了,我在读 %d 年级"%(self.name, self.age, self.grade))
# 另一个类,多重继承之前的准备
class speaker():
    topic = ''
    name = ''
    def __init__(self, n, t):
        self.name = n
        self.topic = t
    def speak(self):
        print("我叫 %s,我是一个演说家,我演讲的主题是 %s"%(self.name, self.topic))
# 多重继承
class sample(speaker, student):
    a = ''
    def __init__(self, n, a, w, g, t):
        student.__init__(self, n, a, w, g)
        speaker.__init__(self, n, t)
test = sample("Tim", 25, 80, 4, "Python")
test.speak()    # 方法名相同,默认调用的是在括号中排前的父类的方法
```

输出结果为:

```
我叫 Tim,我是一个演说家,我演讲的主题是 Python
```

4. 方法重写

如果父类方法的功能不能满足需求,可以在子类中重写父类的方法,实例如下。

```
class Parent:                    # 定义父类
    def myMethod(self):
        print ('调用父类方法')
class Child(Parent):             # 定义子类
    def myMethod(self):
        print ('调用子类方法')
c = Child()                      # 子类实例
c.myMethod()                     # 子类调用重写方法
super(Child, c).myMethod()       # 用子类对象调用父类已被覆盖的方法
```

输出结果为:

```
调用子类方法
调用父类方法
```

super()函数是用于调用父类(超类)的一个方法。

5. 类的私有属性和私有方法

类的私有属性和私有方法都是以两个下划线开头,声明该方法为私有方法,不能在类的外部调用,例如,__private_attrs 或__private_method。在类内部的方法中使用时可以用self.__private_attrs 或 self.__private_method访问。类的私有属性实例如下。

```
class JustCounter:
    __secretCount = 0          # 私有变量
    publicCount = 0            # 公开变量
    def count(self):
        self.__secretCount += 1
        self.publicCount += 1
        print(self.__secretCount)
counter = JustCounter()
counter.count()
counter.count()
print(counter.publicCount)
print(counter.__secretCount)  # 报错,实例不能访问私有变量
```

输出结果为:

```
1
2
2
----------------------------------------------------------------------
AttributeError                              Traceback (most recent call last)
<ipython-input-30-787a7033919a> in <module>
     14 counter.count()
     15 print(counter.publicCount)
---> 16 print(counter.__secretCount)    # 报错,实例不能访问私有变量
AttributeError: 'JustCounter' object has no attribute '__secretCount'
```

类的私有方法实例如下。

```
class Site:
    def __init__(self, name, url):
        self.name = name                # public
        self.__url = url                # private
    def who(self):
        print('name  : ', self.name)
        print('url : ', self.__url)
    def __foo(self):                    # 私有方法
```

```
        print('这是私有方法')
    def foo(self):                          # 公共方法
        print('这是公共方法')
        self.__foo()
x = Site('你好', 'www.baidu.com')
x.who()          # 正常输出
x.foo()          # 正常输出
x.__foo()        # 报错
```

输出结果为:

```
name  :  你好
url :  www.baidu.com
这是公共方法
这是私有方法
----------------------------------------------------------------
AttributeError                          Traceback (most recent call last)
<ipython-input-13-9d93b50ee324> in <module>
    18 x.who()          # 正常输出
    19 x.foo()          # 正常输出
---> 20 x.__foo()        # 报错
AttributeError: 'Site' object has no attribute '__foo'
```

下面列出了一些类的专有方法,这些方法大大提高了编程效率,这里不一一举例说明,大家可以自行在实例中测试使用。

(1)__init__:构造函数,在生成对象时调用。

(2)__del__:析构函数,释放对象时使用。

(3)__repr__:打印,转换。

(4)__setitem__:按照索引赋值。

(5)__getitem__:按照索引获取值。

(6)__len__:获得长度。

(7)__cmp__:比较运算。

(8)__call__:函数调用。

(9)__add__:加运算。

(10)__sub__:减运算。

(11)__mul__:乘运算。

(12)__truediv__:除运算。

(13)__mod__:求余运算。

(14)__pow__:乘方运算。

2.3 本章小结

本章主要介绍了Python的基础操作,首先介绍了Python开发环境的搭建方式与开发工具的安装,然后介绍了Python的基础使用,如基础语法、基本数据类型、控制流与文件操作、函数与模块、面向对象程序设计等。掌握这些Python的基础知识有利于后面使用Python进行数据分析与挖掘。

2.4 思考与练习

1. 填空题

(1)在Python 3中有6种标准数据类型,3种可变数据为_____、_____、_____,3种不可变数据为_____、_____、_____。

(2)在混合计算时,Python会把整数转换为_____。

(3)Python中的字符串用_____或_____括起来,同时使用_____转义特殊字符。

(4)列表写在_____之间,是用_____分隔开的元素列表。

(5)类对象支持两种操作:_____引用和_____。

2. 问答题

(1)请列举出几个常用的Python数据类型转换函数。

(2)请列举出几个Python函数定义规则。

3. 上机练习

(1)请写出一段Python代码实现删除list中的重复元素。

(2)请写一段代码反转一个整数,例如,-123 --> -321。

第 3 章

Python数据分析相关库应用

Python自身的数据分析功能具有一定的局限性,因此各种数据分析扩展库应运而生。本章将对常用的第三方库进行简单介绍,并在后续章节中通过案例深化巩固。

数据分析领域中最流行的几种Python模块包括NumPy、SciPy、Pandas和Scikit-learn等。本章会介绍这些模块的基础用法,为扩展知识面,还会简单介绍其他常用模块的一些用法。

通过本章内容的学习,读者能掌握以下知识。

- 了解NumPy的数据结构和基本操作。
- 了解SciPy的数据结构和基本操作。
- 了解Pandas的数据结构和基本操作。
- 了解Scikit-learn中的模型算法。
- 了解其他常用模块的使用方法。

3.1 NumPy

NumPy(Numerical Python)是Python科学计算和数据分析的一个基础模块,它不仅能高效操作和存储多维数组,还包含了大量的数组运算函数库。毫不夸张地说,学习NumPy是初学数据分析和数据挖掘的首要任务。本节将围绕NumPy的数据结构及基础操作展开介绍。

3.1.1 初识NumPy

NumPy作为一款开源框架,除了可供研究者免费使用,其在性能和存储效率上也远优于Python自身的嵌套列表结构。为了更直观地体现NumPy的优势,下面给出一个简单的实验测试:将两列长度相等的数字分别进行平方运算和立方运算,然后相加。在0~1000的数字长度范围内,分别测试NumPy数组和Python列表的运行时间(实验代码在本节的最后给出)。实验结果如图3-1所示,在给定的数字长度内,NumPy数组的运行速率始终远高于Python列表,且随着数据的规模扩张,NumPy数组的优势更加明显,而Python列表的速度慢得让人难以接受。

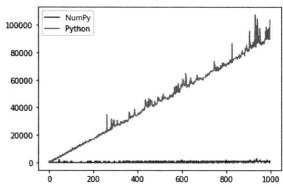

图3-1 NumPy数组和Python列表的运行速率对比测试

此外,本书所介绍的很多高级扩展库都基于NumPy构建,如SciPy、Pandas、Matplotlib等。尽管NumPy并未提供高级的数据分析功能,但理解它仍然有助于我们高效地使用其他高级工具。NumPy的部分功能总结如下。

(1)提供Ndarray对象,一个集合了相同类型数据的多维数组,可以使用N个整数进行索引。

(2)提供用于进行快速数组运算的数学函数库。

(3)提供线性代数、傅里叶变换,以及矩阵领域的函数。

(4)采用预编译C语言编写,效率极高。

3.1.2 创建数组

NumPy的核心功能是它提供的Ndarray对象,即多维数组。在本书叙述中出现的数组、NumPy数组,都是指Ndarray。本章使用Jupyter Notebook来执行相关操作,首先导入NumPy模块,并简写为np。

```
import numpy as np    # 导入NumPy模块,并简写为np
```

1. 数组创建函数

理解NumPy数组的第一步是要学会创建一个数组。最简单的创建方式是使用array()函数,它接受各种类型的序列对象(如列表、元组或其他数组等),然后将其转换为NumPy数组。下面使用单个列表创建本书的第一个数组。

```
# 单个列表创建一维数组
data1 = np.array([1, 2, 3])
print("一维数组:", data1)
print("数据类型:", type(data1))
```

输出结果为:

```
一维数组: [1 2 3]
数据类型:<class 'numpy.ndarray'>
```

如果输入嵌套序列将会生成多维数组,array()函数会自动推断出新建数组的数据类型,并将其储存在dtype参数中,具体如下。

```
# 嵌套列表创建二维数组
data2 = np.array([[1, 2, 3, 4], [5, 6, 7, 8]])
print("二维数组:\n", data2)
print("数据类型:", type(data2))
```

输出结果为:

```
二维数组:
 [[1 2 3 4]
  [5 6 7 8]]
数据类型:<class 'numpy.ndarray '>
```

除了使用np.array(),其他函数也可以用于创建数组。比如,np.zeros()和np.full()分别生成元素值全为0和指定任意数值的数组,使用时仅需要输入指定长度或表示形状的元组即可。由于实际场景中的数组元素经常未知,这类方法可以为数据占位,以便后续更新元素值。下例中使用np.zeros()输出的数组元素均为浮点数,这是由于在没有特殊指定的情况下,NumPy默认的数据类型为float64。

```
# 使用zeros()创建数组
data3 = np.zeros(8)
data4 = np.zeros((2, 3))
# 使用full()创建数组
data5 = np.full((3, 4), 2)
print("data3:\n", data3)
print("data4:\n", data4)
print("data5:\n", data5)
```

输出结果为:

```
data3:
 [0. 0. 0. 0. 0. 0. 0. 0.]
data4:
```

```
 [[0. 0. 0.]
  [0. 0. 0.]]
data5:
 [[2 2 2 2]
  [2 2 2 2]
  [2 2 2 2]]
```

NumPy 提供了 arange()函数用于创建等差数组,其在 NumPy 中的使用频率非常高,类似于 Python 中内置的range()函数。但仅通过arange()函数生成的是一维数组,即直接运行np.arange(12)输出0到11的等差数组,在实际操作中常结合reshape()函数将一维数组转换成指定的多维数组。

```
# 使用arange创建等差数组
data6 = np.arange(12).reshape(3, 4)
print("data6:\n", data6)
```

输出结果为:

```
data6:
 [[ 0  1  2  3]
  [ 4  5  6  7]
  [ 8  9 10 11]]
```

上述是 NumPy 中最典型的几种数组创建方式,表3-1中总结了其他常用的创建函数,感兴趣的读者可自行测试。

表3-1　NumPy中常用的创建函数

函数	说明
array()	将输入数据(列表、元组、数组或其他序列类型)转换为 Ndarray。要么推断出 dtype,要么显式指定 dtype。默认直接复制输入数据
asarray()	将输入转换为 Ndarray,如果输入本身就是一个 Ndarray,则不进行复制
arange()	类似于内置的range,但返回的是一个 Ndarray 而不是列表
ones()、ones_like()	ones()根据指定的形状和 dtype 创建一个全1数组。ones_like()以另一个数组为参数,并根据其形状和 dtype 创建一个全1数组
zeros()、zeros_like()	类似于 ones()和 ones_like(),只不过产生的是全0数组而已
empty()、empty_like()	创建新数组,只分配内存空间但不填充任何值
eye()、identity()	创建一个正方的N*N单位矩阵(对角线为1,其余为0)

2. NumPy 常用属性

NumPy 数组中的数字被称为数组元素,它们是 Ndarray 结构中的具体内容。为了更深入地理解数组,读者需要先了解 NumPy 的相关属性。如下所示,通过 dtype 可以得到数组元素的数据类型,如 data2 的元素类型为 int32。

```
# 查看数组的元素类型
```

```
print(data2.dtype)
```

输出结果为：

```
dtype('int32')
```

如果没有事先指定数组元素的数据类型，NumPy会自行推断出dtype。表3-2罗列出了NumPy内置的数组元素类型。

表3-2　NumPy内置的数组元素类型

类型	类型代码	说明
int8、unit8	i1、u1	有符号和无符号的8位整型
int16、unit16	i2、u2	有符号和无符号的16位整型
int32、unit32	i4、u4	有符号和无符号的32位整型
int64、unit64	i8、u8	有符号和无符号的64位整型
float16	f2	半精度浮点数
float32	f4或f	标准的单精度浮点数。与C语言中的float兼容
float64	f8或d	标准的双精度浮点数。与C语言中的double兼容
float128	f16或g	扩展精度浮点数
complex64、complex128、complex256	c8、c16、c32	分别用两个32位、64位或128位浮点数表示的复数
bool	—	存储True和False值的布尔类型

可以通过astype()函数显式地转换dtype类型，下例是将data2的整数类型转换成浮点型。注意，调用astype()函数将会产生一个新的数组（原数组未发生改变）。

```
# 转换dtype类型
new_data = data2.astype(np.float64)
print("dtype:", new_data.dtype)
```

输出结果为：

```
dtype: float64
```

此外，通过ndim属性可以获取数组的维度，即NumPy中轴的个数；通过shape属性可以获取数组的形状；通过size属性可以获取数组中的元素个数。

```
print("数组维度:", data2.ndim)
print("数组形状:", data2.shape)
print("数组元素个数:", data2.size)
```

输出结果为：

```
数组维度: 2
数组形状: (2, 4)
数组元素个数: 8
```

以上是NumPy中最常用的几种属性,理解了它们有助于学习NumPy的基本操作。当然,还有一些未涉及的属性也具有一定的意义,读者可自行查阅资料学习。

3.1.3 数组的基本操作

NumPy的强大之处在于其具备高效的计算基础,实现了多样化的操作。在详细介绍这部分内容前,首先要彻底理解数组"轴"的概念。

谈起"轴",许多读者容易将其和索引混淆。索引是为每层标记序号,便于描述每个数组元素,同样的操作也存在于Python列表中。但如果是多维数组,单一的索引无法说清楚是哪一层的元素。为了解决这个问题,NumPy规定:按照数组从外往内每一层为一个轴,轴的数量就是数组的维数。以一个3*3*3的数组为例,依据从外往内的顺序来观察数组元素的层级,可分为三层。最内层的一对[]可以表示为一维数组,中间层的一对[]包含三个一维数组,而最外层的一对[]包含三个二维数组。

由于是从0开始计数,故第三层、第二层、第一层分别对应第2、1、0轴。轴中的每个元素同样从0依次计数。

```
data7 = np.array([[[1, 2, 3], [4, 5, 6], [7, 8, 9]], [[10, 11, 12], [13, 14, 15],
                  [16, 17, 18]], [[19, 20, 21], [22, 23, 24], [25, 26, 27]]])
print("data7:\n", data7)
print("索引结果:\n", data7[1][1][1])
```

输出结果为:

```
data7:
 [[[ 1  2  3]
  [ 4  5  6]
  [ 7  8  9]]

 [[10 11 12]
  [13 14 15]
  [16 17 18]]

 [[19 20 21]
  [22 23 24]
  [25 26 27]]]
索引结果:
 14
```

如上所示,通过轴和索引,最终输出数字14。可见,理解轴的概念,就可以轻松操作任意方向的数组元素。

1. 数据索引和切片

NumPy可以通过位置索引的方式来选取数组中的数据子集或每个元素,下面介绍具体操作。一维数组很简单,使用arr[0]这样的形式,arr为数组,后面的中括号"[]"是数组元素的标量下标,这类似于列表的操作。

```
# 一维数组的索引
arr1 = np.array([1, 2, 3, 4])
print("输出第0个元素:", arr1[0])
```

输出结果为:

输出第0个元素: 1

对于多维数组而言,以最常见的二维数组为例,其下标不再是标量而是一维数组。因此,可以分别控制行索引和列索引获取对应元素,即写成[rows, cols]的形式(或[rows][cols],两种方式等价)。例如,arr[0][0]获取的是第0行0列的数组元素。

```
# 二维数组的索引
arr2 = np.arange(12).reshape(3, 4)
print("arr2为:\n", arr2)
print("输出第0行0列元素:", arr2[0, 0])
print("输出第2行0列元素:", arr2[2][0])
```

输出结果为:

```
arr2为:
 [[ 0  1  2  3]
 [ 4  5  6  7]
 [ 8  9 10 11]]
输出第0行0列元素: 0
输出第2行0列元素: 8
```

如果想要选取某行或某列所有的元素,可以使用冒号":"分隔切片参数(start:stop:step)来进行切片操作。例如,arr2[0:5:2],表示从起始索引0开始到尾索引5停止,间隔为2。所有参数可省略,如arr2[0:]表示从索引0开始的所有元素。

```
# 一维数组的切片索引
res1 = arr1[0:3:2]
res2 = arr1[0:]
print("res1:", res1)
print("res2:", res2)
```

输出结果为:

```
res1: [1 3]
res2: [1 2 3 4]
```

多维数组的切片花样更多,可以在一个轴甚至多个轴上进行操作,也可以结合整数索引使操作更加灵活。注意,如果只出现冒号":",表示选取整个轴。

```
# 二维数组的切片索引
res3 = arr2[0:1, 0:2]
res4 = arr2[1, :]
print("res3:", res3)
print("res4:", res4)
```

输出结果为:

```
res3: [[0 1]]
res4: [4 5 6 7]
```

当然,任何标量或列表等都能赋值给切片。例如,arr2[0, :] = 1,该值会通过"广播"的方式自动传播到整个切片区域。NumPy切片和列表的关键区别在于,NumPy切片是原始数组的视图,即数据不会被真正复制,视图上的所有修改都将反映到原始数组上。

```
# 切片赋值
arr2[0, :] = 1
print(arr2)
```

输出结果为:

```
[[ 1  1  1  1]
 [ 4  5  6  7]
 [ 8  9 10 11]]
```

如果是首次接触NumPy,可能会觉得不可思议,因为这和其他热衷于复制数据的编程语言完全不同。由于NumPy的主要功能是强大的计算能力,数据不被复制可以提升性能和降低内存消耗。

2. 数组的基本运算

第2章提到,Python列表不能直接进行数学运算(需要借助循环遍历每个元素),而NumPy实现了真正的元素级运算,这也凸显了NumPy的高效性。只需要将列表转换为数组,就能够实现基本的运算操作。下面将介绍数组中常用的运算符:四则运算、比较运算和广播运算。四则运算的实现很简单,既可以直接使用运算符号,也可以调用相关函数,具体如下例所示。

```
# 数组的四则运算
a1 = np.array([1, 2, 3, 4, 5])
a2 = np.array([1, 1, 1, 1, 1])
a3 = np.array([2, 2, 2, 2, 2])
# 使用运算符号
sym_sum = a1 + a2 + a3
sym_mult = a1 * a3
# 使用运算函数
fun_sum1 = np.add(a1, a2)
fun_sum2 = np.add(a3, np.add(a1, a2))
print("sym_sum:", sym_sum)
print("sym_mult:", sym_mult)
```

```
print("fun_sum1:", fun_sum1)
print("fun_sum2:", fun_sum2)
```

输出结果为：

```
sym_sum: [4 5 6 7 8]
sym_mult: [2 4 6 8 10]
fun_sum1: [2 3 4 5 6]
fun_sum2: [4 5 6 7 8]
```

四则运算符号"+、-、*、/"对应的函数如表3-3所示。注意，这类函数只能接受两个数据对象，如果想对多个对象进行运算，可嵌套使用（如fun_sum2所示）。此外，还有三种常用的运算符"%、//、**"，分别为余数、整数和指数，读者可自行测试。

表3-3　NumPy四则运算函数

函数	说明	函数	说明
add()	加法运算	multiply()	乘法运算
subtract()	减法运算	divide()	除法运算

当进行数据查询和条件判断时，常使用比较运算，即通过对数组之间的元素进行比较或将数组元素和某个值比较，返回布尔类型的值True或False。下例使用了两种不同的方法实现比较运算，即比较运算符和函数。

```
# 数组比较运算
b1 = np.array([10, 11, 12])
b2 = np.array([20, 21, 22])
print("b1是否大于b2:\n", b1>b2)
print("b1中大于11的元素:\n", b1>11)
print("函数比较b1是否大于b2:\n", np.greater(b1, b2))
```

输出结果为：

```
b1是否大于b2:
 [False False False]
b1中大于11的元素:
 [False False True]
函数比较b1是否大于b2:
 [False False False]
```

比较运算符号包括>、>=、<、<=、==、!=，相关函数如表3-4所示。

表3-4　NumPy比较运算函数

符号	函数	含义
>	np.greater(arr1, arr2)	判断arr1的元素是否大于arr2的元素

符号	函数	含义
>=	np.greater_equal(arr1, arr2)	判断arr1的元素是否大于等于arr2的元素
<	np.less(arr1, arr2)	判断arr1的元素是否小于arr2的元素
<=	np.less_equal(arr1, arr2)	判断arr1的元素是否小于等于arr2的元素
==	np.equal(arr1, arr2)	判断arr1的元素是否等于arr2的元素
!=	np.not_equal(arr1, arr2)	判断arr1的元素是否不等于arr2的元素

通过比较运算返回的是布尔类型的数组,如果想筛选出满足条件的数组元素,可以使用布尔索引。无论是一维数组还是多维数组,布尔索引返回的都是一维数组。具体操作如下。

```
# 筛选出满足条件的元素
res5 = b2[b2>b1]        # 从b2中取出b2>b1的数组元素
res6 = b1[b1>10]        # 从b1中取出b1>10的数组元素
print("res5:", res5)
print("res6:", res6)
```

输出结果为:

```
res5: [20 21 22]
res6: [11 12]
```

上述两种元素级运算都局限于相同形状的两个数组,这时读者可能会疑惑,不同形状数组之间就一定不能进行运算吗?其实不然,NumPy规定:当运算中的两个数组形状不同时,会自动触发广播机制。举个简单的例子,当对数组执行加1操作时,整个数组元素都会加1。这就是广播运算,即通过将不同形状的数组转换成相同形状,再进行运算。

NumPy的广播功能同样具备相关规则,只有满足条件的数组才是可广播的:当两个数组的后缘维度(从末尾开始算起的维度)的轴长相符或其中一方的某个维度的长度为1,则这两个数组是广播兼容的。广播会在缺头和(或)长度为1的维度上进行。也就是说,广播主要发生在两种情况,一种是两个数组的维数不同,但它们的后缘维度的轴长相符;另一种是有一方的某个维度的长度为1,如下例所示。

```
# 数组维度不同,后缘维度的轴长相符
arr1 = np.array([[0, 0, 0], [1, 1, 1], [2, 2, 2], [3, 3, 3]])
arr2 = np.array([1, 2, 3])
print("结果为:\n", arr1+arr2)
# 数组维度相同,其中有个轴长度为1
arr3 = np.array([[0, 0, 0], [1, 1, 1], [2, 2, 2]])
arr4 = np.array([[1], [2], [3]])
print("结果为:\n", arr3+arr4)
```

输出结果为:

结果为：
```
[[1 2 3]
 [2 3 4]
 [3 4 5]
 [4 5 6]]
```
结果为：
```
[[1 1 1]
 [3 3 3]
 [5 5 5]]
```

上例中 arr1 和 arr2 的形状不同，但它们的后缘维度的轴长相同，都为3。这就触发了广播机制，arr2 会被扩展为和 arr1 相同的形状，最终执行相加的操作。arr3 和 arr4 都是二维的，而 arr4 在1轴上的长度为1，会在1轴上触发广播。

3.1.4　NumPy 矩阵的基本操作

矩阵是一个数学概念，它和常用的二维数组样式一致，且都可以用于操作行列元素，所以不少人把二维数组翻译为矩阵。但 NumPy 库提供了专门针对矩阵的 matrix 数据类型，这表明二者还是存在一定区别的。

1. 创建矩阵

在 NumPy 中常使用 np.mat() 函数创建矩阵。那么，矩阵和数组究竟有何差别呢？下例分别使用 np.mat()和 np.array() 函数创建矩阵和数组，可以观察到，虽然传入的参数序列都为[1, 2, 3]，但输出的形状却不同。这反映了二者的主要区别：矩阵可以看作数组的一个分支，其必须是二维的，而数组可以是 N 维的。

```python
# 矩阵和数组的区别
# 生成矩阵A
A = np.mat([1, 2, 3])
print("矩阵A:", A)
print("矩阵形状:", A.shape)
# 生成数组a
a = np.array([1, 2, 3])
print("数组a:", a)
print("数组形状:", a.shape)
```

输出结果为：

```
矩阵A: [[1 2 3]]
矩阵形状: (1, 3)
数组a: [1 2 3]
数组形状: (3, )
```

矩阵也是 NumPy 中的一种数据对象，具有相关的属性和函数，其中大部分继承于 Ndarray 对象。相关内容不再赘述，感兴趣的读者可查阅 NumPy 网站上的说明。

2. 常用的矩阵运算

谈到矩阵运算,首先想到的就是矩阵的乘法运算,执行该操作的矩阵必须满足第一个矩阵的行数等于第二个矩阵的列数。如下例所示。

```
# 矩阵乘法
A1 = np.mat([1, 2])          # 形状:(1, 2)
A2 = np.mat([[1], [2]])      # 形状:(2, 1)
A3 = np.mat([1, 2, 3])       # 形状:(1, 3)
print("满足条件时:", A1*A2)
```

输出结果为:

```
满足条件时: [[5]]
```

注意,不满足条件的两个矩阵不能相乘,如A1和A3执行乘法操作会报错。

矩阵的点乘,用于向量相乘,表示对应元素逐一相乘。该操作要求矩阵必须满足维数相同,即M*N矩阵和M*N矩阵进行点乘。

```
# 矩阵点乘
A1 = np.mat([1, 1])
A2 = np.mat([2, 2])
print("A1点乘A2:", np.multiply(A1, A2))
```

输出结果为:

```
A1点乘A2: [[2 2]]
```

矩阵转置也是常用的操作之一,通常使用一种很简单的方法来完成。

```
# 矩阵转置
A1 = np.mat([[1, 1], [0, 0]])
A1.T
```

输出结果为:

```
matrix([[1, 0],
        [1, 0]])
```

本小节简单介绍了矩阵中几种常用的运算,这仅仅是矩阵模块中的一小部分内容。矩阵涉及很丰富的线性代数问题,如矩阵分解、行列式分解等,这与数据分析和数据挖掘都有紧密的联系。所以,读者对矩阵的理解不能局限于本小节的内容,也要通过查阅资料拓展自己的知识。

最后附上本节一开始测试NumPy数组时间效率的实验代码,这对于刚入门的读者可能有些困难,感兴趣的读者可细读改进。

```
import sys
from datetime import datetime
import numpy as np
```

```python
import matplotlib.pyplot as plt
# 使用NumPy计算
def numpysum(n):
    a = np.arange(n) ** 2
    b = np.arange(n) ** 3
    c = a + b
    return c
# 使用Python计算
def pythonsum(n):
    a = list(range(n))
    b = list(range(n))
    c = []
    for i in range(len(a)):
        a[i] = i ** 2
        b[i] = i ** 3
        c.append(a[i]+b[i])
    return c
# prt表示是否打印结果
def printest(func, size, prt=True):
    start = datetime.now()
    c = func(size)
    delta = datetime.now() - start
    if prt == True:
        print("The last 2 elements of the sum ", c[-2:])
        print("Elapsed time in microsecondas ", delta.microseconds)
    return delta.microseconds
# 用于作n-time图
def timeplot():
    pts = []
    for i in range(100, 100000, 100):
        t_numpy = printest(numpysum, i, prt=False)
        t_python = printest(pythonsum, i, prt=False)
        pts.append([t_numPy, t_python])
    plt.plot(pts)
    plt.legend(['NumPy', 'Python'])
    plt.show()
if __name__ == "__main__":
    print("hello Python~")
    # size = int(sys.argv[1])
    size = 100000
    print('NumPysum...')
    printest(NumPysum, size)
```

```
print('Pythonsum...')
printest(Pythonsum, size)
timeplot()
```

3.2 SciPy

NumPy库提供了多维数组和矩阵的运算,在数据分析中能够高效地处理大规模的数据。而SciPy是一个开源的科学计算库,它基于NumPy提供了更高级的扩展功能,可以处理统计、优化、插值、数值积分等问题。它包含大量的基于矩阵的对象和函数,通过和NumPy结合使用,能高效地计算NumPy矩阵。接下来,就来看看SciPy究竟是如何使用的。

3.2.1 初识SciPy

SciPy基本的数据结构为NumPy数组。虽然NumPy也提供了线性代数、傅里叶变换等领域的相关函数,但与SciPy中的等效函数的通用性不同。SciPy由许多科学领域的子模块构成,相关库被归纳在表3-5中。

表3-5 SciPy相关库

库名	备注	库名	备注
scipy.cluster	矢量化/K–Means	scipy.odr	Orthogonal distance regression
scipy.constants	物理和数学常数	scipy.optimize	Optimization
scipy.fftpack	傅里叶变换	scipy.signal	信号处理
scipy.integrate	集成例程	scipy.sparse	稀疏矩阵
scipy.interpolate	Interpolation	scipy.spatial	空间数据结构和算法
scipy.io	数据输入和输出	scipy.special	Any special mathematical functions
scipy.linalg	线性代数例程	scipy.stats	Statistics
scipy.ndimage	n-dimensional image package		

接下来,将选取SciPy中的统计、优化和插值模块进行介绍,未涉及的模块或需要深入理解的内容可参考SciPy官方网站。

3.2.2 统计子模块scipy.stats

统计理论被广泛应用于不同的科学领域,为数据分析、数据挖掘提供了强大的理论支持。SciPy中自然也封装了不少统计分析相关的函数,这些函数被集成在scipy.stats模块中。下面就让我们来学习SciPy中的统计模块。

scipy.stats模块不仅提供了多种概率分布函数,包括连续分布、离散分布和多变量分布,同时也涵盖了摘要统计、测试等小分类。本小节将以最具代表性的连续型随机变量——正态分布scipy.stats.norm为例展开介绍。首先导入相关模块,并调用rvs()函数随机生成服从正态分布的500个样本,最后绘制出条形图,具体如下。

```
# 正态分布
import numpy as np
from scipy import stats
from scipy.stats import norm
print(plt.hist(norm.rvs(size=500)))
plt.show()  # 展示图像
```

输出结果为:

```
(array([8., 22., 51., 105., 125., 108., 52., 19., 7., 3.]),
 array([-2.89755831, -2.26302621, -1.6284941, -0.993962, -0.3594299, 0.27510221,
        0.90963431, 1.54416641, 2.17869852, 2.81323062, 3.44776273]),
 <a list of 10 Patch objects>)
```

输出可视化结果,如图3-2所示。

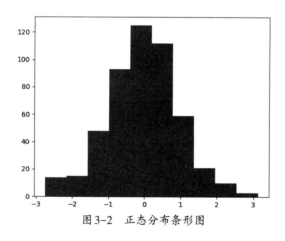

图3-2　正态分布条形图

除了使用rvs()函数生成随机变量,对于SciPy的连续型随机变量还有一些公共函数,如表3-6所示。

表3-6　SciPy连续型随机变量函数

函数	备注	函数	备注
rvs()	产生服从指定分布的随机数	ppf()	分位点函数(CDF的逆)
pdf()	概率密度函数	isf()	逆残存函数(SF的逆)
cdf()	累计分布函数	fit()	对一组随机取样进行拟合,使用最大似然估计方法找出概率密度函数的系数
sf()	残存函数(1 – CDF)		

此外,scipy.stats也具有一些非常实用的函数,例如,通过describe()函数返回数据的摘要信息。以下例子通过describe()函数返回arr1数组的最大(小)值、平均数、方差等摘要。

```
# scipy.stats返回数据摘要
from scipy.stats import describe
arr1 = [9, 3, 27]
print(stats.describe(arr1))
```

输出结果为:

```
DescribeResult(nobs=3, minmax=(3, 27), mean=13.0, variance=156.0,
               skewness=0.5280049792181878, kurtosis=-1.5)
```

3.2.3 优化子模块scipy.optimize

最优化是应用数学的一个分支,它指的是在最小化(或最大化)目标函数的约束条件下,找到最优解的过程。绝大多数机器学习中的内容都会涉及优化问题。举例来讲,机器学习中的目标函数也被称为损失函数,而使损失函数最小化的过程就叫作优化。常用的优化方法包括最小二乘法、梯度下降法、牛顿法等。由于数据挖掘也包括了机器学习,因此掌握这部分内容有助于后续学习数据挖掘。

SciPy的optimize模块下包含了许多常用的最优化方法,其中最常用的方法莫过于scipy.optimize.minimize,因为其仅通过设置参数就可以使用大量的优化算法。比如,scipy.optimize.minimize(method="BFGS")表明选择牛顿法。接下来看一个例子,使用scipy.optimize.leastsq来实现最小二乘法的操作过程,代码如下。

```
# 最小二乘法操作
import numpy as np
from scipy.optimize import leastsq
def func(a, m):
    w0, w1 = a
    f = w0 + w1 * m * m
    return f
def err_func(a, m, n):
    ret = func(a, m) - n
    return ret
p_init = np.random.randn(2)    # 生成2个随机数
m = np.array([1, 2.2, 3.6, 4.5, 5.2, 7.4, 8.5])
n = np.array([0.2, 1.2, 1.9, 2.0, 3.2, 6.9, 8.1])
# 使用SciPy提供的最小二乘法函数得到最佳拟合参数
parameters = leastsq(err_func, p_init, args=(m, n))
print(parameters[0])
```

输出结果为:

```
array([0.27273058, 0.11181194])
```

3.2.4　插值子模块scipy.interpolate

插值是在已知的、离散的点之间推导出新数据点的过程。SciPy提供的interpolate模块封装了大量的数学插值函数,涵盖范围全面。该工具不仅在数据统计分析中有用,也适用于科学、商业等领域。

下面通过一个例子来看看SciPy是如何完成分段线性插值的,这也是最简单的一种插值方法。其基本原理就是把相邻节点连接,并在两两节点间实现线性插值。

```
# 引入相关库
import numpy as np
from scipy import interpolate as inter
import matplotlib.pyplot as plt
from scipy import constants as Const


m = np.linspace(0, 4, 5) # 使用NumPy中的linspace()函数生成[0, 4]之间等间距的5个数
n = np.sin(m)
f = inter.interp1d(m, n, kind="linear") # 进行线性插值
mli = np.linspace(0, 4, 50)
nli = f(mli)
nreal = np.sin(mli)
plt.plot(m, n, 'o', mli, nli, '-', mli, nreal, '--') # 生成图像
plt.legend(['data', 'linear', 'real'], loc='best')    # 设置图标
plt.show() # 展示图像
```

输出可视化结果,如图3-3所示。

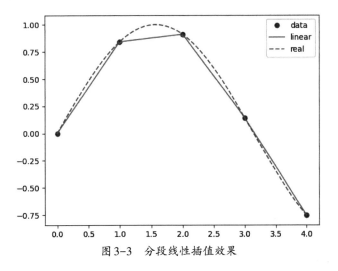

图3-3　分段线性插值效果

如上述代码所示,m和n是已知的坐标向量,数据类型皆为Ndarray数组。线性插值的运算通过调用interp1d()函数完成,其中kind参数指的是interp1d()的多种扩展方法,除了本例所使用的"linear",还具有以下候选值,如表3-7所示。

表3-7　kind参数候选值

候选值	作用
zero、nearest	阶梯插值,相当于零阶B样条曲线
slinear、linear	线性插值,用一条直线连接所有取样点,相当于一阶B样条曲线
quadratic、cubic	二阶和三阶B样条曲线,更高阶的曲线可以直接使用整数值指定

　　数学插值的方法非常丰富,更加详细和深入的学习建议参考SciPy官方手册。接下来将介绍Pandas的基础内容,其在处理缺失值时涉及的插值方法即源自SciPy。

 3.3　Pandas

　　终于谈到本书的主力工具——Pandas。要想在数据处理领域中游刃有余,Pandas堪称必杀技。前两节介绍了NumPy和SciPy工具,使用它们可以实现高效的科学计算。但在实际的数据分析场景中,仅使用这两种工具还欠点火候。本节将介绍Python中最强大的数据分析框架Pandas,它提供了大量让数据分析工作变得快速且简单的高级数据结构和方法。

3.3.1　初识Pandas

　　Pandas是本书后续内容的核心库,其在NumPy的基础上,优化了数据结构,对数据预处理操作进行了改进,如数据的存储、转换、缺失值处理等。Pandas的功能相当强大,可以说贯穿了数据分析的整个过程。通过本节的学习,读者可以掌握以下内容。

　　(1)两种重要的数据结构,即Series和DataFrame。

　　(2)创建对象及提取外部文件。

　　(3)数据的索引及赋值。

　　(4)缺失值的处理方法。

　　(5)数据库中的增、删、改操作及相关函数。

　　(6)数据类型转换及统计分析等。

　　事实上,纯粹的Pandas模块就足以写完一本书,本节仅仅介绍了入门的基础操作。

3.3.2　Pandas的数据结构

　　Pandas提供了Series和DataFrame两个主要的操作对象。如图3-4所示,Series类似于一维数组的数据结构,它包含一组NumPy类型的数据(values)和与之对应的索引(index)。DataFrame则用于保存二维数组,从图中来看它与Excel表格非常相似。DataFrame包含数据、行索引(index)和列索引(columns),也可以理解为是由一系列Series构成的。

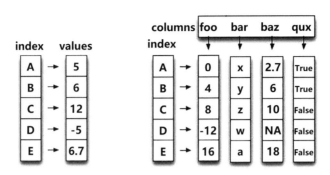

图3-4　Series和DataFrame的结构

小提示：

尽管DataFrame是一种二维表格结构，但仍然可以实现高维度数据(二维以上)的表示。该内容即层次化索引结构，是Pandas提供的高级数据分析功能，后续会做简单介绍。

首先在Python中导入Pandas模块，并简写为pd，实际操作中通常和NumPy结合使用。

```
import numpy as np        # 导入 NumPy
import pandas as pd       # 导入 Pandas
```

1. 创建Series

本章开始部分详细介绍了NumPy数组的创建方式，并且介绍了NumPy的索引即为每一层元素从0开始标记序号。比如，数组Grade为某班级期末成绩排名前5的数组。

```
# 定义数组 Grade 为某班级期末成绩排名前 5 的数组
Grade = np.array([100, 99, 99, 97, 95])
```

要从这组数据中找到最高分一目了然，可以用Grade[0]，但想要找到其中某位同学的分数则有些困难。这意味着NumPy数组的数据结构缺乏明确的含义，而我们接下来即将学习的Series正好解决了NumPy的该缺陷。如下所示，在上述代码的基础上生成一个Series数据对象。

```
# 创建 Series
# index 默认为从 0 开始的整数序列
Se_1 = pd.Series(Grade)
# 可以设置索引值
Se_2 = pd.Series(Grade, index=['XiaoMing', 'ZhangLin', 'WenWen',
                  'LeiLei', 'WangMin'])
print("Se_1:\n", Se_1)
print("Se_2:\n", Se_2)
```

输出结果为：

```
Se_1:
0    100
1     99
```

```
2       99
3       97
4       95
dtype: int32
Se_2:
XiaoMing      100
ZhangLin       99
WenWen         99
LeiLei         97
WangMin        95
dtype: int32
```

从代码结果可以看出,Series 和 NumPy 的最大区别在于 Series 在左边增加了索引,并且索引值可以自定义,在没有特殊设定的情况下为从 0 开始的连续整数序列。

Series 中传入的参数也可以是列表,效果和 NumPy 数组类似,例如:

```
A = pd.Series([1, 2, 3, 4, 5])
print(A)
```

输出结果为:

```
0       1
1       2
2       3
3       4
4       5
dtype: int64
```

每个 Series 数据对象都有两个重要的属性:values 和 index,可以分别用于值索引和标签索引,在后面 DataFrame 的基本操作内容中会做详细介绍。查看属性的代码如下。

```
print(A.index)
print(A.values)
```

输出结果为:

```
RangeIndex(start=0, stop=5, step=1)
array([1, 2, 3, 4, 5], dtype=int64)
```

此外,也可以输入字典创建 Series,其中字典的键(keys)为 Series 的索引,字典的值(values)为 Series 的数据。通过字典创建 Series 的代码如下。

```
dic1 = {'a':2, 'b':4, 'c':6}
print(pd.Series(dic1))
```

输出结果为:

```
a       2
```

```
b    4
c    6
dtype: int64
```

2. 创建 DataFrame

DataFrame是一种表格型的数据结构,在数据分析中很常见。创建DataFrame的方法较多,使用最多的一种方法是输入一个由等长列表或数组构成的字典,具体如下。

```
data_1 = {'province':['Sichuan', 'Wuhan', 'Hunan', 'Sichuan', 'Henan'],
          'year':['2010', '2011', '2012', '2013', '2014'],
          'pop':[2.2, 3.4, 2.6, 3.5, 3.8]}
df_1 = pd.DataFrame(data_1)
print(df_1)
```

输出结果为:

```
   province   year   pop
0  Sichuan    2010   2.2
1  Wuhan      2011   3.4
2  Hunan      2012   2.6
3  Sichuan    2013   3.5
4  Henan      2014   3.8
```

结果显示,索引在默认情况下为从0开始的有序序列(类似于Series)。

DataFrame有3个重要的属性,即columns、index和values。通过columns属性可以查看列索引,通过index属性可以查看行索引,通过values属性可以直接访问数据框中的数值,具体代码如下。

```
print(df_1.columns)
print(df_1.index)
print(df_1.values)
```

输出结果为:

```
Index(['province', 'year', 'pop'], dtype='object')
RangeIndex(start=0, stop=5, step=1)
array([['Sichuan', '2010', 2.2],
       ['Wuhan', '2011', 3.4],
       ['Hunan', '2012', 2.6],
       ['Sichuan', '2013', 3.5],
       ['Henan', '2014', 3.8]], dtype=object)
```

3.3.3 Pandas对象的基本操作

Pandas不仅优化了NumPy中的数据结构,同时也改进了数据预处理中的许多操作,提供了更多高级的分析工具。本小节将介绍Pandas中的文件读写、数据索引、数据清洗等内容,相信读者会在学习的过程中感受到Pandas的强大功能。

1. 文件读写

很显然,上节介绍的创建数据对象方法皆是手动输入数据,这在实际的数据分析场景中是不现实的。通常情况下,需要从外部文件中提取数据,这些数据来自CSV、Excel、TXT、数据库等多类型的文件。接下来,以提取CSV文件为例进行简单介绍,详细内容或其他文件的操作可参考4.2节。

在Pandas中,不管是CSV还是TXT文件,都可以使用read_csv()函数提取数据。函数read_csv()中定义了10种参数,但常用的只有两个:filepath_or_buffer用于传入文件路径;encoding用于设定编码类型,通常为"gbk"。比如,需要提取的文件为sales.csv,如图3-5所示。

	A	B	C	D	E
1	Transaction_date	Product	Price	Payment_Type	City
2	01/02/2009 04:53	Product1	1200	Visa	Parkville
3	01/02/2009 13:08	Product1	1200	Mastercard	Astoria
4	01/04/2009 12:56	Product2	3600	Visa	China
5	01/04/2009 13:19	Product1	1200	Visa	Mickleton

图3-5　sales.csv的内容

以下代码使用read_csv()函数读取sales.csv文件。

```
# 读取CSV文件
df_2 = pd.read_csv('sales.csv', encoding='gbk')
print(df_2)
```

输出结果为:

```
   Transaction_date    Product    Price    Payment_Type    City
0  01/02/2009 04:53    Product1   1200     Visa            Parkville
1  01/02/2009 13:08    Product1   1200     Mastercard      Astoria
2  01/04/2009 12:56    Product2   3600     Visa            China
3  01/04/2009 13:19    Product1   1200     Visa            Mickleton
```

反过来,如果想把Pandas中的数据存储到文本文件中,可以使用to_csv()函数。

```
# 写入文本文件
df_2.to_csv('data.txt')
```

上述代码将从Pandas中读取到的数据存储在data.txt文本文件中,如果文件名不存在,将创建文件再写入。当然,Pandas为其他各种类型的文件数据都提供了对应的函数,表3-8取自Pandas官方手册中的内容,读者可自行参考。

表3-8　Pandas为不同类型的文件数据提供的函数

类型	数据描述	读取函数	写入函数
text	CSV	read_csv()	to_csv()
text	JSON	read_json()	to_json()
text	HTML	read_html()	to_html()
text	Local clipboard	read_clipboard()	to_clipboard()
binary	MS Excel	read_excel()	to_excel()
binary	OpenDocument	read_excel()	

续表

类型	数据描述	读取函数	写入函数
binary	HDF5 Fomat	read_hdf()	to_hdf()
binary	Feather Fomat	read_feather()	to_feather()
binary	Parquet Fomat	read_parquet()	to_parquet()
binary	Msgpack	read_msgpack()	to_msgpack()
binary	Stata	read_stata()	to_stata()
binary	SAS	read_sas()	
binary	Python Pickle Format	read_pickle()	to_pickle()
SQL	SQL	read_sql()	to_sql()
SQL	Google Big Query	read_gbq()	to_gbq()

2. 数据索引

相比于NumPy,Pandas提供了更丰富的索引方法。注意,在本节及后续章节中,研究对象都集中在DataFrame对象中(Series的操作类似且更为简单)。之前提到,DataFrame是表格型的数据结构,其实抛开行、列索引,它的元素即为一个二维数组。这意味着前面学习的NumPy二维数组中的某些方法,也同样有助于理解DataFrame。

具体来说,DataFrame有两种类型的索引方式,一种是根据行列名进行索引,另一种是根据元素位置选择数据。下面对这两种方式进行详细介绍。

如果读者想获取某一列的全部数据,则可以通过列名选择对应的数据,具体如下。

```
# 获取某列数据
# 第一种方式
print(df_1.province)
```

输出结果为:

```
0  Sichuan
1  Wuhan
2  Hunan
3  Sichuan
4  Henan
Name: province, dtype: object
```

```
# 第二种方式
print(df_1['province'])
```

输出结果为:

```
0  Sichuan
1  Wuhan
```

```
2   Hunan
3   Sichuan
4   Henan
Name: province, dtype: object
```

上述代码中的df_1.province和df_1['province']两种方法是等价的,这和NumPy中的选择数据的格式类似。同时输出多个列名对应的数据时,将多个列名放在一个数组中,即可同时索引,具体如下。

```
print(df_1[['province', 'pop']])   # 同时索引多个列名
```

输出结果为:

```
   province  pop
0  Sichuan   2.2
1  Wuhan     3.4
2  Hunan     2.6
3  Sichuan   3.5
4  Henan     3.8
```

如果读者想选择某些行的切片,可通过如下方式。

```
print(df_1[0:3])   # 切片索引
```

输出结果为:

```
   province  year  pop
0  Sichuan   2010  2.2
1  Wuhan     2011  3.4
2  Hunan     2012  2.6
```

如果想要结合行、列标签的约束选择某些值,就需要使用DataFrame提供的索引函数loc和iloc。其中,loc函数是以columns(列名)和index(行名)作为参数选取数据的;iloc函数则是以二维矩阵的位置指标(0,1,2,…)作为参数选取数据的。先来看看iloc函数的实际操作。

```
print(df_1.iloc[0])      # 获取第0行的所有列数据
print(df_1.iloc[0, 1])   # 获取第0行第1列数据
```

输出结果为:

```
province   Sichuan
year       2010
pop        2.2
Name: 0, dtype: object
'2010'
```

也可以和切片结合使用,具体如下。

```
print(df_1.iloc[0:2])       # 结合切片选择前两行的所有列数据
```

输出结果为:

```
   province   year   pop
0  Sichuan    2010   2.2
1  Wuhan      2011   3.4
```

loc 函数的实际操作如下。

```
print(df_1.loc[0, :])          # 取第0行
print(df_1.loc[0:2, ['year', 'pop']])   # 取前两行中列名为year和pop的数据
```

输出结果为:

```
province    Sichuan
year        2010
pop         2.2
Name: 0, dtype: object
      year   pop
0     2010   2.2
1     2011   3.4
2     2012   2.6
```

在大致了解了DataFrame的索引方式后,接下来学习如何通过设定好的条件来获取布尔值数组,从而过滤出符合要求的数据。下例通过判定每一行数据的pop标签对应的值是否大于2.5,再返回布尔值。

```
print(df_1['pop']>2.5)         # 条件过滤
```

输出结果为:

```
0      False
1      True
2      True
3      True
4      True
Name: pop, dtype: bool
```

通过返回的布尔值数组来获取符合条件的数据。

```
df_1[df_1['pop']>2.5]          # 筛选具体元素值
```

输出结果为:

```
   province   year   pop
1  Wuhan      2011   3.4
2  Hunan      2012   2.6
3  Sichuan    2013   3.5
4  Henan      2014   3.8
```

如果要筛选符合多个条件的数据,则要对每个条件下的布尔值进行与运算。例如,要筛选pop在2.5到3.8之间的数据,首先返回每一行满足条件的布尔值,再根据布尔值进行行索引,返回全部满足

条件的数据。

```
df_1[(df_1['pop']>2.5)&(df_1['pop']<3.8)]     # 多条件过滤
```

输出结果为：

```
   province   year   pop
1  Wuhan      2011   3.4
2  Hunan      2012   2.6
3  Sichuan    2013   3.5
```

3. 增、删操作

为了更灵活地处理数据，Pandas 提供了一系列增、删、改的操作。如果想要在原来的表格中增加某一列数据，可以直接通过[]给新建的列赋值。

```
# 增加列数据
df_1['level'] = 1
print(df_1)
```

输出结果为：

```
   province   year   pop    level
0  Sichuan    2010   2.2    1
1  Wuhan      2011   3.4    1
2  Hunan      2012   2.6    1
3  Sichuan    2013   3.5    1
4  Henan      2014   3.8    1
```

如果想添加新的行，可以调用Pandas中的append()函数，这里需要注意以下几点。

（1）append()函数内需要添加Series类型的元素。

（2）append()函数添加新的行后，原数据不会发生改变。

（3）如果输入的数据不完整，会自动生成缺失值NaN。

（4）通过设置ignore_index参数值为True，行序号会重新排列，否则新添加的数据索引会从0开始重新填写。

```
# 增加行数据
print(df_1.append({'province':'Beijing', 'year':'2015'}, ignore_index=True))
```

输出结果为：

```
   province   year   pop    level
0  Sichuan    2010   2.2    1.0
1  Wuhan      2011   3.4    1.0
2  Hunan      2012   2.6    1.0
3  Sichuan    2013   3.5    1.0
```

```
4  Henan       2014    3.8    1.0
5  Beijing     2015    NaN    NaN
```

接下来,看如何进行删除操作,可以用del直接删除某一列。

```
# del 删除某列
del df_1['level']
print(df_1)
```

输出结果为:

```
   province  year  pop
0  Sichuan   2010  2.2
1  Wuhan     2011  3.4
2  Hunan     2012  2.6
3  Sichuan   2013  3.5
4  Henan     2014  3.8
```

通过drop()函数删除指定行,具体如下。

```
# drop 删除某行
print(df_1.drop([3]))
```

输出结果为:

```
   province  year  pop
0  Sichuan   2010  2.2
1  Wuhan     2011  3.4
2  Hunan     2012  2.6
4  Henan     2014  3.8
```

4. 缺失值处理

缺失值在数据分析场景中很常见,在NumPy中"缺失值"通常指的是"无、没有"的对象,比如某个数据内容中出现了空缺,那么这个位置可以表示为None。但存在None的数组不能进行数组运算,因此NumPy提供了函数np.nan来标记缺失值,使数组可以正常进行运算。Pandas基于np.nan引入了另一个浮点数NaN,接下来将进行介绍。

NumPy中对None的处理不太智能,那么Pandas是如何处理缺失值的呢?首先通过创建一个含有None的Series来观察。

```
# 创建含有None的Series
s = pd.Series([1, None, 2, np.nan])
print(s)
```

输出结果为:

```
0    1.0
1    NaN
```

```
2    2.0
3    NaN
dtype: float64
```

可以发现,虽然创建Series的列表中存在None和np.nan,但在最终输出的Series中都被转换成了NaN,即可以进行正常运算,并且Pandas在计算的过程中自动排除了NaN数据。例如:

```
print(s.sum())
# Pandas对None进行转换
s[0] = None
print(s)
```

输出结果为:

```
3.0
0    NaN
1    NaN
2    2.0
3    NaN
dtype: float64
```

此外,Pandas提供了4种函数用于处理缺失值,如表3-9所示。这部分内容会在第4章中做详细介绍,读者可先行翻阅。

表3-9   Pandas常用缺失值处理函数

函数	备注	函数	备注
isnull()	判定缺失值分布情况	dropna()	删除含有缺失值的行或列
notnull()	检测非缺失值	fillna()	填充缺失值

3.3.4　基本统计分析

Pandas提供了一系列常用的数学统计方法,它们基本上都属于汇总和约简计算。也许读者通过3.3.3小节的内容已经熟悉了文件的读入操作,但并不清楚所提取数据的具体信息。本小节将介绍如何获取并统计数据信息,如数据的规模、数据类型的转换、一些重要的统计函数等。下面仍然以上一小节使用的sales.csv文件(df_2)为例。

如果读者只想大致浏览表格的部分信息,可以使用head()和tail()函数,分别返回数据的前n行和后n行数据,然后进一步查看所有数据的类型和行列数,代码如下。

```
print(df_2.head(3))      # 查看前3行数据
print(df_2.tail(2))      # 查看末尾2行数据
print(df_2.shape)        # 查看形状
print(df_2.dtypes)       # 查看各变量类型
```

输出结果为:

```
    Transaction_date      Product    Price    Payment_Type      City
0   01/02/2009 04:53      Product1   1200     Visa              Parkville
1   01/02/2009 13:08      Product1   1200     Mastercard        Astoria
2   01/04/2009 12:56      Product2   3600     Visa              China
    Transaction_date      Product    Price    Payment_Type      City
2   01/04/2009 12:56      Product2   3600     Visa              China
3   01/04/2009 13:19      Product1   1200     Visa              Mickleton
(4, 5)
Transaction_date        object
Product                 object
Price                   int64
Payment_Type            object
City                    object
dtype: object
```

结果显示，该数据集总共包括4条数据和5个变量，其中除了Price（价格）为整型数据，其他都为字符型数据。为了为后续数据分析做准备，通常需要对该变量进行数据类型转换，以下介绍两种常用的数据类型转换函数。

Pandas提供的to_datetime()函数可以通过调整format参数灵活地将不同格式的字符型日期转换为正规的日期型数据。还有常用的astype()函数，可以实现不同数据类型之间的转换，该内容在NumPy的部分已经做了介绍，这里不再详细阐述。

接下来，为了描述数据的具体特征，需要进行基本的统计操作。使用求和函数sum()对DataFrame求每列的和。

```
print(df_2.sum())
```

输出结果为：

```
Transaction_date      01/02/2009 04:5301/02/2009 13:0801/04/2009 12:...
Product               Product1Product1Product2Product1
Price                 7200
Payment_Type          VisaMastercardVisaVisa
City                  ParkvilleAstoriaChinaMickleton
dtype: object
```

结果显示，该方法只对Price即整型数据进行了真正的求和操作，其他字符串类型的数据只是进行了首尾相连。因此，可以只选取该列进行求和，如下例所示。

```
print(df_2['Price'].sum())   # 选取列求和
```

输出结果为：

```
7200
```

其他常用统计操作如下。

```
# mean()函数求 Price 的平均值
print(df_2['Price'].mean())
# max()函数求 Price 的最大值
print(df_2['Price'].max())
# min()函数求 Price 的最小值
print(df_2['Price'].min())
```

输出结果为：

```
1800
3600
1200
```

当然，Pandas 也提供了描述这些统计信息的函数：describe()。

```
print(df_2.describe())      # 描述统计信息
```

输出结果为：

```
        Price
count   4.0
mean    1800.0
std     1200.0
min     1200.0
25%     1200.0
50%     1200.0
75%     1800.0
max     3600.0
```

结果显示，describe()函数直接运算了数据集中所有数值型变量的统计信息，包括非缺失值个数、平均值、标准差、最小值等。

3.4　Scikit-learn

前面我们学习了 NumPy、SciPy 两种科学计算包，研发者基于它们开发出了大量应用于不同领域的分支版本，统称为 Scikits。而 Scikit-learn 正是 Scikits 中最具影响力的面向机器学习领域的框架。本节将为读者讲解 Scikit-learn 中常用的机器学习模型算法。

3.4.1　初识 Scikit-learn

Scikit-learn(sklearn)是基于 Python 的一个机器学习算法库。Scikit-learn 算法库最早于 2007 年由数据科学家 David Cournapeau 提出，依赖 NumPy 和 SciPy 等其他计算包的支持。作为 Python 语言中面向机器学习领域的一款开源库,Scikit-learn在一定范围内为研发者提供了简便快捷的技术支持,其模块封装了大量成熟的算法,不仅易于安装和使用,而且涵盖了详细的样例和教程文档。

但Scikit-learn也不是完美的,其局限性在于不支持深度学习和强化学习,然而这两种技术目前都被广泛使用。此外,它也不支持图模型和序列预测,只接受Python语言等。或许读者看到这里开始质疑Scikit-learn的表现能力,但实际上,如果排除深层神经网络的应用范围,Scikit-learn的表现能力非常惊人。由于其使用底层语言C编译,内部算法效率极高,解决了大部分的性能瓶颈。

Scikit-learn主要包含分类、回归、聚类、数据降维、模型选择和数据预处理。本节将从线性回归模型、支持向量机和聚类的角度进行介绍。

3.4.2　线性回归模型

Scikit-learn针对线性回归模型提供了linear_model模块,这也是机器学习中最基础的一种算法。其核心思想是通过拟合 y = ax + b 这一公式来构建模型,其中a和b均为向量。在实际应用中,当输入数据后,模型会运用最小二乘法原理,直接计算出参数a和b,从而实现对数据的拟合和预测。

下面以UCI公开的循环发电厂的数据集为例,介绍线性回归的实现过程。该数据集一共有9568个数据样本,每个样本包含AT(温度)、V(压力)、AP(湿度)、RH(压强)和PE(输出电力)。首先声明需要导入的库,然后读取数据集,具体代码如下。

```
# 线性回归
import matplotlib.pyplot as plt
import numpy as np
import pandas as pd
from sklearn import datasets, linear_model

data = pd.read_csv('ccpp.csv')
print(data.head())
```

输出结果为:

```
     AT        V        AP       RH       PE
0   8.34     40.77    1010.84   90.01    480.48
1   23.64    58.49    1011.40   74.20    445.75
2   29.74    56.90    1007.15   41.91    438.76
3   19.07    49.69    1007.22   76.79    453.09
4   11.80    40.66    1017.13   97.20    464.43
```

将AT、V、AP和RH这4列作为样本的特征存入特征矩阵x中。

```
x = data[['AT', 'V', 'AP', 'RH']]    # 特征矩阵x
print(x.head())
```

输出结果为:

```
     AT        V         AP         RH
0    8.34     40.77     1010.84     90.01
1    23.64    58.49     1011.40     74.20
2    29.74    56.90     1007.15     41.91
3    19.07    49.69     1007.22     76.79
4    11.80    40.66     1017.13     97.20
```

PE作为目标输出存放在目标矩阵y中。

```
y = data[['PE']]        # 目标矩阵y
print(y.head())
```

输出结果为：

```
     PE
0    480.48
1    445.75
2    438.76
3    453.09
4    464.43
```

以3:1的比例将数据集划分为训练集和测试集。

```
# 划分训练集和测试集
from sklearn.model_selection import train_test_split
X_train, X_test, y_train, y_test = train_test_split(x, y, random_state=1)
print(X_train.shape)
print(y_train.shape)
print(X_test.shape)
print(y_test.shape)
```

输出结果为：

```
(7176, 4)
(7176, 1)
(2392, 4)
(2392, 1)
```

可以看到，训练集和测试集已经被划分为3:1的比例。通过调用LinearRegression对训练集实现线性回归，再输出系数拟合结果。

```
from sklearn.linear_model import LinearRegression
linreg = LinearRegression()
linreg.fit(X_train, y_train)
print(linreg.intercept_)
print(linreg.coef_)
```

输出结果为：

```
[447.06297099]
[[-1.97376045 -0.23229086  0.0693515 -0.15806957]]
```

对于线性回归,一般使用均方差(Mean Squared Error, MSE)或均方根差(Root Mean Squared Error, RMSE)来评估模型在测试集上表现的好坏。

```
y_pred = linreg.predict(X_test)
from sklearn import metrics
print("MSE:", metrics.mean_squared_error(y_test, y_pred))       # 均方差
print("RMSE:", np.sqrt(metrics.mean_squared_error(y_test, y_pred))) # 均方根差
```

输出结果为:

```
MSE: 20.080401202073894
RMSE: 4.481116066570235
```

当模型性能不能满足要求时,使用交叉验证优化模型。

```
# 交叉验证优化模型
X = data[['AT', 'V', 'AP', 'RH']]
y = data[['PE']]
from sklearn.model_selection import cross_val_predict
predicted = cross_val_predict(linreg, X, y, cv=10)
print("MSE:", metrics.mean_squared_error(y, predicted))
print("RMSE:", np.sqrt(metrics.mean_squared_error(y, predicted)))
```

输出结果为:

```
MSE: 20.7955974619431
RMSE: 4.560219014690314
```

根据样本的真实值和输出的测试值绘图,预测点越接近虚线 y = x,表示预测误差越低。

```
fig, ax = plt.subplots()
ax.scatter(y, predicted)
ax.plot([y.min(), y.max()], [y.min(),
        y.max()], 'k--', lw=4)
ax.set_xlabel('Measured')
ax.set_ylabel('Predicted')
plt.show()
```

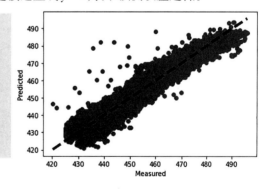

输出可视化结果,如图3-6所示。

图3-6　线性回归预测结果

3.4.3　支持向量机

支持向量机(Support Vector Machine, SVM)是一种强大的二分类模型,其核心思想是利用支持向量所构成的最大间隔"超平面",将不同类别的样本点进行分类。这里的"超平面"通俗来说就是不同

维度空间下的分割。具体来说,SVM根据不同的数据特性展现出以下三种情况。

(1)当训练样本线性可分时,通过最大化分类边界与样本点之间的距离来学习一个线性SVM。

(2)当训练样本接近线性可分时,即在允许部分样本被错误分类的前提下,通过最大化分类边界与样本点之间的距离来学习一个线性SVM。

(3)当训练样本线性不可分时,利用核函数将样本投影到高维空间来学习一个非线性SVM。

Scikit-learn针对支持向量机的操作提供了SVM模块,下面给出一个简单的线性可分的SVM例子,代码如下。

```python
import numpy as np
import pylab as pl
from sklearn import svm
# 随机生成样本
np.random.seed(13)
x = np.r_[np.random.randn(20, 2)-[2, 2], np.random.randn(20, 2)+[2, 2]]
y = [0] * 20 + [1] * 20
# 生成核函数
clf = svm.SVC(kernel='linear')
clf.fit(x, y)
w = clf.coef_[0]
a = -w[0] / w[1]
xx = np.linspace(-5, 5)
yy = a * xx - (clf.intercept_[0]/w[1])
b = clf.support_vectors_[0]
# 支持向量
yy_down = a * xx + (b[1]-a*b[0])
b = clf.support_vectors_[-1]
yy_up = a * xx + (b[1]-a*b[0])
# 输出参数和图像
print("w: ", w)
print("a: ", a)
print("support_vectors_: ", clf.support_vectors_)
print("clf.coef_: ", clf.coef_)
pl.plot(xx, yy, 'k-')
pl.plot(xx, yy_down, 'k--')
pl.plot(xx, yy_up, 'k--')
pl.scatter(clf.support_vectors_[:, 0], clf.support_vectors_[:, 1], s=80,
           facecolors='none')
pl.scatter(x[:, 0], x[:, 1], c=y, cmap=pl.cm.Paired)
pl.axis('tight')
pl.show()
```

输出结果为:

```
w:  [0.73139493 0.62287677]
a:  -1.174220898707066
support_vectors_:  [[-1.50912817 -0.10725778][ 0.07584055  1.24254677]]
clf.coef_:  [[0.73139493 0.62287677]]
```

输出可视化结果，如图3-7所示。

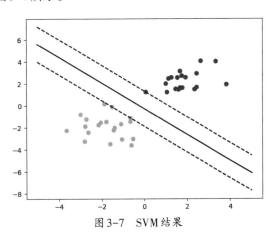

图3-7　SVM结果

输出的参数如表3-10所示。

表3-10　SVM的输出参数

参数	值
w	[0.73139493 0.62287677]
a	−1.174220898707066
support_vectors_	[[−1.50912817 −0.10725778] [0.07584055 1.24254677]]
clf.coef_	[[0.73139493 0.62287677]]

3.4.4　聚类

聚类是一种对数据点进行分组的机器学习技术，根据数据特征之间的差异对数据进行分类。同一类的数据具有相似的特征或属性，不同类的数据具有差异较大的特征或属性。聚类是一种无监督学习方法，在很多数据统计分析领域中应用广泛。常见的聚类方法包括基于原型的K-Means聚类方法、基于密度的DBSCAN聚类方法和基于层次的AGNES聚类方法。

K-Means是一种基于距离的排他聚类算法，当结果簇密集且簇与簇之间区别明显时，K-Means的聚类效果较好。但该方法的主要问题是需要给出K的值，即结果簇的数量，一般只能通过经验或多次实验才能找出K的最优值。

与K-Means不同，DBSCAN不需要给出簇的个数，所以聚类结果的簇个数是不确定的。对数据进行分类时，DBSCAN将数据点分为三类：核心点、边界点和噪声点。

层次聚类算法主要分为两类：自上而下和自下而上。AGNES属于自下而上的层次聚类算法，在聚类时,首先会设定一个期望的聚类数目 n,并将每个数据样本都视为单独的一个类,通过计算任意两个类之间的欧几里得距离,将距离最短的两个类合并为一个类,类的总数减1。然后重复该过程:计算任意两个类之间的欧几里得距离,将距离最短的两个类合并为一个类,类的总数减1,直到类的总数等于 n 为止。

下面通过 K-Means 来介绍聚类的流程。随机生成一些样本,X 为样本特征,y 为样本簇类别,共1000个样本,每个样本2个特征,共4个簇,簇中心分别在[-1.5, -0.9],[0, 0],[1.2, 1.3],[1.7, 2.2],簇方差分别为[0.3, 0.2, 0.21, 0.19]。通过设置 K 的值来验证不同 K 下的聚类效果。其中,聚类分数 Calinski-Harabasz Index 用于评估聚类的效果,聚类分数越高,表示聚类效果越好。

```python
import numpy as np
import matplotlib.pyplot as plt
from sklearn.datasets import make_blobs

X, y = make_blobs(n_samples=1000, n_features=2, centers=[[-1.5, -0.9],
                [0, 0], [1.2, 1.3], [1.7, 2.2]],
                cluster_std=[0.3, 0.2, 0.21, 0.19], random_state=9)
plt.scatter(X[:, 0], X[:, 1], marker='o')
plt.show()
```

输出可视化结果,如图3-8所示。

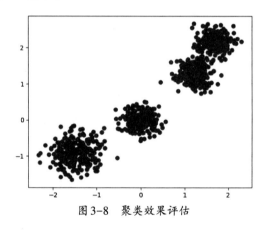

图3-8 聚类效果评估

设置 K = 4,查看数据样本聚为4个类时的聚类效果。

```python
from sklearn.cluster import KMeans
from sklearn import metrics

y_pred = KMeans(n_clusters=4, random_state=9).fit_predict(X)
plt.scatter(X[:, 0], X[:, 1], c=y_pred)
print(metrics.calinski_harabasz_score(X, y_pred))    # 输出聚类分数
plt.show()  # 输出效果图
```

输出结果为:

8910.5162150671

输出可视化结果,如图3-9所示。

Calinski-Harabasz Index 评估的聚类分数
为8910.5162150671。聚类分数越高,表示聚类
效果越好。选择K的值时,可以通过聚类分数
的大小来选择。

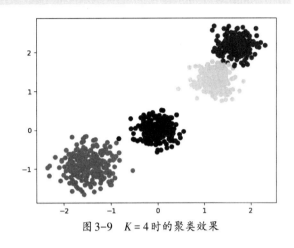

图3-9　$K=4$时的聚类效果

3.5 其他常用模块

数据分析是一个非常广泛的领域,其涉及
的Python第三方库非常多。本章在前几节依次介绍了常用的几种工具包,但由于篇幅限制,不可避免
地遗漏了一些常用库,如Matplotlib、StatsModels、Keras等。本节将对这部分内容进行简要的阐述。

为了将数据分析的过程和结果形象地展示出来,我们通常会将NumPy、Pandas等模块结合
Matplotlib模块共同使用。Matplotlib是基于Python的开源项目,旨在为Python提供一个数据绘图包。
根据自身需要,可绘制折线图、柱状图、条形图、散点图、气泡图、面积图、箱形图、饼图、环形图、热力
图、雷达图、树形图等,如图3-10所示。细心的读者可能会发现前面章节中的不少代码已经用到了
Matplotlib,这是因为Matplotlib及数据的可视化操作都是数据分析中非常重要的模块,本书专门划分
了一个章节(第6章)进行详细介绍,感兴趣的读者可先行翻阅。

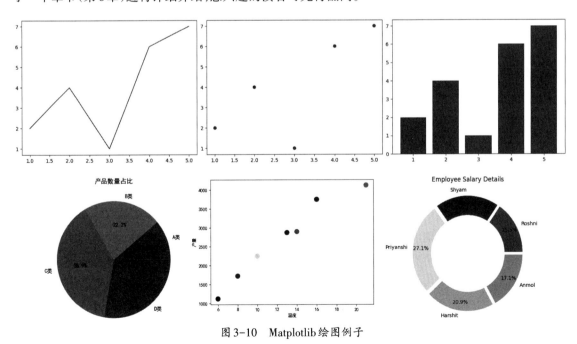

图3-10　Matplotlib绘图例子

Pandas 在数据预处理方面有了很大的改进,而 StatsModels 则专注于数据的统计建模分析,该模块使 Python 更接近于 R 语言。由于 StatsModels 模块提供了和 Pandas 的数据交互,因此将其同 Pandas 配套使用产生了强大的数据分析组合。StatsModels 的安装非常简单,下面使用一个 ADF 平稳性检验的实验结束本模块的介绍。

```
# ADF检验
from statsmodels.tsa.stattools import adfuller as ADF
import numpy as np
ADF(np.random.rand(100))
```

输出结果为:

```
(-11.289110553661004,
 1.3940443614115747e-20,
 0,
 99,
 {'1%': -3.498198082189098,
  '5%': -2.891208211860468,
  '10%': -2.5825959973472097},
 28.50856076153474)
```

最后介绍一个神经网络库 Keras。在 3.4 节中,读者了解到了 Scikit-learn 是一种非常强大的机器学习工具包,但它并未提供深度学习相关的算法且不支持图模型等。然而这些技术近年来在自然语言处理、图像识别等领域中发挥着重要的作用,因此开发者常使用 Keras 框架来搭建神经网络,其不仅包含了各种深度学习模型,如卷积神经网络、循环神经网络、自编码器等,而且运行效率也非常高。

3.6 本章小结

本章我们学习了 Python 数据分析中常用的第三方库,其中详细介绍了 NumPy、SciPy、Pandas 和 Scikit-learn 等工具包。

具体来说,首先学习了 NumPy 数组的创建、NumPy 数组的基本操作、NumPy 矩阵的基本操作等。

接下来介绍了提供更多扩展功能的 SciPy 科学计算包,主要学习了其提供的统计、优化和插值子模块。

在 Pandas 部分,分别介绍了 Series 和 DataFrame 两种数据结构及创建方法,然后重点基于 DataFrame 对象学习了文件读写、数据索引、数据清洗、统计分析等功能。

在 Scikit-learn 部分,学习了线性回归模型、支持向量机和聚类的相关知识。

最后还简要概述了其他的一些常用模块,如 Matplotlib、StatsModels、Keras 等,以供读者参考。下一章将使用这些框架继续探讨数据分析的详细步骤。

3.7 思考与练习

1. 填空题

(1)计算NumPy中元素个数的方法是_____。

(2)已知a = np.arange(6).reshape(2, 3),那么a.sum(axis=0)的值为_____。

(3)已知df = pd.DataFrame([[1, 2, 3], [4, 5, 6], [7, 8, 9]]),常使用_____获取元素8。

(4)数据分析过程中常涉及插值,而SciPy库提供的_____模块封装了大量插值运算函数。

(5)df.head()函数是用来_____。

2. 问答题

(1)请简述你对NumPy和Pandas的理解及二者之间的区别。

(2)Scikit-learn具有哪些基本功能?

3. 上机练习

(1)创建一个Series,并执行以下操作。

①索引为2021年内的工作日,值为自定义随机数。

②计算日期是星期三的值的和。

③计算每个月的均值。

(2)test3.csv为某超市销量最高的4个数据,如图3-11所示。其中,列标签分别为编码、名称、类别、价格、销量。

	A	B	C	D	E
1	编码	名称	类别	价格	销量
2	112	统一冰红茶	食品	5.5	200
3	457	洁柔卫生纸	日用品	13.8	440
4	689	汤达人泡面	食品	4.5	980
5	999	晨光中性笔	文具	2.8	139

图3-11 test3.csv的内容

①读取test3.csv文件中的数据,并赋值给df。

②将洁柔卫生纸的价格改为15.8,并将其类别改为清洁用品。

③统计4种商品的销售额,并将该值添加到最后一列。

④查看销售额最低的商品的所有信息。

2

第2篇　数据分析篇

对于海量的互联网数据,数据分析通过适当的分析方法和工具,对处理后的数据进行分析,以挖掘数据的潜在价值。其中,数据处理部分包含了数据获取、数据存取、数据清洗等。本篇将围绕这些内容展开介绍,为后续操作提供数据保障。

第|4|章

数据的预处理

　　数据分析前期主要是数据收集和数据处理等工作,本章将着重介绍网络爬虫技术、数据存储操作及常用的数据清洗方法。

通过本章内容的学习,读者能掌握以下知识。

- 了解网络爬虫的基本原理、常用框架和实践应用。
- 认识多种类型文件的存取操作。
- 掌握常用的数据清洗方法。

4.1 数据获取

在大数据时代,一切没有数据支撑的操作都是空想。数据获取是数据分析与应用的起始步骤。数据获取的意义在于还原数据的原始面貌,提升数据分析师对数据的认识程度。面对海量的数据信息,人工采集显然不切实际。本节将介绍一种高效采集网络数据的技术——网络爬虫。

4.1.1 爬虫概述

每当读者打开浏览器访问五花八门的网页时,往往不会去思考网络此刻做了哪些操作。其实,这个过程中所涉及的网络连接原理与网络爬虫技术息息相关。因此,本小节首先介绍基础的网络连接原理,以引出爬虫的概念。

网络连接原理可以类比自动贩卖机的过程:买家选择好商品后投入硬币,随后自动贩卖机将弹出所选商品。如图4-1所示,计算机(买家)携带请求头和消息体(硬币和商品)向服务器发送一个请求(Request),服务器(自动贩卖机)收到请求后会生成对应的响应(Response),并发送给计算机。至于消息体及其涉及的底层网络具体是什么,不属于本小节的内容范畴。

图4-1　网络连接的原理

理解了网络连接的原理,爬虫的概念自然也呼之欲出。利用网络爬虫采集数据实际上就是模拟上述网络连接的过程,包括以下几个步骤。

(1)发送请求:模拟计算机向网站服务器发送浏览网页的Request。

(2)获取响应内容:服务器检验请求后返回Response,响应为请求的网页内容(可能是HTML、JSON或二进制数据等)。由于网页的多样性,通常需要多次请求和多次响应来批量获取全部数据。服务器为了应对大量的爬虫请求,维持网页的运行速度,通常会检验Request消息头,以排除非浏览器行为。因此,大多数情况下爬虫需要设置请求头,将自己伪装成浏览器。

(3)解析内容:解析网页内容,并提取出有用的信息。针对HTML文件,可以使用网页解析器进行解析,如正则表达式、Beautiful Soup库、XPath等;针对JSON数据,通常将其转换成JSON对象再做解析;针对二进制数据,则存储到文件再做处理。

(4)保存数据:最后将提取出的数据保存到文件中。详细操作可参考4.2节的内容。

上述过程提到了几种常用的解析工具,接下来将选取正则表达式和XPath进行简单介绍,以帮助读者更好地理解后续内容。

(1)正则表达式:它使用一些正确的字符串去匹配需要提取的数据。

理解正则表达式,就要先掌握最基础的match()函数,其使用方法为re.match((pattern, string, flags=0))。其中,第一个参数是匹配的正则表达式,如果匹配成功,则返回一个match对象;如果匹配不成功,则返回一个None对象。第二个参数是需要匹配的字符串。第三个参数是指定匹配的字符串需不需要特殊处理。

```
import re
s = 'python and java'
pattern = 'python'
result = re.match(pattern, s)

if result:
    print(result.group())
    print(result.start())
    print(result.end())
    print(result.span())
else:
    print('none')
```

输出结果为：

```
python
0
6
(0, 6)
```

上述代码展示了利用match()函数进行数据解析时的4种返回方式。其中，result.group()返回的是匹配到的数据内容；result.start()返回的是匹配到的数据的开始位置；result.end()返回的是匹配到的数据的结束位置；result.span()返回的是匹配到的数据的长度。

(2)XPath：它是一种XML格式的查询语言，可以通过元素和属性进行定位，继而得到相应的节点信息。表4-1给出了相关表达式。

表4-1　XPath表达式说明

表达式	匹配	表达式	匹配
nodename	选取此节点的所有子节点	.	选取当前节点
/	从根节点开始选取	..	选取当前节点的父节点
//	从当前节点开始选取	@	选取属性

举两个简单的例子，/bookstore/book[1]表示选取属于bookstore元素的第一个book元素；/bookstore/book[postion()<3]表示选取前两个属于bookstore的book元素。

4.1.2　爬虫常用库和框架

尽管爬虫的基本概念已经熟稔于心，读者可能还是觉得无从下手。没关系，Python作为网络爬虫的主流编程语言之一，自然提供了功能齐全的相关库和框架来帮助我们实现整个流程。如表4-2所示，先来简单地认识一下这些库吧。

表4-2　Pyhton爬虫库和框架

名称	类别	备注
urllib	内置库	封装了一系列用于操作URL的功能
requests	请求库	对HTTP进行高度封装,支持非常丰富的链接访问功能
Selenium	请求库	自动化测试工具,驱动浏览器执行特定的动作
ChromeDrive	请求库	驱动Chrome浏览器完成相应的操作
aiohttp	请求库	提供异步Web服务的库
lxml	解析库	支持HTML和XML的解析,支持XPath解析方式
Beautiful Soup	解析库	用于解析和处理HTML和XML
PyQuery	解析库	jQuery的Python实现,能够以jQuery的语法来操作解析HTML文档
Scrapy	框架	强大的爬虫框架,用于爬取网站数据并从其页面中提取结构化的数据
PySpider	框架	强大的网络爬虫系统并带有强大的Web UI
Crawley	框架	高速爬取网站内容,支持关系和非关系数据库,数据可以导出为JSON、XML等

　　基于实际操作中的具体需求和数据规模,数据分析师通常从上述列表中选择合适的库或框架实现数据爬取。其中,urllib作为Python内置库,是最基础的一种HTTP库。因此,下面以urllib的使用方法为例,继续深入介绍爬虫的具体流程。

　　urllib是Python内置库,所以无须安装即可直接使用。其涵盖了4个模块,如表4-3所示。

表4-3　urllib相关模块

模块	备注
request	用于模拟发送最基本的HTTP请求。类似于在浏览器中输入网址访问网页,仅需将URL和相关参数输入库方法,就能模拟实现整个流程
error	异常处理模块。如果发生请求错误,能够捕获这些异常,然后执行重试或其他操作来防止程序意外终止
parse	工具模块。提供了许多URL处理方法,比如拆分、解析、合并等
robotparser	主要用于识别网站的robots.txt文件,判断网站能不能爬取。该模块使用得相对较少

　　使用urllib中的request模块可以模拟向目标网页发送请求,并得到响应。下面使用request模块爬取Python官网中的数据。

```
# 导入request模块
import urllib.request
# 向指定网址发送GET请求
response = urllib.request.urlopen("https://www.python.org/")
print(response.read().decode('utf-8'))
```

　　输出结果为:

```
<!doctype html>
```

```
<!--[if lt IE 7]> <html class="no-js ie6 lt-ie7 lt-ie8 lt-ie9"> <![endif]-->
<!--[if IE 7]>    <html class="no-js ie7 lt-ie8 lt-ie9">         <![endif]-->
<!--[if IE 8]>    <html class="no-js ie8 lt-ie9">                <![endif]-->
<!--[if gt IE 8]><!--><html class="no-js" lang="en" dir="ltr"> <!--<![endif]-->
<head>
    <meta charset="utf-8">
    <meta http-equiv="X-UA-Compatible" content="IE=edge">    (仅为部分输出)
```

通过上述代码,就完成了一个网页源代码的爬取,可见request模块的强大。注意,使用request模块中的urlopen()函数默认发送的是GET请求;通过设置data参数,可以发送POST请求。

获取了网页的源代码,该如何提取需要的文字、图片等信息呢?先来看看上述代码返回的是什么类型的数据。

```
print(type(response))
```

输出结果为:

```
<class 'http.client.HTTPResponse'>
```

可以发现,调用urllib中的函数返回的是一个HTTPResponse类型的对象,该对象涵盖了read()、readinto()、getheader(name)、getheaders()、fileno()等函数,以及msg、version、status、reason、debuglevel、closed等属性。也就是说,我们可以直接调用这些函数和属性来得到其他网页信息。例如:

```
# 调用status返回结果的状态码
print(response.status)
print(response.getheaders())
# 调用getheader()函数获取headers中的Server值
print(response.getheader('Server'))
```

输出结果为:

```
200
[('Connection', 'close'), ('Content-Length', '49836'), ('Server', 'nginx'),
('Content-Type', 'text/html; charset=utf-8'), ('X-Frame-Options', 'DENY'),
('Via', '1.1 vegur, 1.1 varnish, 1.1 varnish'), ('Accept-Ranges', 'bytes'),
('Date', 'Tue, 27 Jul 2021 07:37:37 GMT'), ('Age', '1508'), ('X-Served-By',
'cache-bwi5153-BWI, cache-hkg17926-HKG'), ('X-Cache', 'HIT, HIT'),
('X-Cache-Hits', '1, 2914'), ('X-Timer', 'S1627371458.653072, VS0, VE0'),
('Vary', 'Cookie'), ('Strict-Transport-Security', 'max-age=63072000;
includeSubDomains')]
nginx
```

urllib中的error模块用于异常处理。使用爬虫发送请求时出现错误是难免的,比如服务器无法访问或是被禁止访问等,这些错误信息都会被封装在error模块中。error模块主要分为两种,如表4-4所示。

表4-4　urllib.error的分类

方法	使用范围
URLError	无网络或有网络但由于种种原因导致服务器连接失败
HTTPError	能够连接服务器但服务器返回了错误代码如404、403等(400以上)

先来看一下URLError异常,它是OSError的子类,通常用于封装无网络或URL出错的信息。下面使用一个不存在的URL进行测试。

```python
# 导入模块
from urllib import request
from urllib import error


if __name__ == "__main__":
    # 一个不存在的链接
    url = "http://www.iloveyou.com/"
    req = request.Request(url)
    try:
        response = request.urlopen(req)
        html = response.read().decode('utf-8')
        print(html)
    except error.URLError as e:
        print(e.reason)
```

输出结果为:

```
[Errno 11002] getaddrinfo failed
```

HTTPError异常是URLError的子类,其封装的错误信息通常是服务器返回的错误状态码。

```python
from urllib import request
from urllib import error


if __name__ == "__main__":
    # 一个不存在的链接
    url = "http://www.douyu.com/jwj.html"
    req = request.Request(url)
try:
    responese = request.urlopen(req)
    # html = responese.read()
except error.HTTPError as e:
    print(e.code)
```

输出结果为:

```
404
```

可以看到,上述代码输出错误状态码404,这表明请求的资源在服务器上无法找到。实际上,www.douyu.com这个服务器是可以连接的,但我们寻找的jwj.html资源不存在,所以抛出异常。

当然,我们也可以将这两种方法混合用于异常处理。但需要注意的是,务必把HTTPError放置于URLError之前,否则将无法捕获HTTPError异常。因为HTTPError本身即为URLError的子类,如果放在后面,发生HTTP异常会直接响应于URLError。

此外,urllib中的parse模块分为URL解析和URL引用两种类别,并支持多种URL格式。URL解析主要用于URL字符串的拆分或组件合成,其提供了urllib.parse.urlparse()函数将URL字符串拆分为6个组件,并返回一个元组。如表4-5所示,该函数返回的元组包含以下几种元素。

表4-5 URL解析返回元素

元素	值	值不存在时的默认值	元素	值	值不存在时的默认值
scheme	请求	一定存在	fragment	标识符	空字符串
netloc	网址	空字符串	username	用户名	None
path	分层路径	空字符串	password	密码	None
params	参数	空字符串	hostname	主机名	None
query	查询组件	空字符串	port	端口号	None

下面看一个实际的例子,给定的URL字符串被拆分成组件。

```
import urllib.parse
# 使用urlparse()函数拆分URL
parsed = urllib.parse.urlparse("https://miaosha.jd.com/specialpricelist.html")
print(parsed)
```

输出结果为:

```
ParseResult(scheme='https', netloc='miaosha.jd.com', path='/specialpricelist.
          html', params='', query='', fragment='')
```

如果想把这些组件再合成,可以使用urllib.parse.urlunparse()函数。

```
# 使用urlunparse()函数组装组件
t = parsed[:]
print(urllib.parse.urlunparse(t))
```

输出结果为:

```
https://miaosha.jd.com/specialpricelist.html
```

与上述两个函数功能类似的还有urllib.parse.urlsplit()和urllib.parse.urlunsplit(),其关键区别在于这两个函数只涉及5种元素,即URL字符串中的params元素不做拆分。当然,还有很多其他函数,如urljoin()、urldefrag()等,这里不再赘述,读者可自行上网查阅。

URL引用可以理解为对URL字符串进行反向解析,其通过输入编码和特殊字符对URL进行重构。

```
import urllib.parse

url = "https://miaosha.jd.com/specialpricelist.html"
print(urllib.parse.quote(url, safe=":"))
```

输出结果为:

```
https:%2F%2Fmiaosha.jd.com%2Fspecialpricelist.html
```

urllib.parse.quote_plus()函数和urllib.parse.quote()函数相似,但是其可以把空格转换成加号,且safe的默认值为空,示例如下。

```
print(urllib.parse.quote_plus(url))
```

输出结果为:

```
https%3A%2F%2Fmiaosha.jd.com%2Fspecialpricelist.html
```

4.1.3 数据获取实践

本小节将结合上述理论知识爬取真实网站的数据。本小节案例非常简单,目的在于让读者在实践中直观地理解爬虫。接下来,按步骤进行详细讲解。

步骤1 明确爬取目标。如图4-2所示,本小节的目标是爬取当当网童书畅销榜中的商品名称。

图4-2 当当网童书畅销榜TOP500

步骤2 工作台查看源代码。通过浏览器打开目标网页后,在空白处右击并选择"检查"选项(旧版本的Chrome浏览器是"审查元素")或直接按【F12】键,进入浏览器工作台,如图4-3所示。这个工作台是爬虫的关键,包含了网页源文件、链接跟踪、JavaScript代码等信息。当读者在网页中用鼠标选中感兴趣的内容时,工作台中的代码会跳转到相应的内容处。如图4-4所示,选中某商品名称,查看相应位置的代码。

图 4-3　Chrome 浏览器工作台

图 4-4　查看网页内容

步骤3 分析网页,提取商品名称。为了更方便地分析网页,将核心代码单独列在下方。有编程经验的读者可以很快发现,代码中都是基础的 HTML 标签。因此,为了准确提取出目标内容,不难想到使用这些标签进行定位。比如,下列代码中,为了获取"少年读史记(套装全5册)",将代码简写为 <div class="name"><a>少年读史记(套装全5册)</a></div>。这一步实际上是在分析解析规则。

```
<div class="name">
<a href="http://product.dangdang.com/23778791.html" target="_blank"
title="少年读史记(套装全5册)">少年读史记(套装全5册)</a>
</div>
```

步骤4 分析翻页操作。对翻页操作进行深入分析后,我们发现目前仅能获取到第1页的商品名称。由于该网站采用翻页机制来展示全部内容,我们必须模拟翻页行为,以便进一步获取更多商品信息。通常,实现这一点的有效方法是仔细观察翻页后链接的变化,以找出翻页的规律,从而顺利爬取所需数据。如图 4-5 所示,当单击第2页时,发现链接末尾关键字恰好由1变成了2。为了证明末尾关键字恰好与页数一致,将链接地址的末尾字符改为25,访问后发现正是第25页,如图 4-6 所示。因此,可以通过更改链接末尾关键字的方式执行翻页操作。

图 4-5　第2页的链接地址

图4-6　第25页的链接地址

步骤5 编写代码。分析完网页,紧接着就是编写爬虫代码了。4.1.2小节列出了不少功能齐全的爬虫库和框架,考虑到本例比较简单,采用的是requests和Beautiful Soup4库。首先导入相关库,并设置请求头。这一步的作用是伪装成浏览器访问网页,不让服务器检查到爬虫行为。请求头包含两个值:User-Agent和Host。为了获取正确的请求头,可以在工作台中单击"Network"选项进行查看,如图4-7所示。

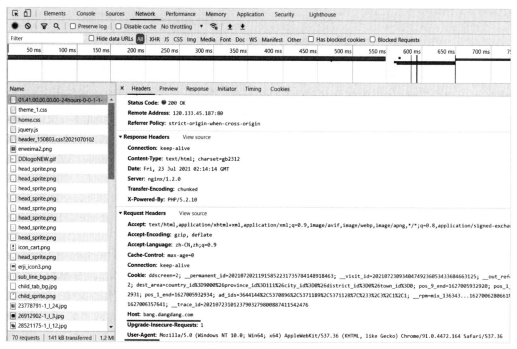

图4-7　获取请求头

根据正确的格式定义请求头,代码如下。

```
import pandas as pd
import requests
from bs4 import BeautifulSoup

header = {'User-Agent':'Mozilla/5.0 (Windows NT 10.0; Win64; x64)'
          'AppleWebKit/537.36 (KHTML, like Gecko)'
```

```
'Chrome/91.0.4472.124 Safari/537.36',
'Host':'bang.dangdang.com'}
```

接下来，在for循环中设置可翻页的URL，并调用requests向网页发送请求。获取网页后使用Beautiful Soup4解析网页内容，得到商品名称。其中，Beautiful Soup4提供了find_all()和findAll()两个函数，都可以获得满足条件的数据。本例的条件是，寻找div标签且属性是class=name。最后，将获取的数据保存到CSV文件中。具体代码如下。

```python
# 初始化一个列表用于存放商品名称
movie_list = []
name = ['title']


# 循环获取前5页数据
for i in range(1, 5):
    url_i = 'http://bang.dangdang.com/books/childrensbooks/01.41.00.00.00.00-
            24hours-0-0-1-' + str(i)
data_i = requests.get(url_i, headers=header)
# 获取第i个页面的div标签,属性class=name
    soup_i = BeautifulSoup(data_i.text, "html.parser")
    m_list_i = soup_i.findAll("div", {'class': 'name'})
    # 提取文本
    for m in m_list_i:
        movie = m.a.text
        movie_list.append(movie)
# 保存到CSV文件中
dang = pd.DataFrame(columns=name, data=movie_list)
dang.to_csv('dang3.csv', encoding='utf_8_sig')
```

输出结果如图4-8所示。

A	B
	title
0	少年读史记（套装全5册）
1	宫西达也超级绘本（加法超人与算术星人+狐狸爸爸笑了等全11册）
2	乐高少年工程师（套装共三册）
3	宫西达也 "你肯定能行" 绘本（全18册）
4	神奇校车·图画书版（全12册，新增科学博览会1册）
5	哈利·波特（套装1-7册）《语文》教材推荐阅读书目，外国儿童文学经典，新英国版封面平装版
6	皮特猫·3~6岁好性格养成书：共四辑（套装1~4辑）（乐观、自信、抗挫荣获19项大奖的好性格榜样，在美国家喻户晓）
7	乐高小拼砌师创意训练营（套装2盒，4~8岁孩子激发创意必备！）
8	孩子读得懂的山海经（共3册）神话+神兽+异人国
9	《写给儿童的中国历史》（全彩铜版14册）中国孩子历史启蒙首选书，连续六年当当童书榜历史类图书状元！加印30次，累销1800万本，读者好评760000+
10	拉塞-玛娅侦探所 第一辑（全10册）
11	神奇校车·桥梁书版（全20册）
12	皮特猫·3~6岁好性格养成书：第一辑（共6册）（乐观、积极、开朗荣获19项大奖的好性格榜样，在美国家喻户晓）
13	银火箭少年科幻系列·第1辑（8册。亚洲首位 "雨果奖" 得主、三体作者刘慈欣主编，套装内图书获银河奖特等奖等多项国际大奖）
14	成语故事（绘本版，全40册）
15	小鸡球球触感玩具书：全5册
16	这就是二十四节气：升级版 全四册(文津图书奖获奖图书，销量逾300万册，当当网畅销好书、口碑童书。)
17	原声触摸发声书：听，什么声音（套装全6册）
18	梅格时空大冒险·7~14岁儿童文学科幻经典（全5册）（儿童文学史上家喻户晓、不可逾越的经典）
19	这就是物理（函套10册）
20	少年读徐霞客游记（游中国·地理启蒙，全3册）

图4-8　输出结果

4.2 文件与数据存储

本节将结合Pandas模块介绍数据分析中文件的存取操作。通过第3章的学习,我们了解到Pandas是一个强大而灵活的Python包,其中一项重要功能是能够编写和读取Excel、CSV和许多其他类型的文件。接下来,本节将扩展这部分内容,为读者介绍Pandas I/O中各种格式文件(CSV、JSON、XLSL、SQL)的读写操作。

4.2.1 概述

Pandas I/O API是一组顶级读写函数。之前提到的read_csv()函数能够有效地读取文件数据并返回Pandas对象,以作为Series或DataFrame的实例加载。另外,to_csv()函数是文件写入器函数。

下面将使用与10个国家相关的数据集,定义如下。

```
data = {'CHN': {'COUNTRY': 'China', 'POP': 1_398.72, 'AREA': 960.00,
                'GDP': 12_234.78, 'CONT': 'Asia'},
        'IND': {'COUNTRY': 'India', 'POP': 1_351.16, 'AREA': 298.00,
                'GDP': 2_575.67, 'CONT': 'Asia', 'IND_DAY': '1947-08-15'},
        'USA': {'COUNTRY': 'US', 'POP': 329.74, 'AREA': 937.00,
                'GDP': 19_485.39, 'CONT': 'N.America', 'IND_DAY': '1776-07-04'},
        'IDN': {'COUNTRY': 'Indonesia', 'POP': 268.07, 'AREA': 191.36,
                'GDP': 1_015.54, 'CONT': 'Asia', 'IND_DAY': '1945-08-17'},
        'BRA': {'COUNTRY': 'Brazil', 'POP': 210.32, 'AREA': 851.49,
                'GDP': 2_055.51, 'CONT': 'S.America', 'IND_DAY': '1822-09-07'},
        'PAK': {'COUNTRY': 'Pakistan', 'POP': 205.71, 'AREA': 79.61,
                'GDP': 302.14, 'CONT': 'Asia', 'IND_DAY': '1947-08-14'},
        'NGA': {'COUNTRY': 'Nigeria', 'POP': 200.96, 'AREA': 92.38,
                'GDP': 375.77, 'CONT': 'Africa', 'IND_DAY': '1960-10-01'},
        'BGD': {'COUNTRY': 'Bangladesh', 'POP': 167.09, 'AREA': 14.76,
                'GDP': 245.63, 'CONT': 'Asia', 'IND_DAY': '1971-03-26'},
        'RUS': {'COUNTRY': 'Russia', 'POP': 146.79, 'AREA': 1_709.82,
                'GDP': 1_530.75, 'IND_DAY': '1992-06-12'},
        'MEX': {'COUNTRY': 'Mexico', 'POP': 126.58, 'AREA': 196.44,
                'GDP': 1_158.23, 'CONT': 'N.America', 'IND_DAY': '1810-09-16'}}
columns = ('COUNTRY', 'POP', 'AREA', 'GDP', 'CONT', 'IND_DAY')
```

首先使用DataFrame创建该对象。

```
df = pd.DataFrame(data=data, index=columns).T
print(df)
```

输出结果为：

	COUNTRY	POP	AREA	GDP	CONT	IND_DAY
CHN	China	1398.72	960.00	12234.78	Asia	NaN
IND	India	1351.16	298.00	2575.67	Asia	1947-08-15
USA	US	329.74	937.00	19485.39	N.America	1776-07-04
IDN	Indonesia	268.07	191.36	1015.54	Asia	1945-08-17
BRA	Brazil	210.32	851.49	2055.51	S.America	1822-09-07
PAK	Pakistan	205.71	79.61	302.14	Asia	1947-08-14
NGA	Nigeria	200.96	92.38	375.77	Africa	1960-10-01
BGD	Bangladesh	167.09	14.76	245.63	Asia	1971-03-26
RUS	Russia	146.79	1709.82	1530.75	NaN	1992-06-12
MEX	Mexico	126.58	196.44	1158.23	N.America	1810-09-16

其中，第一列为标签列，其他各列的含义如下。

（1）COUNTRY：国家名称。

（2）POP：人口，单位百万。数据来自维基百科。

（3）AREA：面积，单位万平方千米。

（4）GDP：国内生产总值，单位百亿元人民币。

（5）CONT：大陆分类。

（6）IND_DAY：国家成立日。

可能有读者注意到某些数据丢失了。例如，没有指定俄罗斯的大陆，因为它遍布欧洲和亚洲；中国的成立日缺失，因为数据源忽略了它。

4.2.2　CSV文件

逗号分隔值（CSV）文件是带有.csv后缀名的纯文本文件，用于保存表格数据，是最流行的存储文件格式之一。CSV文件的每一行代表一个表格行。同一行中的值默认用逗号分隔，也可以将分隔符更改为分号、制表符、空格或其他字符。

Pandas的to_csv()函数可以将DataFrame保存为CSV文件，比如在当前工作目录中创建文件data1.csv。

```
df.to_csv('data1.csv')
```

查看生成的data1.csv文件，结果如下。

```
COUNTRY,POP,AREA,GDP,CONT,IND_DAY
CHN,China,1398.72,960.00,12234.78,Asia,
IND,India,1351.16,298.00,2575.67,Asia,1947-08-15
USA,US,329.74,937.00,19485.39,N.America,1776-07-04
IDN,Indonesia,268.07,191.36,1015.54,Asia,1945-08-17
BRA,Brazil,210.32,851.49,2055.51,S.America,1822-09-07
```

```
PAK,Pakistan,205.71,79.61,302.14,Asia,1947-08-14
NGA,Nigeria,200.96,92.38,375.77,Africa,1960-10-01
BGD,Bangladesh,167.09,14.76,245.63,Asia,1971-03-26
RUS,Russia,146.79,1709.82,1530.75,,1992-06-12
MEX,Mexico,126.58,196.44,1158.23,N.America,1810-09-16
```

CSV 文件包含用逗号分隔的数据。第一列包含行标签,在某些情况下,这些标签无关紧要。如果不想保留它们,可以将参数 index=False 传递给 to_csv()函数。一旦数据保存在 CSV 文件中,可以用 read_csv()函数加载和使用它。

```
df = pd.read_csv('data1.csv')
print(df)
```

输出结果与前文一致。

在这种情况下,read_csv()函数会返回一个新的 DataFrame,其中包含文件 data1.csv 中的数据和标签。此外,read_csv()函数有许多附加选项,用于管理丢失的数据、处理日期和时间、引用、编码、处理错误等。例如,如果有一个包含一个数据列的文件,并且想要获取一个 Series 对象而不是一个 DataFrame,那么可以将 squeeze=True 传递给 read_csv()函数。

当然,也可以使用参数 dtype 来指定所需的数据类型,使用参数 parse_dates 将字符串强制转换为日期格式。

```
# 将 IND_Day 中的字符串转换为日期格式
dtypes = {'POP': 'float32', 'AREA': 'float32', 'GDP': 'float32'}
df = pd.read_csv('data1.csv', index_col=0, dtype=dtypes, parse_dates=['IND_DAY'])
print(df.dtypes)
print(df['IND_DAY'])
```

输出结果为:

```
COUNTRY          object
POP              float32
AREA             float32
GDP              float32
CONT             object
IND_DAY          datetime64[ns]
dtype: object
CHN      NaT
IND      1947-08-15
USA      1776-07-04
IDN      1945-08-17
BRA      1822-09-07
PAK      1947-08-14
NGA      1960-10-01
BGD      1971-03-26
```

```
RUS        1992-06-12
MEX        1810-09-16
Name: IND_DAY, dtype: datetime64[ns]
```

由于上述 IND_DAY 列中的值被转换为日期,数据类型为 datetime64,所以此列中的 NaN 值也被 NaT(指示未知或缺失的 datetime 值)替换。to_csv()函数提供了 date_format 参数将日期值保存为喜欢的格式,例如:

```
df.to_csv('formatted-data.csv', date_format='%B %d, %Y')
```

其中,%B 表示月份的全名,%d 表示日期,%Y 表示四位数的年份。此外,还有其他几个可选参数可以与 to_csv()函数一起使用。

(1)sep:表示值分隔符。

(2)decimal:表示小数点分隔符。

(3)encoding:设置文件编码。

(4)header:指定是否要在文件中写入列标签。

4.2.3　JSON 文件

JSON 文件是用于数据交换的纯文本文件,使用 .json 后缀名。Pandas 可以很好地处理 JSON 文件,因为 Python 的 JSON 库为它们提供了内置支持。Pandas 提供了 to_json()函数将 DataFrame 中的数据保存到 JSON 文件中。

```
df.to_json('data2.json')
```

查看生成的 data2.json 文件,结果如下。

```
{"COUNTRY":{"CHN":"China","IND":"India","USA":"US","IDN":"Indonesia","BRA":
 "Brazil","PAK":"Pakistan","NGA":"Nigeria","BGD":"Bangladesh","RUS":"Russia",
 "MEX":"Mexico"},"POP":{"CHN":1398.72,"IND":1351.16,"USA":329.74,"IDN":
 268.07,"BRA":210.32,"PAK":205.71,"NGA":200.96,"BGD":167.09,"RUS":146.79,
 "MEX":126.58},"AREA":{"CHN":960.00,"IND":298.00,"USA":937.00,"IDN":191.36,
 "BRA":851.49,"PAK":79.61,"NGA":92.38,"BGD":14.76,"RUS":1709.82,"MEX":
 196.44},"GDP":{"CHN":12234.78,"IND":2575.67,"USA":19485.39,"IDN":1015.54,
 "BRA":2055.51,"PAK":302.14,"NGA":375.77,"BGD":245.63,"RUS":1530.75,"MEX":
 1158.23},"CONT":{"CHN":"Asia","IND":"Asia","USA":"N.America","IDN":"Asia",
 "BRA":"S.America","PAK":"Asia","NGA":"Africa","BGD":"Asia","RUS":null,"MEX":
 "N.America"},"IND_DAY":{"CHN":null,"IND":"1947-08-15","USA":"1776-07-04",
 "IDN":"1945-08-17","BRA":"1822-09-07","PAK":"1947-08-14","NGA":"1960-10-01",
 "BGD":"1971-03-26","RUS":"1992-06-12","MEX":"1810-09-16"}}
```

data2.json 是字典形式,列标签作为键,对应的内部字典作为值。通过给可选参数 orient 传值,可以获得不同的 JSON 字符串格式,如表 4-6 所示。

表4-6　orient参数值选项

选项	备注	选项	备注
index	以index:{columns:values}的形式输出	columns	以columns:{index:values}的形式输出
records	以columns:values的形式输出	table	以{'schema':{schema}, 'data':{data}}的形式输出
split	将index、columns、values分开输出	values	直接输出值

to_json()函数还提供了其他可选参数。例如，通过设置index=False以放弃保存行标签；使用double_precision操作精度，并使用date_format和date_unit操作日期。当数据集中有时间序列时，最后两个参数尤其重要。

可以使用read_json()函数从JSON文件中加载数据。

```
df = pd.read_json('data2.json', orient='None')
print(df)
```

输出结果为：

```
     COUNTRY     POP      AREA      GDP       CONT      IND_DAY
CHN  China       1398.72  960.00    12234.78  Asia      None
IND  India       1351.16  298.00    2575.67   Asia      1947-08-15
USA  US          329.74   937.00    19485.39  N.America 1776-07-04
IDN  Indonesia   268.07   191.36    1015.54   Asia      1945-08-17
BRA  Brazil      210.32   851.49    2055.51   S.America 1822-09-07
PAK  Pakistan    205.71   79.61     302.14    Asia      1947-08-14
NGA  Nigeria     200.96   92.38     375.77    Africa    1960-10-01
BGD  Bangladesh  167.09   14.76     245.63    Asia      1971-03-26
RUS  Russia      146.79   1709.82   1530.75   None      1992-06-12
MEX  Mexico      126.58   196.44    1158.23   N.America 1810-09-16
```

可以发现，read_json()中的orient参数也非常重要，因为它指定了Pandas如何理解文件的结构。需要注意的是，使用JSON格式存储数据时，行和列的顺序可能会丢失。

4.2.4　XLSL文件

Microsoft Excel可能是使用最广泛的电子表格软件。旧版本使用二进制格式的.xls文件，但Excel 2007及以后的版本生成的是基于XML的.xlsx文件。Pandas中读写Excel文件的操作，类似于读写CSV文件。首先安装以下包。

（1）xlwt：写入.xls文件。

（2）openpyxl或xlsxwriter：写入.xlsx文件。

（3）xlrd：读取Excel文件。

这几个包都可以使用pip命令安装：

```
pip install xlwt/openpyxl/xlsxwriter/xlrd
```

注意,并不是必须安装所有这些软件包,应该根据实际情况来决定哪些包适合自己的项目。如果只想使用.xls文件,那么不需要安装任何包。但是,如果打算使用.xlsx文件,那么至少需要安装其中之一(除xlwt外)。

接下来,可以使用to_excel()函数将DataFrame保存到Excel文件中。

```
df.to_excel('data3.xlsx')
```

data3.xlsx文件打开后如图4-9所示。

与CSV文件一致,XLSL文件的第一列包含行标签,其他列存储数据。紧接着,可以使用read_excel()函数从Excel文件中加载数据。

```
df = pd.read_excel('data3.xlsx',
                    index_col=0)
print(df)
```

输出结果与前文一致。

	A	B	C	D	E	F	G
1		COUNTRY	POP	AREA	GDP	CONT	IND_DAY
2	CHN	China	1398.72	960	12234.78	Asia	
3	IND	India	1351.16	298	2575.67	Asia	1947-08-15
4	USA	US	329.74	937	19485.39	N. America	1776-07-04
5	IDN	Indonesia	268.07	191.36	1015.54	Asia	1945-08-17
6	BRA	Brazil	210.32	851.49	2055.51	S. America	1822-09-07
7	PAK	Pakistan	205.71	79.61	302.14	Asia	1947-08-14
8	NGA	Nigeria	200.96	92.38	375.77	Africa	1960-10-01
9	BGD	Bangladesl	167.09	14.76	245.63	Asia	1971-03-26
10	RUS	Russia	146.79	1709.82	1530.75		1992-06-12
11	MEX	Mexico	126.58	196.44	1158.23	N. America	1810-09-16

图4-9 data3.xlsx文件展示

read_excel()函数会返回一个新的DataFrame,其中包含来自data3.xlsx的值。read_excel()函数同时也适用于OpenDocument电子表格文件。

除了使用以上基础的读写Excel文件操作,还有一些值得考虑的选择。例如,使用to_excel()函数时,设置可选参数sheet_name指定目标工作表的名称。

```
df.to_excel('data1-1.xlsx', sheet_name='COUNTRIES')
```

设置可选参数startrow和startcol指示表格数据写入位置,其默认值为0,表示从左上角单元格开始写入数据。下例中,设置startrow=2和startcol=4,指示表格从第3行第5列开始写入数据。

```
df.to_excel('data-shifted.xlsx', sheet_name='COUNTRIES', startrow=2,
            startcol=4)
```

data-shifted.xlsx文件打开后如图4-10所示。

	A	B	C	D	E	F	G	H	I	J	K
1											
2											
3						COUNTRY	POP	AREA	GDP	CONT	IND_DAY
4						CHN	China	1398.72	960	12234.78	Asia
5						IND	India	1351.16	298	2575.67	Asia	1947-08-15
6						USA	US	329.74	937	19485.39	N. America	1776-07-04
7						IDN	Indonesia	268.07	191.36	1015.54	Asia	1945-08-17
8						BRA	Brazil	210.32	851.49	2055.51	S. America	1822-09-07
9						PAK	Pakistan	205.71	79.61	302.14	Asia	1947-08-14
10						NGA	Nigeria	200.96	92.38	375.77	Africa	1960-10-01
11						BGD	Bangladesl	167.09	14.76	245.63	Asia	1971-03-26
12						RUS	Russia	146.79	1709.82	1530.75		1992-06-12
13						MEX	Mexico	126.58	196.44	1158.23	N. America	1810-09-16

图4-10 data-shifted.xlsx文件展示

相应地,read_excel()函数中也具有可选参数sheet_name,用于指定加载数据时要读取的工作表。如表4-7所示,sheet_name具有以下参数值。

表4-7　sheet_name参数值

sheet_name值	实例	对应操作
int：零索引工作表位置	sheet_name=0	读取左边第一个表
str：工作表名称	sheet_name="Sheet1"	读取名为Sheet1的表
list：工作表位置和名称	sheet_name=[0, 1, 'Sheet2']	读取左边第1、2个表和名为Sheet2的表
None：全部工作表	sheet_name=None	读取全部的表

还有其他可选参数可以与read_excel()和to_excel()函数一起使用，以确定Excel引擎、编码、处理缺失值的方式、写入列名和行标签的方法等。这里不做阐述，感兴趣的读者可自行上网查阅。

4.2.5　SQL数据库文件

Pandas也可以读写数据库。在下面的例子中，将把DataFrame数据写入名为data4.db的数据库。首先，需要安装SQLAlchemy包。

```
pip install sqlalchemy
```

安装完SQLAlchemy后，导入create_engine()函数并创建数据库引擎，这里使用Python内置的SQLite驱动程序。

```
from sqlalchemy import create_engine
engine = create_engine('sqlite:///data4.db', echo=False)
```

完成上述设置后，下一步是使用Pandas提供的to_sql()函数将DataFrame存储为数据库文件，代码如下。其中，参数con用于指定要使用的数据库连接或引擎。

```
df.to_sql('data4.db', con=engine)
```

data4.db文件打开后如图4-11所示。

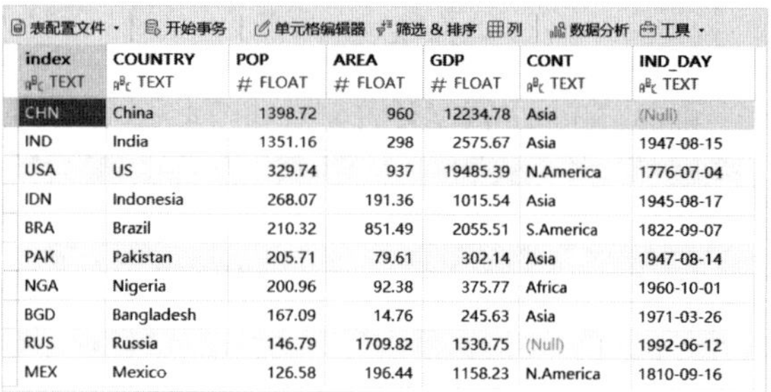

可以看到，第一列包含行标签，其他列对应于DataFrame的列。如果写入数据库想省略行标签，可以将参数index=False传递给to_sql()函数。

to_sql()函数还有一些可选参数。例如，可以使用schema指定数据库架构，使用dtype确定数据库列的类型。还可以使用if_exists，它提供了已存在相同名称和路径的数据库时的解决方法，具体如下。

图4-11　data4.db文件展示

（1）if_exists='fail'：引发ValueError并且是默认值。

（2）if_exists='replace'：删除表并插入新值。

（3）if_exists='append'：将新值插入表中。

Pandas提供了read_sql()函数从数据库中加载数据。

```
df = pd.read_sql('data4.db', con=engine, index_col='Index')
```

```
print(df)
```

输出结果为：

```
        COUNTRY     POP        AREA      GDP        CONT      IND_DAY
Index
CHN     China       1398.72    960       12234.78   Asia      NaN
IND     India       1351.16    298       2575.67    Asia      1947-08-15
USA     US          329.74     937       19485.39   N.America 1776-07-04
IDN     Indonesia   268.07     191.36    1015.54    Asia      1945-08-17
BRA     Brazil      210.32     851.49    2055.51    S.America 1822-09-07
PAK     Pakistan    205.71     79.61     302.14     Asia      1947-08-14
NGA     Nigeria     200.96     92.38     375.77     Africa    1960-10-01
BGD     Bangladesh  167.09     14.76     245.63     Asia      1971-03-26
RUS     Russia      146.79     1709.82   1530.75    None      1992-06-12
MEX     Mexico      126.58     196.44    1158.23    N.America 1810-09-16
```

输出文件在以ID开头的标题后面插入一个额外的行,这是由于参数index_col指定了带有行标签的列的名称。可以使用以下代码修复此行为。

```
df.index.name = None
```

需要注意的是,Russia所属的大陆(CONT)现在是None而不是NaN。如果想用NaN填充缺失值,那么可以使用fillna()函数。

```
df.fillna(value=float('nan'), inplace=True)
print(df.loc['RUS'])
```

输出结果为：

```
COUNTRY     Russia
POP         146.79
AREA        1709.82
GDP         1530.75
CONT        NaN
IND_DAY     1992-06-12 00:00:00
Name: RUS, dtype: object
```

其他一些函数也可以用来读取数据库,例如,read_sql_table()和read_sql_query(),读者可以自行测试。

4.3 数据清洗

数据清洗作为数据分析前的重要准备工作,过程往往错综复杂。本节将结合Pandas模块介绍数据清洗过程的主要步骤,包括编码、缺失值的检测与处理、去除异常值及去除重复值和冗余信息。

4.3.1 编码

字符编码是从原始二进制字节(如0110100001101001)映射到可读文本的字符(如"hi")的特定规则集。编码有许多不同的类型,如果尝试使用与最初编写时不同的编码类型读取文本,最终会得到乱码文本。

字符编码不匹配在今天不像过去那么常见,但它仍然是数据分析中的一个问题。有许多不同的字符编码,但需要了解的主要编码是UTF-8。UTF-8是标准的文本编码,所有Python代码都采用UTF-8。

在Python 3中处理文本时,会遇到两种主要数据类型,一种是字符串数据类型。

```
before = "This is the euro symbol: €"
print(type(before))
```

输出结果为:

```
<class 'str'>
```

另一种是字节数据类型,它是一个整数序列。可以通过指定字符串所使用的编码将字符串转换为字节,具体如下。

```
after = before.encode("utf-8", errors="replace")
print(type(after))
```

输出结果为:

```
<class 'bytes'>
```

相应地,可以利用正确的编码将字节转换为字符串,得到原始的文本,具体如下。

```
print(after.decode("utf-8"))
```

输出结果为:

```
This is the euro symbol: €
```

如果尝试使用其他不同的编码将字节映射到字符串,则会报错。

```
print(after.decode("ascii"))
```

输出结果为:

```
UnicodeDecodeError: 'ascii' codec can't decode byte 0xe2 in position 25:
ordinal not in range(128)
```

可以将不同的编码视为录制音乐的不同方式,比如可以在CD、盒式磁带或八轨磁带上录制相同的音乐,然后使用不同的设备来播放每种录音格式的音乐。正确的解码器就像磁带播放器或CD播放器,如果尝试在CD播放器中播放盒式磁带,它将无法正常工作。

其实,将所有文本转换为UTF-8并保持使用该编码可以避免大多数问题。而将非UTF-8文本转换为UTF-8的最佳时间是读取数据时。有时在读取文件时,可能会收到如下报错。

```
UnicodeDecodeError: 'utf-8' codec can't decode byte 0xd5 in position 0:
invalid continuation byte
```

上述报错表明无法使用UTF-8解码。针对未知编码的数据,如果想进行文本转换,需要先判断编码类型。为此,Python提供了一个第三方编码检测模块chardet,用于检测文件、XML等字符编码的类型。

使用chardet检测bytes编码时,只需要很简单的代码。

```
import chardet
print(chardet.detect(b'Hello, world!'))
```

输出结果为:

```
{'encoding': 'ascii', 'confidence': 1.0, 'language': ''}
```

结果显示,通过chardet检测出的编码为ASCII,注意到后面的confidence字段,表明检测正确的概率是1.0(100%)。

接下来,尝试检测GBK编码的中文。

```
data = '床前明月光,疑是地上霜'.encode('gbk')
print(chardet.detect(data))
```

输出结果为:

```
{'encoding': 'GB2312', 'confidence': 0.99, 'language': 'Chinese'}
```

可见,使用chardet检测编码很简单。获取到编码后,再转换为str,就可以方便后续处理。

4.3.2 缺失值的检测与处理

缺失值在真实的数据分析场景中很常见。在DataFrame中,许多数据集都存在缺失的数据,这些数据要么存在但未被收集,要么不存在。例如,在一项关于用户信息的调查中,某些用户可能选择不分享收入,某些用户可能选择不分享地址,这样就会导致一些数据丢失。

通过第3章的学习,读者已经了解了缺失值可以用None和NaN两种方式来表示。实际上,Pandas将None和NaN视为可互换的,都可以用于指示缺失值或空值。为了方便处理,Pandas提供了一些有用的函数用于检测、删除和替换DataFrame中的缺失值,接下来将分别介绍isnull()、notnull()、dropna()、fillna()、replace()和interpolate()函数。

首先,定义一个含有缺失值的DataFrame。

```
df_3 = pd.DataFrame({'c1':[0, 1, None, 3], 'c2':[1, None, 2, 4],
                     'c3':[None, 2, 1, 3]})
print(df_3)
```

输出结果为：

```
     c1      c2      c3
0   0.0     1.0     NaN
1   1.0     NaN     2.0
2   NaN     2.0     1.0
3   3.0     4.0     3.0
```

为了检查 DataFrame 中的缺失值，Pandas 提供了 isnull() 和 notnull() 函数。这两个函数都用于检查值是否为 NaN。当然，这些函数也可以在 Series 中使用，后面不再强调。使用 isnull() 函数将返回一个布尔值的 DataFrame，其中 True 为 NaN，具体如下。

```
print(df_3.isnull())
```

输出结果为：

```
     c1       c2       c3
0   False   False    True
1   False   True     False
2   True    False    False
3   False   False    False
```

相应地，使用 notnull() 函数检查 Dataframe 中的非空值，该函数同样返回布尔值的 DataFrame，其中 False 为 NaN，具体如下。

```
print(df_3.notnull())
```

输出结果为：

```
     c1       c2       c3
0   True    True     False
1   True    False    True
2   False   True     True
3   True    True     True
```

当 DataFrame 规模较大时，通过 sum() 函数直接统计每列中缺失值的数量。

```
# 统计缺失值的数量
print(df_3.isnull().sum())
```

输出结果为：

```
c1      1
c2      1
c3      1
dtype: int64
```

为了填充数据集中的空值，Pandas 提供了 interpolate()、fillna() 和 replace() 函数，这些函数使用一些值替换 NaN 值。其中，interpolate() 函数主要利用插值技术来填充 DataFrame 中的缺失值。例如，使用线性方法插入缺失值。

```
print(df_3.interpolate(method='linear', limit_direction='forward'))
```

输出结果为：

```
     c1    c2    c3
0   0.0   1.0   NaN
1   1.0   1.5   2.0
2   2.0   2.0   1.0
3   3.0   4.0   3.0
```

结果显示，第一行中的值没有被填充，因为设置的填充方向是向前的，第一行没有可以用于插值的先前值。

fillna()函数用于填充缺失值时有几种不同的方式。一种方式是使用单个值进行填充。

```
print(df_3.fillna(2))
```

输出结果为：

```
     c1    c2    c3
0   0.0   1.0   2.0
1   1.0   2.0   2.0
2   2.0   2.0   1.0
3   3.0   4.0   3.0
```

另一种方式是使用与缺失值相邻的数据进行填充，如缺失值前面的数据或后面的数据。

```
print(df_3.fillna(method="ffill", limit=1))    # 使用缺失值前面的数据进行填充
print(df_3.fillna(method="bfill", limit=1))    # 使用缺失值后面的数据进行填充
```

其中，ffill 表示使用缺失值前面的数据进行填充，bfill 表示使用缺失值后面的数据进行填充。参数limit用于限制填充连续缺失值的数量，若有多个缺失值相邻，填充的数量为limit的值。

输出结果为：

```
     c1    c2    c3
0   0.0   1.0   NaN
1   1.0   1.0   2.0
2   1.0   2.0   1.0
3   3.0   4.0   3.0
     c1    c2    c3
0   0.0   1.0   2.0
1   1.0   2.0   2.0
2   3.0   2.0   1.0
3   3.0   4.0   3.0
```

注意，使用上述两种方法执行操作时，如果不存在前面的数据或后面的数据，缺失值将无法被填充。

最后，再来看看replace()函数的用法。例如，用−100替换DateFrame中的所有NaN值。

```
print(df_3.replace(to_replace=np.nan, value=-100))
```

输出结果为：

```
    c1       c2       c3
0   0.0      1.0      -100.0
1   1.0      -100.0   2.0
2   -100.0   2.0      1.0
3   3.0      4.0      3.0
```

尽管填充函数和方式很丰富，但在现实场景中，如果数据集中的缺失值不存在明显影响，可以直接去除。为此，Pandas提供了dropna()函数，该函数以不同的方式删除具有缺失值的数据集的行或列。例如，使用dropna()函数删除存在缺失值的行。

```
new_df = df_3.dropna(how='any', axis=0)
print(new_df)
```

输出结果为：

```
    c1    c2    c3
3   3.0   4.0   3.0
```

参数how可设置为any或all，当how='any'时，只要包含缺失值的数据都会被去除。当how='all'时，只有所有值都为缺失值的数据才会被去除。axis=0表示删除该行数据，axis=1表示删除该列数据。

接着通过比较DataFrame的大小，便可以知道有多少行至少有1个NaN值。

```
print(len(df_3)-len(new_df))
```

输出结果为：

```
3
```

由于差值为3，表明有3行包含缺失值。

4.3.3　去除异常值

在面试或比赛时，通常会先去除最高分和最低分，然后将剩余分数进行平均得到最终成绩。这个过程其实就包含了筛选异常值的思路：异常夸张的数据可能会对最终结果造成过大的影响。本小节将介绍判断及处理异常值的方法。

一种方法是使用均值和标准差判断异常值。这里仍然使用4.2节的CSV文件。首先计算该文件中的GDP列的均值和标准差，然后通过any()函数筛选异常值，具体代码如下。

```
data_1 = pd.read_csv('data1.csv')
data_mean = data_1['GDP'].mean()
```

```
data_std = data_1['GDP'].std()
# 计算均值和标准差
topnum = data_mean + 2 * data_std
bottomnum = data_mean - 2 * data_std
print(data_1.head(10))
print("正常值的范围:", topnum, bottomnum)
print("是否存在超出正常范围的值:", any(data_1['GDP']>topnum))
print("是否存在小于正常范围的值:", any(data_1['GDP']<bottomnum))
```

输出结果为:

	Unnamed: 0	COUNTRY	POP	AREA	GDP	CONT	IND_DAY
0	CHN	China	1398.72	960.00	12234.78	Asia	NaN
1	IND	India	1351.16	298.00	2575.67	Asia	1947-08-15
2	USA	US	329.74	937.00	19485.39	N.America	1776-07-04
3	IDN	Indonesia	268.07	191.36	1015.54	Asia	1945-08-17
4	BRA	Brazil	210.32	851.49	2055.51	S.America	1822-09-07
5	PAK	Pakistan	205.71	79.61	302.14	Asia	1947-08-14
6	NGA	Nigeria	200.96	92.38	375.77	Africa	1960-10-01
7	BGD	Bangladesh	167.09	14.76	245.63	Asia	1971-03-26
8	RUS	Russia	146.79	1709.82	1530.75	NaN	1992-06-12
9	MEX	Mexico	126.58	196.44	1158.23	N.America	1810-09-16

```
正常值的范围: 17047.537262622587 -8851.655262622586
是否存在超出正常范围的值: True
是否存在小于正常范围的值: False
```

结果表明,超出正常范围的异常值存在,小于正常范围的异常值不存在。

另一种方法是使用上四分位数和下四分位数判断异常值。

```
# 计算下四分位数和上四分位数
mean1 = data_1['GDP'].quantile(q=0.25)
mean2 = data_1['GDP'].quantile(q=0.75)
mean3 = mean2 - mean1 # 中位差
topnum2 = mean2 + 1.5 * mean3
bottomnum2 = mean2 - 1.5 * mean3
print("正常值的范围:", topnum2, bottomnum2)
print("是否存在超出正常范围的值:", any(data_1['GDP']>topnum2))
print("是否存在小于正常范围的值:", any(data_1['GDP']<bottomnum2))
```

输出结果为:

```
正常值的范围: 5310.50625 -419.24625000000015
是否存在超出正常范围的值: True
是否存在小于正常范围的值: False
```

观察两种方法的输出结果,相差不是很大,读者可根据实际情况进行选择。值得一提的是,Matplotlib包中的箱形图正是使用上四分位数和下四分位数完成异常值分析的。接下来,就来看看Matplotlib的箱形图展示。

```python
import matplotlib.pyplot as plt
plt.boxplot(x=data_1['GDP'])
plt.show()
```

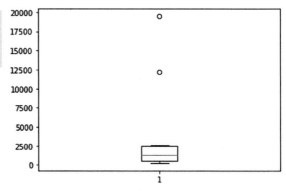

输出可视化结果,如图4-12所示。上下两条直线作为划分异常值的上下限,下面那条直线下为空,表示小于下限的异常值不存在,而上面那条直线上有两个圈,表示超出上限的异常值存在。

图 4-12　异常值分析箱形图

检测出异常值后,就该处理异常值了。正如本小节开头所举的例子一样,最常用的方法就是将异常值进行替换。

```python
replace_value1 = data_1['GDP'][data_1['GDP']<topnum2].max()
print(replace_value1)
data_1.loc[data_1['GDP']>topnum2, 'GDP'] = replace_value1
print(data_1)
```

输出结果为:

```
2575.67
   Unnamed: 0   COUNTRY     POP       AREA     GDP      CONT       IND_DAY
0  CHN          China       1398.72   960.00   2575.67  Asia       NaN
1  IND          India       1351.16   298.00   2575.67  Asia       1947-08-15
2  USA          US          329.74    937.00   2575.67  N.America  1776-07-04
3  IDN          Indonesia   268.07    191.36   1015.54  Asia       1945-08-17
4  BRA          Brazil      210.32    851.49   2055.51  S.America  1822-09-07
5  PAK          Pakistan    205.71    79.61    302.14   Asia       1947-08-14
6  NGA          Nigeria     200.96    92.38    375.77   Africa     1960-10-01
7  BGD          Bangladesh  167.09    14.76    245.63   Asia       1971-03-26
8  RUS          Russia      146.79    1709.82  1530.75  NaN        1992-06-12
9  MEX          Mexico      126.58    196.44   1158.23  N.America  1810-09-16
```

data_1['GDP'][data_1['GDP']<topnum2]首先筛选出小于正常值上限的数据,然后对这些数据使用max()函数找出最大值。取最小值同理。当然,异常值的替换需要根据实际情况而定,本例仅作为一种常用方法。

4.3.4　去除重复值和冗余信息

数据清洗的另外一个重要部分就是分析、去除重复值。Pandas提供了drop_duplicates()函数从数据框中删除重复项,其包含3个重要参数。

(1)subset:输入要去重的列名,它的默认值为None。

(2)keep:控制如何考虑重复值。它有3个不同的值,分别为first、last、False。其中,first为默认值,表示将第一个值视为唯一值,其余相同值视为重复值;last表示将最后一个值视为唯一值,其余相同值视为重复值;False表示将所有相同的值视为重复值。

(3)inplace:默认为False,在去除重复值时不会改变原来的DataFrame。当inplace为True时,原来的DataFrame会变成去除重复值之后的内容。

首先定义一个新的DataFrame。

```
data_2 = pd.DataFrame({'A':[1, 1, 1, 2, 3], 'B':[1, 1, 5, 2, 4],
                       'C':[1, 1, 3, 4, 6]})
print(data_2)
```

输出结果为:

```
   A  B  C
0  1  1  1
1  1  1  1
2  1  5  3
3  2  2  4
4  3  4  6
```

以下示例是通过drop_duplicates()函数删除第一列相同的所有行并返回新数据框。

```
data_2.drop_duplicates(subset="A", keep=False, inplace=True)
print(data_2)
```

输出结果为:

```
   A  B  C
3  2  2  4
4  3  4  6
```

再尝试对第二列进行去重,并使用last参数。

```
data_2.drop_duplicates(subset="B", keep='last', inplace=True)
print(data_2)
```

输出结果为:

```
   A  B  C
1  1  1  1
2  1  5  3
3  2  2  4
4  3  4  6
```

通过drop_duplicates()函数去除完全重复的行数据。

```
data_2.drop_duplicates(keep=False, inplace=True)
print(data_2)
```

输出结果为:

```
   A  B  C
2  1  5  3
3  2  2  4
4  3  4  6
```

 ## 4.4　本章小结

本章我们学习了数据分析前的一些准备工作,包括数据获取、文件与数据存储及数据清洗。具体来说,首先介绍了网络爬虫技术、爬虫常用库和框架,并通过一个简单的实战巩固知识;然后介绍了CSV、JSON、XLSL、SQL等多种文件格式的读写操作;最后介绍了经常遇到的字符编码问题、缺失值处理、异常值处理、去除重复值问题。

4.5　思考与练习

1. 填空题

(1)Pandas使用＿＿＿＿＿＿函数读取CSV文件。

(2)read_csv()函数中的＿＿＿＿＿＿参数用于强制转换为日期格式。

(3)使用notnull()函数检查缺失值时,该函数将返回布尔值的DataFrame,其中NaN将被表示为＿＿＿＿＿＿。

(4)使用drop_duplicates()函数从数据框中删除重复项时,如果想要将所有相同的值视为重复值,应该设置keep参数的值为＿＿＿＿＿＿。

(5)使用爬虫发送请求出现服务器无法访问等错误时,这些错误信息会被封装在＿＿＿＿＿＿模块中。

2. 问答题

(1)GET请求和POST请求的区别有哪些?

(2)Pandas提供了一些有用的函数用于检测、删除和替换DataFrame中的缺失值,请分别列举出相关函数。

3. 上机练习

(1)请按要求创建一个DataFrame,结构如图4-13所示,并完成以下任务。

①将创建的DataFrame对象存储为df.csv文件。

②检测每一列缺失值的数量。

③将所有缺失值填充为100。

④删除第一列相同的。行数据,并将最后一个值视为唯一值。

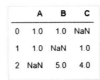

图4-13 DataFrame的结构

(2)请编写一段任意爬取一个简单网页相关基本信息的代码。

第 5 章

数据的分析方法

　　本章主要介绍数据分析中的分布分析、对比分析、统计量分析、相关性分析、帕累托分析和正态分布分析这几种方法，从理论知识引入案例实战，对这些常用的数据分析方法进行深入剖析。

通过本章内容的学习，读者能掌握以下知识。

- ♦ 熟悉常见的数据分析方法。
- ♦ 学会在不同场景下选用合适的数据分析方法。
- ♦ 能够熟练使用常见数据分析方法解决实际工作中的问题。

5.1 分布分析

本节首先阐述分布分析的概念,然后介绍两种分布分析的实现步骤和具体实现案例,通过具体的Python应用来介绍分布分析的实际应用场景。

5.1.1 分布分析的概念

在数据质量得到保证的前提下,数据分布分析能够揭露数据的分布特征和分布类型。分布分析是根据分析的目的,将数据进行分组,研究各组别的分布规律。分布分析在实际的数据分析实践中应用非常广泛,比如分析用户在一个月内购买产品的支付次数分布、用户在一个月内实际支付订单金额总和分布等。

对于不同数据类型,我们可采用不同方式进行分析,对于定量数据要了解其分布形式(对称或非对称,发现某些特大或特小的异常值),可通过绘制散点图、频率分布直方图进行直观的分析;对于定性数据可用饼图和条形图直观地显示分布情况。

5.1.2 分布分析的实现

1. 定量分布分析

欲了解数据的分布是对称的还是非对称的,发现某些特大或特小的异常值,可通过绘制频率分布表及频率分布直方图进行直观的分析。

对于定量数据,在绘制频率分布表和频率分布直方图时,选择合适的组数和组距非常重要,一般按照以下5个步骤来进行。

步骤1 求极差。即从数据中找出最大值和最小值之间的差距。

步骤2 确定组数和组距。每一组的最小值称为下限,最大值称为上限,下限与上限的差值称为组距。一组数据分多少组合适呢?组数的数量应适中,组数太少,数据的分布就会过于集中;组数太多,数据的分布就会过于分散,这都不便于观察数据分布的特征和规律。因此,组数的确定应以能够显示数据的分布特征和规律为目的。

步骤3 确定组限。各组之间的取值界限称为组限,每组中的最大数值叫作上组限(RU),最小数值叫作下组限(RL)。

步骤4 列出频率分布表。其中,落在各个组内的数据个数称为频数,每组的频数与样本容量的比值即为频率。

步骤5 绘制频率分布直方图。

下面将通过一个综合案例"深圳罗湖二手房信息"来实践,用Python进行定量数据分布分析。

(1)二手房数据读取。

　　导入 Pandas、Matplotlib 库之前需要先安装这些库,具体的安装方法及相关库的使用知识,见本书第4章和第6章的相应内容,这里不做展开,直接进入实际应用环节。

　　演示代码如下。

```
import pandas as pd
import matplotlib.pyplot as plt

# 数据读取
data = pd.read_csv('./深圳罗湖二手房信息.csv', engine='python', encoding="gbk")
"""
绘制散点图查看数据的分布情况,包括经纬度、房屋单价、参考总价数据
"""
plt.scatter(data['经度'], data['纬度'],        # 按照经纬度显示
            s=data['房屋单价']/500,            # 按照单价显示大小,数据太大/500降值
            c=data['参考总价'],                # 按照总价显示颜色
            alpha=0.4, cmap='jet')
plt.grid()    # 设置网格线
plt.show()    # 显示图像
```

　　第1~2行代码分别引入 Pandas 和 Matplotlib。

　　第5行代码通过 Pandas 中的 read_csv() 函数读取本地"深圳罗湖二手房信息"数据。

　　第9行代码通过 Matplotlib 中的 scatter() 函数绘制散点图,展示经纬度、房屋单价、参考总价的分布图。

　　第14行代码通过 Matplotlib 中的 show() 函数显示图像。

　　输出结果如图5-1所示。

　　(2)求极差。

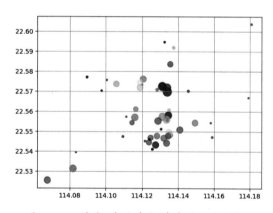

图5-1　经纬度、房屋单价、参考总价的分布图

```
# 创建函数计算"参考首付"和"参考总价"的极差
def d_range(df, *cols):
    krange = []
    for col in cols:
        crange = df[col].max() - df[col].min()
        krange.append(crange)
    return krange
key1 = '参考总价'
key2 = '参考首付'
dr = d_range(data, key1, key2)
print("%s极差为:%f\n%s极差为:%f"%(key1, dr[0], key2, dr[1]))
```

输出结果如图 5-2 所示。由图 5-2 可知,参考首付极差为 52.500000,参考总价极差为 175.000000。针对同一指标,极差越大,数据越不稳定。

(3)设置组数。

```
data[key2].plot(kind='hist', bins=10, histtype='step', color='b')  # 设置组数为10,
                                                                    # 绘制直方图
plt.grid(linestyle='-.')# 添加网格
```

第1行代码使用plot()函数中的参数kind='hist'指明绘制直方图。

输出结果如图 5-3 所示。

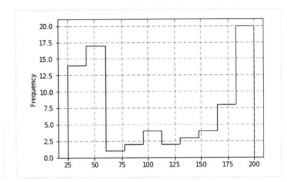

参考总价极差为: 175.000000
参考首付极差为: 52.500000

图 5-2 极差计算结果

图 5-3 参考总价直方图

(4)计算组限。

```
"""
由参考总价求出组限
pd.cut(x, bins, right):按照组数对x分组,且返回一个和x同样长度的分组DataFrame,参数
right指明是否包含右边的值,默认为True,代表数据右边是闭区间
"""
gcut = pd.cut(data[key1], 10, right=False)
gcut_count = gcut.value_counts(sort=False)
data['%s分组区间'%key1] = gcut.values
pd.set_option('display.max_columns', 1000)   # Pandas数据输出格式调整设置
pd.set_option('display.width', 1000)          # Pandas数据输出格式调整设置
pd.set_option('display.max_colwidth', 1000)   # Pandas数据输出格式调整设置
pd.set_option('display.unicode.ambiguous_as_wide', True)   # Pandas数据输出格式
                                                            # 调整设置
pd.set_option('display.unicode.east_asian_width', True)   # Pandas数据输出格式
                                                           # 调整设置
print(data.head())
```

输出结果如图 5-4 所示。

	房屋编码	小区	朝向	房屋单价	参考首付	参考总价	经度	纬度	参考总价分组区间
0	605093949	大望新平村	南北	5434	15.0	50.0	114.180964	22.603698	[42.5, 60.0)
1	605768856	通宝楼	南北	3472	7.5	25.0	114.179298	22.566910	[25.0, 42.5)
2	606815561	罗湖区罗芳村	南北	5842	15.6	52.0	114.158869	22.547223	[42.5, 60.0)
3	605147285	兴华苑	南北	3829	10.8	36.0	114.158040	22.554343	[25.0, 42.5)
4	606030866	京基东方都会	西南	47222	51.0	170.0	114.149243	22.554370	[165.0, 182.5)

图 5-4　分组区间

(5)频率分布表。

```
r = pd.DataFrame(gcut_count)
r.rename(columns={gcut_count.name:'频数'}, inplace=True)
r['频率'] = r['频数'] / r['频数'].sum()
r['累计频率'] = r['频率'].cumsum()
pd.set_option('display.max_columns', 1000)    # Pandas数据输出格式调整设置
pd.set_option('display.width', 1000)          # Pandas数据输出格式调整设置
pd.set_option('display.max_colwidth', 1000)   # Pandas数据输出格式调整设置
pd.set_option('display.unicode.ambiguous_as_wide', True)   # Pandas数据输出格式
                                                           # 调整设置
pd.set_option('display.unicode.east_asian_width', True)    # Pandas数据输出格式
                                                           # 调整设置
print(r)
```

输出结果如图 5-5 所示。

	频数	频率	累计频率
[25.0, 42.5)	14	0.186667	0.186667
[42.5, 60.0)	17	0.226667	0.413333
[60.0, 77.5)	1	0.013333	0.426667
[77.5, 95.0)	2	0.026667	0.453333
[95.0, 112.5)	4	0.053333	0.506667
[112.5, 130.0)	2	0.026667	0.533333
[130.0, 147.5)	3	0.040000	0.573333
[147.5, 165.0)	4	0.053333	0.626667
[165.0, 182.5)	8	0.106667	0.733333
[182.5, 200.175)	20	0.266667	1.000000

图 5-5　区间出现频率

(6)绘制频率分布直方图。

```
r_zj['频率'].plot(kind='bar', width=0.8, figsize=(12, 2), rot=0, color='k',
            grid=True, alpha=0.5)
plt.title('参考总价频率分布直方图')
# 绘制直方图
x = len(r_zj)
y = r_zj['频率']
m = r_zj['频数']
for i, j, k in zip(range(x), y, m):
    plt.text(i-0.1, j+0.01, '%i'%k, color='k')     # 添加频数标签
plt.show()
```

输出结果如图5-6所示。

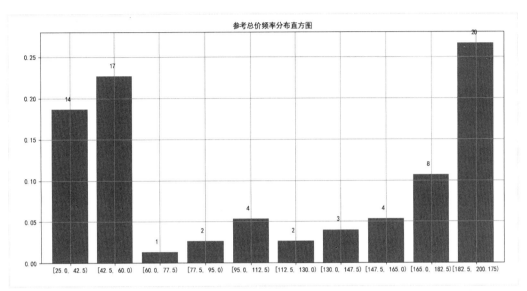

图5-6　频率分布直方图

2. 定性分布分析

对于定性数据,根据变量的分类类型来分组,可通过饼图和条形图来展示分布情况。下面同样以"深圳罗湖二手房信息"案例来进行展示,该案例中房屋的朝向为定性变量,通过计数的方式统计不同朝向房屋的数量及频率,演示代码如下。

```python
import pandas as pd
import matplotlib.pyplot as plt
data = pd.read_csv('./深圳罗湖二手房信息.csv', engine='python', encoding="gbk")
                                                        # 读取数据
cx_g = data['朝向'].value_counts(sort=True)
r_cx = pd.DataFrame(cx_g)
r_cx.rename(columns={cx_g.name:'频数'}, inplace=True)    # 修改频数字段名
r_cx['频率'] = r_cx / r_cx['频数'].sum()               # 计算频率
r_cx['累计频率'] = r_cx['频率'].cumsum()                # 计算累计频率
pd.set_option('display.max_columns', 1000)            # Pandas数据输出格式调整设置
pd.set_option('display.width', 1000)                  # Pandas数据输出格式调整设置
pd.set_option('display.max_colwidth', 1000)           # Pandas数据输出格式调整设置
pd.set_option('display.unicode.ambiguous_as_wide', True)    # Pandas数据输出格式
                                                       # 调整设置
pd.set_option('display.unicode.east_asian_width', True)     # Pandas数据输出格式
                                                       # 调整设置

print(r_cx)
```

输出结果如图5-7所示。

绘制朝向频率分布条形图,演示代码如下。

```
plt.figure(num=1, figsize=(12, 2))
# 绘制条形图
r_cx['频率'].plot(kind='bar', width=0.8, rot=0, color='k', grid=True,
                  alpha=0.5, figsize=(12, 2))
plt.show()
```

输出结果如图5-8所示,条形图的高度代表每一个类型的百分比或频数,条形图的宽度没有意义。

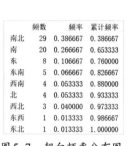

	频数	频率	累计频率
南北	29	0.386667	0.386667
南	20	0.266667	0.653333
东	8	0.106667	0.760000
东南	5	0.066667	0.826667
西南	4	0.053333	0.880000
北	4	0.053333	0.933333
西北	3	0.040000	0.973333
东西	1	0.013333	0.986667
东北	1	0.013333	1.000000

图5-7 朝向频率分布图

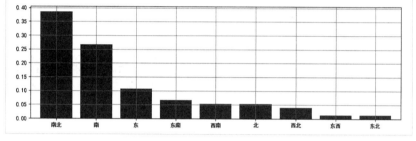

图5-8 朝向频率分布条形图

绘制朝向频率分布饼图,演示代码如下。

```
plt.figure(num=2)
plt.pie(r_cx['频数'],
        labels=r_cx.index,
        autopct='%.2f%%',
        shadow=True) # 绘制饼图
plt.axis('equal')
plt.show()
```

输出结果如图5-9所示,饼图的每一个扇形部分代表每一个朝向的百分比。

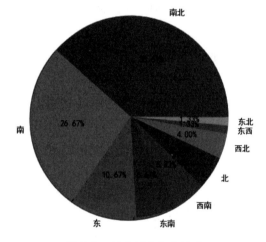

图5-9 朝向频率分布饼图

5.2 对比分析

本节主要介绍对比分析的概念、比较标准,然后通过Python实例来展示如何进行对比分析。

5.2.1 对比分析的概念

对比分析也称为比较分析,通常是把两个或两个以上相互联系的指标数据进行比较,分析其中的差异,从而说明这些事物的发展变化情况及规律。

对比分析是数据分析中最常用、最好用及最实用的分析方法,主要有以下几个特点。

(1)简单:与其他分析方法相比,对比分析操作步骤少,计算较为简单。

(2)直观:对比分析能够直接看出事物的变化或差距。

(3)量化:对比分析能够准确表示出事物变化或事物间差距的度量值,进而找到导致这一结果的原因。

在明确了什么是数据对比分析的基础上,接下来就需要搞清楚比较的对象,换句话说,就是要清楚和谁比。和谁比一般分为和自己比、和行业比。

(1)和自己比:是指和自己过去的历史数据进行比较。

(2)和行业比:遇到问题,想知道是行业趋势还是自身原因,就可以和行业值进行对比。

5.2.2 对比分析的比较标准

运用对比分析时,明确了对比对象之后,接下来就要知道比什么。换句话说,就是找到合适的对比标准,将对比对象的指标与标准进行对比,就能得出结论。目前,对比分析的常用标准是时间标准、空间标准和特定标准。

1. 时间标准

(1)时间趋势对比:可以评估指标在一段时间内的变化。如图 5-10 所示,从某 App 2017 年 12 月新增用户留存率分布可以看出,12 月的新增用户在注册 4 个月时,留存率出现大幅下降,流失严重,并且用户注册 1 年,留存率在 80% 左右。

(2)动作前后对比:可以看到动作前后的效果。如图 5-11 所示,从某活动营销前后客单价情况可以看出,营销前客单价为 21.1 元,营销后客单价为 22.1 元,二者对比,客单价提升 1 元。

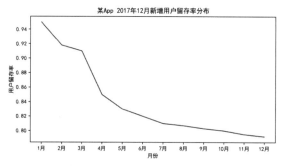

图 5-10 某 App 2017 年 12 月新增用户留存率分布

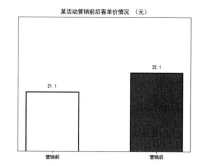

图 5-11 某活动营销前后客单价情况

(3)同比:与上年同一时期比较。如图 5-12 所示,某 App 2018 年 12 月新增用户次月留存率为 81.2%,2017 年 12 月为 87.6%,与去年同期相比下降了 6.4 个百分点。

(4)环比:与前一时期比较。如图 5-13 所示,某 App 2018 年 12 月新增用户次月留存率为 81.2%,2018 年 11 月为 82.9%,12 月与上个月相比下降了 1.7 个百分点。

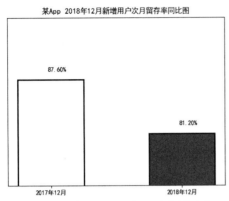

图 5-12　某 App 2018 年 12 月新增用户
次月留存率同比图

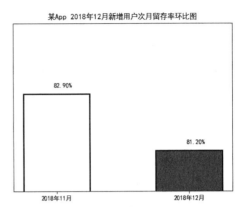

图 5-13　某 App 2018 年 12 月新增用户
次月留存率环比图

2. 空间标准

（1）A/B 测试：在同一时间维度，分别让组成成分相同的目标用户进行不同的操作，最后分析不同组的操作效果。如图 5-14 所示，可以看出某活动执行组年留存率较样本组高，执行组通过此营销活动进行了运营，而样本组未参与，其他成分二者相同，所以得出营销有效果的结论。

（2）相似空间对比：运用两个相似的空间进行比较，找到二者的差距。如图 5-15 所示，从某公司甲 App 与乙 App 年留存率分布情况可以看出，乙 App 年留存率更高。在日常生活中，相似空间对比常用的就是城市、分公司之间的对比。

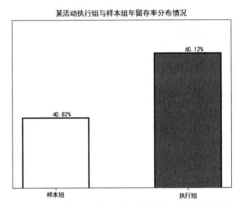

图 5-14　某活动执行组与样本组年留存率
分布情况

（3）先进空间对比：是指与行业领头羊对比，知晓差距是多少，再细分原因，从而提高自身水平。如图 5-16 所示，牛 App 为行业领头羊，可以看出普 App 年留存率比牛 App 低 4.81%。

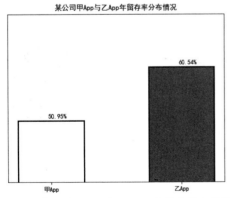

图 5-15　某公司甲 App 与乙 App 年留存率分布情况

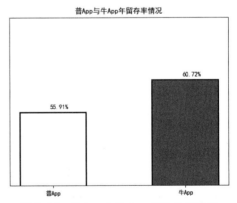

图 5-16　普 App 与牛 App 年留存率情况

3. 特定标准

（1）与计划值对比：目标驱动运营，在营销中会制定年、月甚至日的目标，通过与目标对比，分析自己是否完成目标，若未完成目标，则深层次分析原因。目标驱动的好处，就是让运营人员一直积极向上地去完成目标，从而带动公司盈利。如图5-17所示，可以看出某App 2018年用户留存率，超额完成计划目标。

（2）与平均值对比：与平均值对比的目的是，知晓某部分与总体的差距。如图5-18所示，可以看出甲产品人均消费低于全产品人均消费，需借鉴优秀产品的营销经验，提高甲产品的人均消费，缩小与均值的差距。

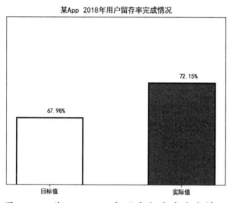

图5-17　某App 2018年用户留存率完成情况

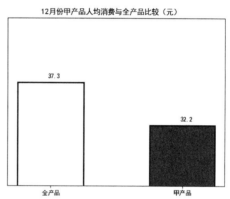

图5-18　12月份甲产品人均消费与全产品比较

（3）与理论值对比：在没有历史数据的情况下，只能与理论值对比。理论值需要经验比较丰富的员工，利用工作经验并参考相似的数据得出，如图5-19所示。

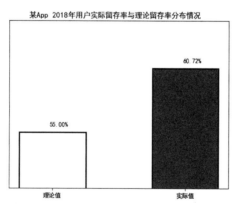

图5-19　某App 2018年用户实际留存率与理论留存率分布情况

5.2.3　对比分析的实现

进行对比分析时需要坚持可比性原则，主要表现在两个方面，即对比对象相似和对比指标同质。一定要先自己核查对比对象、对比指标有没有问题，没有问题再进行比较，否则得出的结论可能是错误的，从而影响对事物的判断。

（1）对比对象相似：对比对象越相似，就越具有可比性。例如，网上有一篇名为《建筑工地民工月薪两万秒杀白领》的文章，用建筑工地最高工资和一般白领去对比，显然对比对象不在一个水平线上，况且两个职业的工作环境和其他条件基本没有可比性。

（2）对比指标同质：同质主要表现在以下几个方面。

①指标口径范围相同，比如要比较甲App与乙App的用户年留存率，如果用甲App 2018年的用户留存率，那么乙App的用户年留存率也需要是2018年的，不能拿乙App 2017年的数据与甲App 2018年的数据比较。

②指标计算方法一样，也就是计算公式相同，比如不能一个用除法、一个用加法进行计算。

③指标计量单位一致，比如不能拿身高和体重进行比较，二者常用单位一个是厘米，一个是千克。

下面通过"30天内A和B产品的日销售额"实例来演示如何进行对比分析，代码如下。

```python
import numpy as np
import pandas as pd
import matplotlib
import matplotlib.pyplot as plt
plt.rcParams['font.sans-serif'] = ['SimHei']   # 解决图像中的中文乱码问题
plt.rcParams['axes.unicode_minus'] = False
matplotlib.rcParams['font.size'] = 20   # 设置字号
"""
目的：比较30天内A和B产品的日销售额
以折线图和柱状图进行数据对比
"""
data = pd.DataFrame(np.random.rand(30, 2)*1000, columns=['A_sale', 'B_sale'],
                    index=pd.period_range('20190601', '20190630'))
data.plot(kind='line', style=['r--.', 'y--'], alpha=0.8, figsize=(15, 5),
        title='A和B产品销量对比-折线图')
data.plot(kind='bar', width=0.8, alpha=0.8, figsize=(15, 5),
        title='A和B产品销量对比-柱状图')
plt.show()
```

输出结果如图5-20和图5-21所示。

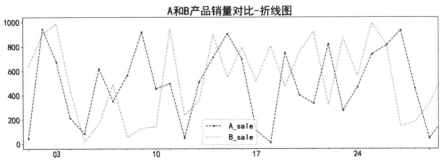

图5-20　30天内A和B产品的日销量折线图对比

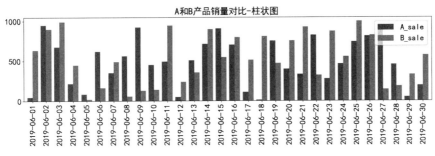

图 5-21　30天内 A 和 B 产品的日销量柱状图对比

根据图 5-20 和图 5-21 的对比分析,我们可以看出 30 天内 A 产品和 B 产品的销量波动幅度都较大,日销售额不稳定;A 产品本月日销售额最大值比 B 产品小。这里只做简单分析,感兴趣的读者可进一步深入分析。

5.3 统计量分析

本节主要介绍统计量分析的相关概念,然后通过 Python 实例来展示统计量分析的具体实现方式。

5.3.1 统计量分析的概念

统计,即将信息统括起来进行计算,它是对数据进行定量处理的理论与技术。统计量分析是用统计学指标对定量数据进行描述性分析,例如,均值、中位数、众数、极差、标准差、四分位间距等。

用于描述数据的基本统计量主要分为三类,分别是中心趋势统计量、散布程度统计量和分布形状统计量,通过这些统计量可以识别数据集整体的一些重要性质,对后续的数据分析有很大的参考意义。

统计量分析是统计工作中不可或缺的一环,它贯穿于统计设计、资料收集、整理汇总、统计分析、信息反馈这五个关键阶段。倘若缺失或未能妥善执行这一步骤,统计工作的效能将大打折扣。确切地说,没有统计量分析的支撑,统计工作将失去其活力与发展的动力,更无法确立其在相关领域中的地位。在进行统计描述时,我们常运用统计指标对定量数据进行深入剖析,特别是从集中趋势和离中趋势这两个维度出发,全面揭示数据的内在规律和特征。

5.3.2 统计量分析的实现

1. 集中趋势

集中趋势,即一组数据倾向于围绕某一中心值聚集的特性,主要通过均值、中位数和众数等统计量来衡量。为了更精细地反映均值中不同数据成分的重要性差异,我们常对数据集中的每个数值 x_n

赋予一个权重f_n。这些权重类似于频率分布表中各组数据的频数,能够帮助我们计算加权平均数,即

$$\bar{x} = \frac{\sum\limits_{i=1}^{n} x_i f_i}{\sum\limits_{i=1}^{n} f_i}$$。下面通过一个实例,来具体展示算术平均数如何反映一组数据的中心倾向,从而帮助我

们更深入地理解数据的分布特征和内在规律。

```python
import numpy as np
import pandas as pd
import matplotlib.pyplot as plt


plt.rcParams['font.sans-serif'] = ['SimHei']
plt.rcParams['axes.unicode_minus'] = False
# 算术平均数
data = pd.DataFrame({'value':np.random.randint(100, 150, 100),
                     'f':np.random.rand(100)})
data['f'] = data['f'] / data['f'].sum() # f为权重,这里将f列设置成总和为1的权重占比
mean = data['value'].mean()
print('简单算术平均值为:%.2f'%mean)     # 简单算术平均值 = 总和 / 样本数量(不涉及权重)
mean_w = (data['value']*data['f']).sum() / data['f'].sum()
print('加权算术平均值为:%.2f'%mean_w) # 加权算术平均值 = (x1f1 + x2f2 + ... +
                                     # xnfn) / (f1 + f2 + ... + fn)
```

输出结果为:

```
简单算术平均值为:124.38
加权算术平均值为:123.01
```

上面的实例是算术平均数的集中趋势度量,下面的实例展示了位置平均数的集中趋势度量。

```python
m = data['value'].mode()
print('众数为', m.tolist())    # 众数是一组数据中出现次数最多的数,这里可能返回多个值
med = data['value'].median()
print('中位数为%i'%med) # 中位数是指将总体各单位标志按照大小顺序排列后,中间位置的数字
data['value'].plot(kind='kde', style='--k', grid=True)          # 绘制密度曲线
plt.axvline(mean, color='r', linestyle="--", alpha=0.8)
plt.text(mean+5, 0.005, '简单算术平均值:%.2f'%mean, color='r')    # 简单算术平均值
plt.axvline(mean_w, color='b', linestyle="--", alpha=0.8)
plt.text(mean+5,0.01, '加权算术平均值:%.2f'%mean_w, color='b')    # 加权算术平均值
plt.axvline(med, color='g', linestyle="--", alpha=0.8)
plt.text(mean+5,0.015, '中位数:%i'%med, color='g') # 中位数
plt.show()
```

输出结果为:

众数为[148, 149]
中位数为127

输出可视化结果,如图5-22所示。

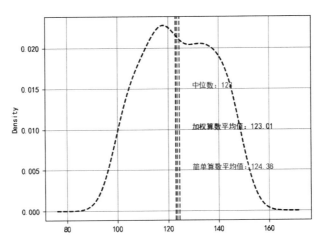

图5-22　位置平均数的集中趋势度量

2. 离中趋势

与集中趋势不同,离中趋势是指一组数据中各数据值以不同程度的距离偏离其中心的趋势,常用指标有极差、四分位间距、方差、标准差、离散系数等。下面用实例来演示离中趋势度量的过程,代码如下。

```python
import numpy as np
import pandas as pd
import matplotlib.pyplot as plt

plt.rcParams['font.sans-serif'] = ['SimHei']  # 解决Matplotlib中文乱码问题
plt.rcParams['axes.unicode_minus'] = False
"""
创建随机数据,作为A和B产品的销售额数据
"""
data = pd.DataFrame({"A_sale":np.random.rand(30)*1000,
                    "B_sale":np.random.rand(30)*1000},
                   index=pd.period_range('20170601', '20170630'))
"""
极差:最大值与最小值之间的差距
四分位间距:上四分位数(位于75%)与下四分位数(位于25%)的差
"""
a_r = data['A_sale'].max() - data['A_sale'].min() # 极差
b_r = data['B_sale'].max() - data['B_sale'].min()
sta = data['A_sale'].describe()
```

```
stb = data['B_sale'].describe()
a_iqr = sta.loc['75%'] - sta.loc['25%']  # 四分位间距
b_iqr = stb.loc['75%'] - stb.loc['25%']
color = dict(boxes='DarkGreen', whiskers='DarkOrange', medians='DarkBlue',
             caps='Gray')
data.plot.box(vert=False, grid=True, color=color, figsize=(10, 3))  # 绘制箱形图
```

输出结果如图5-23所示。

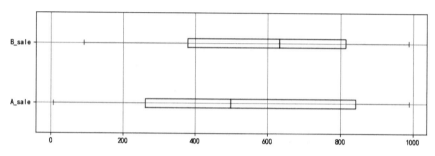

图5-23　极差和四分位间距的离中趋势度量

方差和标准差的离中趋势度量代码如下。

```
"""
方差:各组中数值与算术平均数离差平方的算术平均数
标准差:方差的平方根
标准差是最常用的离中趋势指标:标准差越大,离中趋势越明显
"""
a_std = sta.loc['std']          # 标准差
b_std = stb.loc['std']
a_var = data['A_sale'].var()  # 方差
b_var = data['B_sale'].var()
print('A销售额的标准差为:%.2f, B销售额的标准差为:%.2f'%(a_std, b_std))
print('A销售额的方差为:%.2f, B销售额的方差为:%.2f'%(a_var, b_var))


"""
A密度曲线
"""
fig = plt.figure(figsize=(12, 4))
ax1 = fig.add_subplot(1, 2, 1)
data['A_sale'].plot(kind='kde', style='k--', grid=True,
                    title='A密度曲线')  # A密度曲线
plt.axvline(sta.loc['50%'], color='r', linestyle="--", alpha=0.8)
plt.axvline(sta.loc['50%']-a_std, color='b', linestyle="--", alpha=0.8)
plt.axvline(sta.loc['50%']+a_std, color='b', linestyle="--", alpha=0.8)
"""
```

B密度曲线
"""
```
ax2 = fig.add_subplot(1, 2, 2)
data['B_sale'].plot(kind='kde', style='k--', grid=True,
                    title='B密度曲线')  # B密度曲线
plt.axvline(stb.loc['50%'], color='r', linestyle="--", alpha=0.8)
plt.axvline(stb.loc['50%']-b_std, color='b', linestyle="--", alpha=0.8)
plt.axvline(stb.loc['50%']+b_std, color='b', linestyle="--", alpha=0.8)
plt.show()
```

输出结果为:

A销售额的标准差为:314.38, B销售额的标准差为:298.21
A销售额的方差为:98836.20, B销售额的方差为:88927.63

输出可视化结果,如图5-24所示。

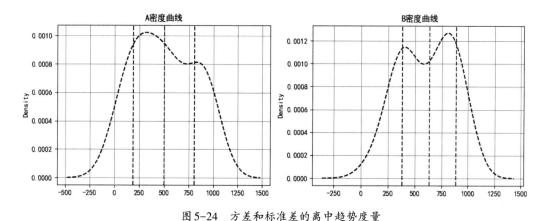

图5-24　方差和标准差的离中趋势度量

通过计算标准差发现,A产品销售额的标准差比B产品销售额的标准差大,标准差越大,离中趋势越明显。从图5-24中也可以看出,A产品的离中趋势较明显。

5.4　相关性分析

本节主要介绍Python相关性分析的概念和作用,然后通过Python实例介绍相关性分析在实践中的应用。

5.4.1　相关性分析的概念

在日常生活中,随处可见计算相关性的例子,比如抖音短视频的留存和观看时长、收藏的次数及转发的次数是否有相关性,相关性有多大? 只有知道了哪些因素和留存比较相关,才能有效地优化产品,提高留存率。如果留存和收藏的相关性较大,那么抖音平台就可以通过引导用户去收藏视频,提高留存率。

相关性分析是指对两个或多个具备相关性的变量元素进行分析,从而衡量两个变量元素的相关密切程度。元素之间需要存在一定的联系或概率,才可以进行相关性分析。在相关性分析中,找到关键影响因素才是重点。

5.4.2 相关性分析的作用

相关性分析的作用主要有以下几个。

(1)在研究两种或两种以上的数据之间有什么关系,或者某件事情受到其他因素影响的问题时,可以使用相关性分析,如图5-25所示。

图5-25 研究两种数据的关系

例如,对于微信读书App,评估"想法"这个子模块的用户留存对整个App留存的影响度。这时就可以使用相关性分析,研究子产品和整体产品有什么关系。

(2)在解决问题的过程中,相关性分析可以帮助我们扩大思路,将视野从一种数据扩大到多种数据。

例如,在分析"为什么销量下降"的过程中,可以研究哪些因素和销量有关系,如产品价格、产品质量、销售人员的服务态度、售后服务等。使用相关性分析,可以知道哪些因素影响销量,哪些因素对销量没有影响,从而快速锁定问题的原因。

(3)相关性分析通俗易懂,易于应用到实际工作中。因为数据分析的结果需要得到其他人的理解和认可,很多非专业人士并不精通分析方法的知识,所以就需要分析方法通俗易懂,而相关性分析恰好具备这个特点。

5.4.3 相关性分析的实现

前面已经讲了什么是相关性分析及相关性分析的作用,那么我们怎么去实现这种分析方法呢?下面通过一个案例来展示数据相关性分析。表5-1中记录了20个学生为考试花费的学习时间和取得的成绩,现在想知道学习时间和成绩这两种数据之间有什么关系。

表5-1 学生考试数据

学习时间/小时	成绩/分	学习时间/小时	成绩/分	学习时间/小时	成绩/分
0.5	10	2	50	4	81
0.75	22	2.25	62	4.25	76
1	13	2.5	48	4.5	64

续表

学习时间/小时	成绩/分	学习时间/小时	成绩/分	学习时间/小时	成绩/分
1.25	43	2.75	55	4.75	82
1.5	20	3	75	5	90
1.75	22	3.25	62	5.5	93
1.75	33	3.5	73		

数据放到这样一个表格中,无论如何也没办法发现这两种数据之间有什么关系。所以,需要想办法将这些数据放到图形上。我们用横轴表示学习时间,纵轴表示成绩,然后将每个学生的数据画到图中,如图5-26所示。

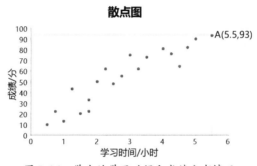

图5-26　学生的学习时间和成绩分布情况

那么,这两种数据之间有多大程度的相关性呢?"相关系数"就是用来衡量两种数据之间的相关程度的,通常用字母r来表示。相关系数有以下两个作用。

(1)相关系数的数值大小可以表示两种数据的相关程度。

(2)相关系数数值的正负可以反映两种数据之间的相关方向,也就是说,两种数据在变化过程中是同方向变化,还是反方向变化。

相关系数的取值范围是−1~1,如果相关系数 > 0,说明两种数据是正相关,是同方向变化,也就意味着一种数据的值越大,另一种数据的值也会越大;如果相关系数 < 0,说明两种数据是负相关,是反方向变化,也就意味着一种数据的值越大,另一种数据的值反而会越小,如图5-27所示。

相关系数有3个极值,分别是−1、0和1,如图5-28所示。假如有两种数据a和b,把这两种数据画在散点图上,横轴用来衡量数据a,纵轴用来衡量数据b。

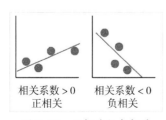

图5-27　正相关与负相关

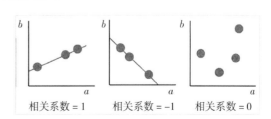

图5-28　相关系数的3个极值

如果相关系数 = 1,数据点都在一条直线上,表示两种数据完全正相关,是同方向变化。即数据a

的值越大,数据b的值也会越大。

如果相关系数 $= -1$,数据点都在一条直线上,表示两种数据完全负相关,是反方向变化。即数据a的值越大,数据b的值反而会越小。

如果相关系数 $= 0$,表明两种数据之间不是线性相关,可能是其他方式的相关(如曲线方式)。

相关性关系的判断方式有多种,比如图示初判(散点图、散点图矩阵)、Pearson 相关系数、Sperman 秩相关系数等。下面将通过案例来演示如何通过图对相关性关系进行初步判断。

1. 绘制散点图判断

数据点与趋势线基本在一条线上或在这条线的附近,说明存在相关性;若数据点在趋势线周围呈现无规律的分布状态,则说明不存在相关性。绘制散点图是判断两个变量是否具有线性相关关系最直接的方法,演示代码如下。

```
# data1为0~100的随机数并从小到大排列
# data2为0~50的随机数并从小到大排列
# data3为0~500的随机数并从大到小排列
data1 = pd.Series(np.random.rand(50)*100).sort_values()
data2 = pd.Series(np.random.rand(50)*50).sort_values()
data3 = pd.Series(np.random.rand(50)*500).sort_values(ascending=False)
fig = plt.figure(figsize=(12, 5))
# 正线性相关
ax1 = fig.add_subplot(1, 2, 1)      # 添加子图1
ax1.scatter(data1, data2)           # 绘制data1和data2的散点图
plt.grid()
# 负线性相关
ax2 = fig.add_subplot(1, 2, 2)      # 添加子图2
ax2.scatter(data1, data3)           # 绘制data1和data3的散点图
plt.grid()
```

输出结果如图5-29所示,可以看出左边图数据呈现正相关,右边图数据呈现负相关。

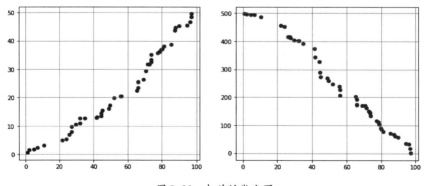

图5-29 相关性散点图

2. 绘制散点图矩阵判断

如果是判断两组数据之间的关系,可以通过散点图来判断;如果是判断多组数据之间的关系,可

以通过散点图矩阵来判断。

```
import pandas as pd
import matplotlib.pyplot as plt


plt.rcParams['font.sans-serif'] = ['SimHei']    # 解决Pyplot中文乱码问题
plt.rcParams['axes.unicode_minus'] = False
data = pd.DataFrame(np.random.randn(200, 4)*100, columns=['A', 'B', 'C', 'D'])
pd.plotting.scatter_matrix(data, figsize=(8, 8), c='k', marker='+',
                           diagonal='hist', alpha=0.8, range_padding=0.1)
plt.show()
```

输出结果如图5-30所示。

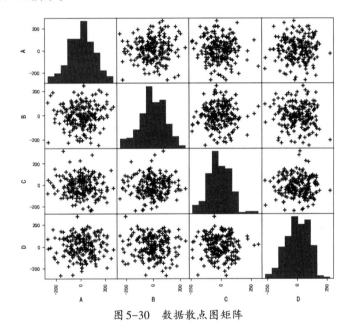

图5-30　数据散点图矩阵

5.5　帕累托分析

本节主要介绍数据分析方法中的帕累托分析法,并通过Python代码演示具体实现过程。

5.5.1　帕累托分析的概念

帕累托分析又称为贡献度分析,原理为帕累托法则,又称为80/20法则,此法则是由意大利经济学家帕累托提出的。80/20法则认为:原因和结果、投入和产出、努力和报酬之间存在着无法解释的不平衡。

例如,80%的利润仅来自于20%的畅销产品,而其他80%的产品只产生了20%的利润。对于企业,应用帕累托分析可以考虑重点改善盈利最高的前20%的产品,或者重点发展综合影响最高的20%的部门,以提高企业的利润。

小提示:

值得注意的是,80/20法则仅仅是一个比喻和实用基准。真正的比例未必正好是80%:20%。80/20法则表明在大多数情况下该关系很可能是不平衡的,并且接近于80/20。

5.5.2 帕累托分析的实现

下面将通过一个实例来演示数据的帕累托分析的实现过程,具体代码如下。

```
import numpy as np
import pandas as pd
import matplotlib.pyplot as plt


plt.rcParams['font.sans-serif'] = ['SimHei']
plt.rcParams['axes.unicode_minus'] = False
data = pd.Series(np.random.randn(10)*1200+3000, index=list('ABCDEFGHIJ'))
                                        # 创建一维数据,10个品类产品的销售额
data.sort_values(ascending=False, inplace=True)         # 降序排列
plt.figure(figsize=(10, 4))
data.plot(kind='bar', color='g', alpha=0.5, width=0.7)  # 创建销售额柱状图
plt.ylabel('销售额(元)')
p = data.cumsum() / data.sum()                  # 计算累计占比,Series
key = p[p>0.8].index[0]                     # 找到累计占比超过80%时的值
key_num = data.index.tolist().index(key)    # 找到key所对应的索引位置
print('超过80%累计占比的节点值为:', key)
print('超过80%累计占比的节点位置为:', key_num)
p.plot(style='--ko', secondary_y=True)      # secondary_y表示使用第二个y坐标轴,
                                            # 绘制销售额累计占比曲线
plt.axvline(key_num, color='r', linestyle="--", alpha=0.8)  # 以超过80%销售额的
                                                            # 点绘制一条垂线
plt.text(key_num+0.2, p[key], '累计占比为:%.3f%%'%(p[key]*100), color='r')
                                            # 累计占比超过80%的节点
plt.ylabel('销售额比例')
key_product = data.loc[:key]
print('核心产品为:{}'.format(key_product))
plt.show()
```

第5~6行代码使用Matplotlib中的rcParams来解决图中的中文乱码问题。

第7行代码使用Pandas中的Series()函数创建一维数组。

第9行代码使用sort_values()函数对数据进行降序排列。

第11行代码使用plot()函数绘制销售额柱状图。

第13行代码计算累计占比。

第14行代码找到累计占比超过80%时的值。

第15行代码找到key所对应的索引位置。

第18行代码使用plot()函数绘制销售额累计占比曲线,其中secondary_y参数为True指明使用第二个y坐标轴绘制。

第20行代码使用axvline()函数绘制一条垂线。

输出结果为:

```
超过80%累计占比的节点值为:C
超过80%累计占比的节点位置为:7
核心产品为:G    4477.066383
         E    4408.663777
         A    4154.074158
         F    3593.579749
         H    2954.871466
         I    2892.914799
         B    2741.784461
         C    2547.653440
dtype: float64
```

输出可视化结果,如图5-31所示。

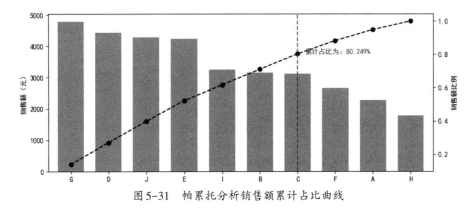

图5-31　帕累托分析销售额累计占比曲线

5.6　正态分布分析

本节主要介绍正态分布分析法,首先介绍正态分布和正态性检验的相关概念,然后通过Python实例进行实现过程的展示。

5.6.1 正态分布分析的概念

正态分布又称为高斯分布,是一种连续型随机变量的概率分布,在数学、物理及工程等领域中非常重要,在统计学的许多方面也有着重大的影响力。

若随机变量 X 服从一个数学期望为 μ、方差为 σ^2 的正态分布,则记为 $N(\mu,\sigma^2)$。在这一分布中,正态分布的期望值 μ,精准地刻画了分布的中心位置,它如同分布的坐标原点,引导我们定位数据的集中趋势。而标准差 σ,它决定了分布曲线的宽度或幅度,反映了数据的离散程度。当 $\mu = 0,\sigma = 1$ 时的正态分布是标准正态分布。

有些统计方法只适用于正态分布或近似正态分布,因此在应用这些方法之前,通常要判断数据是否服从正态分布,或者样本是否来自正态总体,这就需要正态性检验。正态性检验利用观测数据判断总体是否服从正态分布,它是统计判决中一种特殊的拟合优度假设检验。

任何正态性检验都是基于假设数据服从正态分布,常用的判断方法有构建直方图、Q-Q图和KS检验等。

5.6.2 正态分布分析的实现

1. 直方图

直方图检验通过绘制数据的直方图和散点图来对数据有一个较为直观的了解,实现过程如下。

```
import numpy as np
import pandas as pd
import matplotlib.pyplot as plt

plt.rcParams['font.sans-serif'] = ['SimHei']
plt.rcParams['axes.unicode_minus'] = False
s = pd.DataFrame(np.random.randn(1000)+10, columns=['value'])  # 创建随机数据
fig = plt.figure(figsize=(12, 8))       # 创建自定义图像
ax1 = fig.add_subplot(2, 1, 1)          # 创建子图1
ax1.scatter(s.index, s.value)           # 绘制散点图
plt.grid()
ax2 = fig.add_subplot(2, 1, 2)          # 创建子图2
s.hist(bins=20, ax=ax2)                 # 绘制直方图
s.plot(kind='kde', secondary_y=True, ax=ax2) # 绘制密度图
plt.grid()
plt.show()
```

第8行代码使用figure()函数创建自定义图像。

第9行代码使用add_subplot()函数创建子图。

第10行代码使用scatter()函数绘制散点图。

第13行代码使用hist()函数绘制直方图。

第14行代码使用plot()函数中的参数kind='kde'指明绘制的图像是密度图。

输出结果如图5-32所示,可以发现绘制的密度曲线满足正态分布的曲线样式。

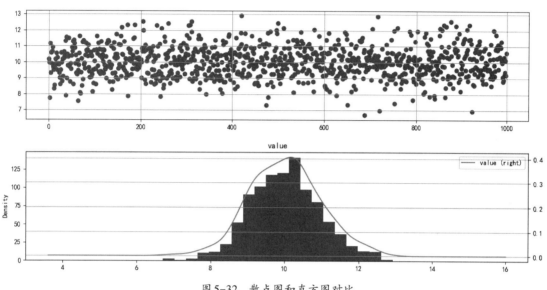

图5-32 散点图和直方图对比

2. Q-Q图

Q-Q图是一种散点图,对应于正态分布的Q-Q图,就是以标准正态分布的分位数为横坐标,样本值为纵坐标的散点图。Q-Q图的原理是检验实际分位数与理论分位数之差的分布是否吻合,若吻合,则散点应该围绕在一条直线周围,参考直线是由四分之一分位点和四分之三分位点这两点确定的。

Q-Q图的绘制一般按照以下3个步骤来实现。

步骤1 在做好数据清洗后,对数据进行排序(次序统计量:$x(1) < x(2) < \cdots < x(n)$)。

步骤2 排序后,计算出每个数据对应的百分位 $p(i)$,即第 i 个数据 $x(i)$ 为 $p(i)$ 分位数,其中 $p(i) = (i - 0.5) / n$。

步骤3 绘制直方图和Q-Q图,直方图作为参考。

演示代码如下。

(1)求解样本数据的均值和标准差。

```
import numpy as np
import pandas as pd
import matplotlib.pyplot as plt
plt.rcParams['font.sans-serif'] = ['SimHei']
plt.rcParams['axes.unicode_minus'] = False
mean = s['value'].mean()
std = s['value'].std()
```

```
print('均值为:%.2f,标准差为:%.2f'%(mean, std))
```

（2）对数值进行排序。

```
s.sort_values(by='value', inplace=True)
```

（3）计算 p(i)、q。

```
s_r = s.reset_index(drop=False)    # drop意思是:是否保留之前index的排序
s_r['p'] = (s_r.index-0.5) / len(s_r)
s_r['q'] = (s_r['value']-mean) / std
```

（4）绘制散点图（只绘制 Q-Q 图可省略，这里是想同时绘制 Q-Q 图和直方图，利用直方图作为参考，方便观察）。

```
fig = plt.figure(figsize=(12, 16))
ax1 = fig.add_subplot(3, 1, 1)    # 创建子图1
ax1.scatter(s.index, s.values)    # 绘制散点图
plt.grid() # 添加网格线
```

（5）绘制直方图（可省略）。

```
ax2 = fig.add_subplot(3, 1, 2)        # 创建子图2
s.hist(bins=30, alpha=0.5, ax=ax2)    # 绘制直方图
s.plot(kind='kde', secondary_y=True, ax=ax2)
plt.grid()
```

（6）计算四分之一分位数、四分之三分位数，根据分位数绘制 Q-Q 图。

```
st = s['value'].describe()
x1, y1 = 0.25, st['25%']
x2, y2 = 0.75, st['75%']
ax3 = fig.add_subplot(3, 1, 3)    # 创建子图3
ax3.plot(s_r['p'], s_r['value'], 'k', alpha=0.2) # 绘制Q-Q图
ax3.plot([x1, x2], [y1, y2], '-r')
plt.grid()
plt.show() # 显示图像
```

输出结果如图 5-33 所示，通过对图 5-33 中的 3 个子图进行观察，可以看出数据完全满足正态分布。

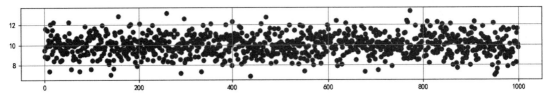

图 5-33　散点图、直方图和 Q-Q 图对比

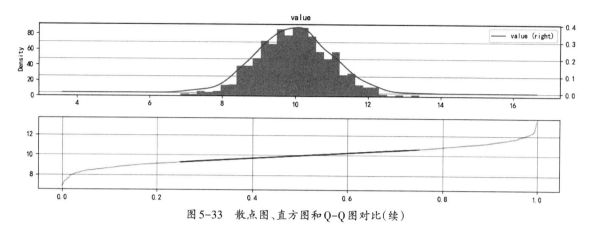

图 5-33　散点图、直方图和 Q-Q 图对比（续）

3. KS 检验

KS 检验（Kolmogorov-Smirnov 检验）是比较一个频率分布 $f(x)$ 与理论分布 $g(x)$ 或两个观测值分布的检验方法。以样本数据的累计频数分布与特定的理论分布相比较（比如正态分布），如果二者之间的差距很小，则推论样本服从某特定分布。

其原假设 H_0：两个数据分布一致或数据符合理论分布。$D = \max|f(x) - g(x)|$，如果实际观测值 $D > D(n, \alpha)$，则拒绝 H_0，否则接受 H_0 假设。

KS 检验与 T 检验之类的方法不同，KS 检验不需要知道数据的分布情况，可以算是一种非参数检验方法。当然，方便的代价就是当检验的数据分布符合特定的分布时，KS 检验的灵敏度没有其他检验来得高。在样本量比较小时，KS 检验作为非参数检验，在分析两组数据之间是否不同时相当常用。

KS 检验的实现过程如下。

（1）准备样本数据：35 位健康男性在未进食时的血糖浓度，并求解出均值和标准差，演示代码如下。

```python
import numpy as np
import pandas as pd
import matplotlib.pyplot as plt
plt.rcParams['font.sans-serif'] = ['SimHei']
plt.rcParams['axes.unicode_minus'] = False
# 样本数据，35位健康男性在未进食时的血糖浓度
data = [87, 77, 92, 68, 80, 78, 84, 77, 81, 80, 80, 77, 92, 86,
        76, 80, 81, 75, 77, 72, 81, 72, 84, 86, 80, 68, 77, 87,
        76, 77, 78, 92, 75, 80, 78]
df = pd.DataFrame(data, columns=['value'])
u = df['value'].mean()
std = df['value'].std()
print("样本均值为:%.2f,样本标准差为:%.2f"%(u, std))
```

输出结果如图 5-34 所示。

样本均值为：79.74，样本标准差为：5.94

图5-34 样本均值和样本标准差的计算结果

（2）值计数后按照索引排序，接着求解出累计次数和对应的标准化取值。

```
s = df['value'].value_counts().sort_index()        # 按从大到小排序
df_s = pd.DataFrame({'血糖浓度':s.index, '次数':s.values})
df_s['累计次数'] = df_s['次数'].cumsum()             # 计算累计次数
df_s['累计频率'] = df_s['累计次数'] / len(data)       # 计算累计频率
df_s['标准化取值'] = (df_s['血糖浓度']-u) / std       # 计算标准化取值
print(df_s)
```

输出结果如图5-35所示。

（3）查表得出理论分布后，求解D值。根据上面求解出的标准化取值，对照着标准正态分布表，可以求解出理论分布对应的值，比如最后一个标准化值2.064315，查表后对应的分布值为0.9803。若为负值，比如-1.977701，则先取正值对应的结果后，再用1减去就是最终的结果，这里1.977701查表后对应的分布值为0.9756，最终的结果就为0.0244。由此可以计算出所有的理论分布，如图5-36所示。

	血糖浓度	次数	累计次数	累计频率	标准化取值
0	68	2	2	0.057143	-1.977701
1	72	2	4	0.114286	-1.304031
2	75	2	6	0.171429	-0.798779
3	76	2	8	0.228571	-0.630362
4	77	6	14	0.400000	-0.461945
5	78	3	17	0.485714	-0.293527
6	80	6	23	0.657143	0.043307
7	81	3	26	0.742857	0.211725
8	84	2	28	0.800000	0.716977
9	86	2	30	0.857143	1.053811
10	87	2	32	0.914286	1.222229
11	92	3	35	1.000000	2.064315

图5-35 计算标准化取值的结果

	血糖浓度	次数	累计次数	累计频率	标准化取值	理论分布
0	68	2	2	0.057143	-1.977701	0.0244
1	72	2	4	0.114286	-1.304031	0.0968
2	75	2	6	0.171429	-0.798779	0.2148
3	76	2	8	0.228571	-0.630362	0.2643
4	77	6	14	0.400000	-0.461945	0.3228
5	78	3	17	0.485714	-0.293527	0.3859
6	80	6	23	0.657143	0.043307	0.5160
7	81	3	26	0.742857	0.211725	0.5832
8	84	2	28	0.800000	0.716977	0.7611
9	86	2	30	0.857143	1.053811	0.8531
10	87	2	32	0.914286	1.222229	0.8888
11	92	3	35	1.000000	2.064315	0.9803

图5-36 理论分布的结果

求解D值，代码如下。

```
# 通过查标准正态分布表得出数据
df_s['理论分布'] = [0.0244, 0.0968, 0.2148, 0.2643, 0.3228, 0.3859,
                  0.5160, 0.5832, 0.7611, 0.8531, 0.8888, 0.9803]
df_s['D'] = np.abs(df_s['累计频率']-df_s['理论分布'])   # abs()函数是求绝对值
dmax = df_s['D'].max()
print("实际观测D值为:%.4f"%dmax)
```

第4行代码通过abs()函数来计算累计频率与理论分布差值的绝对值。

第5行代码通过max()函数来找出累计频率与理论分布差值的绝对值的最大值。

输出结果如图5-37所示。

实际观测D值为：0.1597

图5-37 实际观测值的结果

下面用密度图展示累计频率和理论分布,代码如下。

```
df_s['累计频率'].plot(style='--k.')    # 绘制密度图
df_s['理论分布'].plot(style='--r.')    # 绘制密度图
plt.legend(loc='upper left')
plt.grid()
plt.show()
```

输出结果如图5-38所示。

由图5-38所示的样本数据的累计频率和理论分布图,可以看出二者之间的差距较小,则推论样本服从某特定分布。

(4)根据显著性对照表(图5-39),核实p值大小。样本为35,D值为0.1597,那么对应的p值在0.2~0.4范围内,大于0.05,不拒绝原假设,故可以认定样本是服从正态分布的。

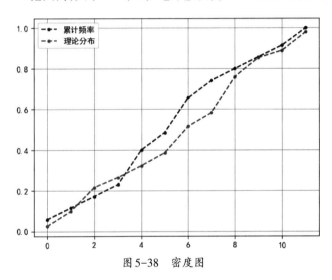

图5-38 密度图

	Level of significance (α)					
n	0.40	0.20	0.10	0.05	0.04	0.01
5	0.369	0.447	0.509	0.562	0.580	0.667
10	0.268	0.322	0368	0.409	0.422	0.487
20	0.192	0.232	0.264	0.294	0.304	0.352
30	0.158	0.190	0.217	0.242	0.250	0.290
50	0.123	0.149	0.169	0.189	0.194	0.225
>50	$\frac{0.87}{\sqrt{n}}$	$\frac{1.07}{\sqrt{n}}$	$\frac{1.22}{\sqrt{n}}$	$\frac{1.36}{\sqrt{n}}$	$\frac{1.37}{\sqrt{n}}$	$\frac{1.63}{\sqrt{n}}$

图5-39 显著性对照表

直接用算法做KS检验,代码如下。

```
from scipy import stats
data = [87, 77, 92, 68, 80, 78, 84, 77, 81, 80, 80, 77, 92, 86,
        76, 80, 81, 75, 77, 72, 81, 72, 84, 86, 80, 68, 77, 87,
        76, 77, 78, 92, 75, 80, 78]
# 样本数据,35位健康男性在未进食时的血糖浓度
df = pd.DataFrame(data, columns=['value'])
u = df['value'].mean()    # 计算均值
std = df['value'].std()   # 计算标准差
print(stats.kstest(df['value'], 'norm', (u, std))) # KS检验
```

第9行代码使用kstest()函数做KS检验,结果返回两个值statistic(代表D值)和pvalue(代表p值)。其中,kstest()函数的参数分别是:待检验的数据,检验方法(设置成norm代表正态分布),均值与标准差。

输出结果如图5-40所示。

KstestResult(statistic=0.1590180704824098, pvalue=0.3056480127078781)

图5-40　KS检验的计算结果

由计算结果可知,该样本pvalue > 0.05,不拒绝原假设,因此上面的数据服从正态分布。

5.7　本章小结

本章主要学习了几种常见的数据分析方法,包括数据的分布分析、对比分析、统计量分析、相关性分析、帕累托分析和正态分布分析,简单介绍了这些常见数据分析方法的概念、作用及应用场合。每种分析方法均以实战案例的方式,详细演示了其实现过程,以便读者能从案例中快速掌握上述分析方法,为后续数据挖掘内容的学习打下牢固的基础。

5.8　思考与练习

1. 填空题

(1)对于定量数据,在绘制频率分布表和频率分布直方图时,选择合适的＿＿＿＿＿和＿＿＿＿＿非常重要。

(2)对比分析的常用标准是＿＿＿＿＿、＿＿＿＿＿和＿＿＿＿＿。

(3)用于描述数据的基本统计量主要分为三类,分别是＿＿＿＿＿、＿＿＿＿＿和＿＿＿＿＿。

(4)帕累托分析又称为＿＿＿＿＿,原理为＿＿＿＿＿法则,又称为＿＿＿＿＿法则。

(5)正态分布又称为＿＿＿＿分布,是一种连续型随机变量的＿＿＿＿分布。

2. 问答题

(1)分布分析中,对几个常见概念进行解释:区间、条件概率、分布、频数、直方图、归一化、异常值、概率、分散。

(2)数据的对比分析特点是什么?

3. 上机练习

假设你是超市数据分析师,现在给你如下数据,你可以从这些数据中获取什么信息?

```
import pandas as pd
from datetime import datetime
data = pd.read_csv(r"../Data/5-8-data.csv", sep=", ", engine="python",
                   encoding="gbk", parse_dates=["成交时间"])
```

```
data.head()
```

输出结果如图5-41所示。

	商品ID	类别ID	门店编号	单价	销量	成交时间	订单ID
0	30006206	915000003	CDNL	25.23	0.328	2017-01-03 09:56:00	20170103CDLG000210052759
1	30163281	914010000	CDNL	2.00	2.000	2017-01-03 09:56:00	20170103CDLG000210052759
2	30200518	922000000	CDNL	19.62	0.230	2017-01-03 09:56:00	20170103CDLG000210052759
3	29989105	922000000	CDNL	2.80	2.044	2017-01-03 09:56:00	20170103CDLG000210052759
4	30179558	915000100	CDNL	47.41	0.226	2017-01-03 09:56:00	20170103CDLG000210052759

图5-41　数据内容

针对已经给你的数据文件,试着解决以下问题。

(1)哪些类别的商品比较热销?

(2)哪些商品比较畅销?

(3)不同门店的销售额占比如何?(绘制饼图显示)

(4)哪些时段是超市客流高峰?(绘制折线图显示)

第 6 章

数据可视化工具的应用

　　本章主要介绍 Python 中最著名的数据可视化模块 Matplotlib 和 Seaborn，以实例化的方式，从模块的安装、基础图形的绘制及图形中常见元素的设置三个方面来介绍数据可视化模块的基础知识。

通过本章内容的学习，读者能掌握以下知识。

◆ 学会用 Python 中的数据可视化模块绘制常用的图形。

◆ 能够熟练地美化图形。

◆ 能够用数据可视化模块解决实际工作中的问题。

6.1 数据可视化工具——Matplotlib

Matplotlib是Python中最著名的数据可视化模块,基于NumPy的Python工具包。其子库Pyplot包含大量与MATLAB相似的函数调用接口,可以绘制多种多样的数据可视化图形,从而以更加直观的方式展现数据,帮助用户挖掘数据背后的奥秘。

6.1.1 安装Matplotlib模块

首先,需要安装Matplotlib模块。在Python 3环境下安装Matplotlib模块的方法有很多种,下面介绍两种常见的安装方法。

1. 使用pip工具进行安装

步骤1 在DOS窗口中输入命令"pip install matplotlib",然后按回车键开始安装,如图6-1所示。

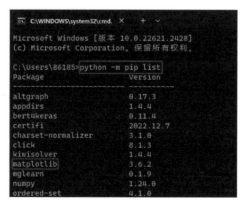

图6-1 pip工具安装Matplotlib

步骤2 输入"python -m pip list",按回车键,看一下这个库有没有安装成功,如果在Package列中找到matplotlib,说明安装成功,如图6-2所示。

图6-2 验证是否安装成功

2. 使用PyCharm内置模块管理工具进行安装

步骤1 在菜单栏中依次单击"File"→"Settings"→"Project Interpreter"命令,如图6-3所示。

步骤2 单击"+"按钮,进入当前配置的Python环境中可使用包的页面,进行模块搜索和安装,如

图6-4所示。

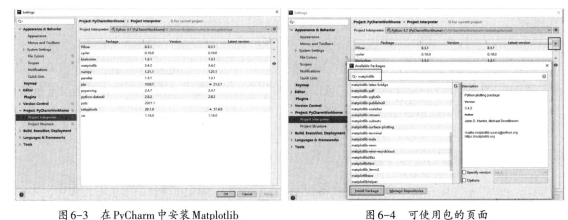

图6-3　在PyCharm中安装Matplotlib　　　　　图6-4　可使用包的页面

步骤3　在窗口下方出现"Package 'matplotlib' installed successfully"，表明该模块已经安装成功，如图6-5所示。这时在解释器的已安装包列表中能看到Matplolib模块。

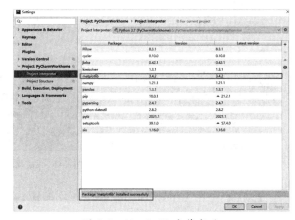

6.1.2　绘制基础图形

安装好必备第三方包之后，我们就可以利用第三方包绘制各种类型的统计图了。

1. 绘制柱状图

在统计学中，柱状图是一种对数据分布情况

图6-5　Matplotlib安装成功

的图形表示，是一种二维统计图形，通常用于直观地对比数据，在实际工作中使用频率很高。使用Matplotlib模块的bar()函数可绘制柱状图，演示代码如下。

```
import matplotlib.pyplot as plt
x = ['Nuclear', 'Hydro', 'Gas', 'Oil', 'Coal', 'Biofuel']
y = [5, 6, 15, 22, 24, 8]
plt.bar(x, y, color='green')
plt.show()
```

第1行代码导入Matplotlib模块的子模块Pyplot，第2行和第3行代码分别给出图形的x轴和y轴的值，第4行代码使用bar()函数绘制柱状图，第5行代码使用show()函数显示绘制的图形。

输出结果如图6-6所示。

如果想改变柱状图中每个柱子的颜色和宽度,可以通过设置上述代码中bar()函数的参数width和color的值来实现,演示代码如下。

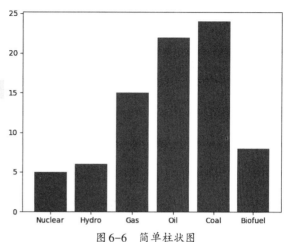

```
plt.bar(x, y, color='b', width=0.8)
```

参数color用于设置柱子的填充颜色,上述代码中的"b"是"blue"的简写,表示将柱子的填充颜色设置为蓝色。Matplotlib模块支持多种格式定义的颜色,常用的格式有以下几种。

(1)使用颜色名的英文单词或其简写定义的8种基础颜色,如表6-1所示。

图6-6　简单柱状图

表6-1　参数color的设置

参数值	颜色	参数值	颜色
'red'或'r'	红色	'magenta'或'm'	洋红色
'green'或'g'	绿色	'yellow'或'y'	黄色
'blue'或'b'	蓝色	'black'或'b'	黑色
'cyan'或'c'	青色	'white'或'w'	白色

(2)用RGB值的浮点数元组定义的颜色。

RGB值通常是用0~255的十进制整数表示的,如(51,255,0),将每个元素除以255,得到(0.2,1.0,0.0),就是Matplotlib模块可以识别的RGB颜色。

(3)用RGB值的十六进制字符串定义的颜色。

十六进制字符串是用于定义颜色的特殊格式,它由6位十六进制数组成,形如'#33FF00'。这种表示方式与RGB颜色模式中的(51, 255, 0)是等价的,只是表达形式不同。对于想要探索更多颜色的读者,可以自行搜索"十六进制颜色码转换工具",利用这一工具可以轻松实现十六进制颜色码与RGB颜色之间的转换,从而获取到更丰富的色彩选择。

参数width用于设置柱子的宽度,其值并不表示一个具体的尺寸,而是表示柱子的宽度在图形中所占的比例,默认值为0.8。如果设置为1,则各个柱子会紧密相连;如果设置为大于1的数,则各个柱子会相互交叠。

修改代码后的输出结果如图6-7所示。

在利用柱状图对比不同的实验结果时,有时可能需要比较多个指标。此时,使用并列柱状图可以更直观地呈现结果。下面介绍并列柱状图的绘制方法,演示代码如下。

```
import matplotlib.pyplot as plt
import numpy as np
x = np.arange(4)
y1 = [52, 55, 63, 53]
```

```
y2 = [44, 66, 55, 41]
bar_width = 0.3
plt.bar(x, y1, width=bar_width) # 绘制柱状图
plt.bar(x+bar_width, y2, width=bar_width)
plt.show()
```

输出结果如图6-8所示。

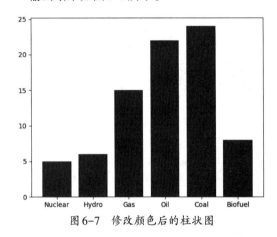

图6-7　修改颜色后的柱状图

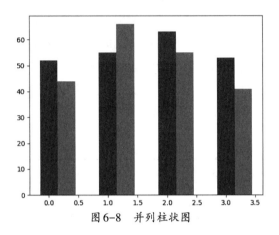

图6-8　并列柱状图

如果在实际工作中需要展示一个大分类包含的各个小分类的数据,或者展示各个小分类占总分类的对比数据,可以使用堆积柱状图。堆积柱状图和并列柱状图不同,它会将每个柱子进行分割,以显示相同类型下各个数据的大小情况,演示代码如下。

```
import matplotlib.pyplot as plt
names = ["Tom", "Alice", "Lily", "Grace"]
chinese = [52, 55, 63, 53]
math = [44, 66, 55, 41]
bar_width = 0.3
plt.bar(names, chinese, bar_width) # 绘制柱状图
plt.bar(names, math, bar_width, bottom=chinese)
plt.show() # 显示图像
```

输出结果如图6-9所示。

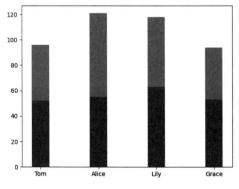

图6-9　堆积柱状图

2. 绘制条形图

条形图与柱状图相似,也用于对比数据,可以将它看作柱状图中 x 轴和 y 轴交换位置的结果。使用 Matplotlib 模块中的 barh()函数可绘制条形图, 演示代码如下。

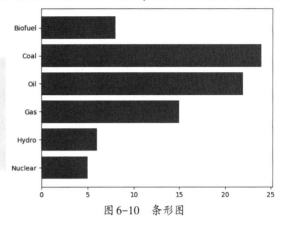

```
import matplotlib.pyplot as plt
x = ['Nuclear', 'Hydro', 'Gas',
     'Oil', 'Coal', 'Biofuel']
y = [5, 6, 15, 22, 24, 8]
plt.barh(x, y, color='green')
plt.show()
```

输出结果如图 6-10 所示。

图 6-10　条形图

3. 绘制直方图

直方图与前面介绍的柱状图相似,但直方图是数值数据分布的精确图形表示,是一个连续变量(定量变量)的概率分布的估计。使用 Matplotlib 模块中的 hist()函数可绘制直方图,演示代码如下。

```
import numpy as np
import matplotlib.pyplot as plt
plt.style.use('Seaborn-white')
data = np.random.randn(1000)
plt.hist(data);
plt.show()
```

输出结果如图 6-11 所示。

hist()函数还有很多自定义选项,如果要对多个直方图进行比较,可以通过设置 histtype 参数并改变透明度来实现,演示代码如下。

```
import numpy as np
import matplotlib.pyplot as plt
x1 = np.random.normal(0, 0.8, 1000)
x2 = np.random.normal(-2, 1, 1000)
x3 = np.random.normal(3, 2, 1000)
kwargs = dict(histtype='stepfilled', alpha=0.3, density=True, bins=40)
                                    # 比较直方图并设置直方图的透明度
plt.hist(x1, **kwargs)
plt.hist(x2, **kwargs)
plt.hist(x3, **kwargs);
plt.show()
```

输出结果如图 6-12 所示。

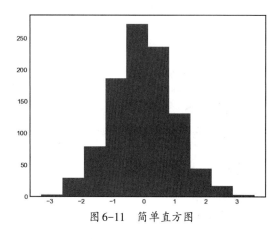

图 6-11　简单直方图

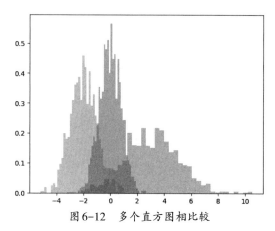

图 6-12　多个直方图相比较

4. 绘制箱形图

箱形图又称为盒须图或箱线图,是一种用作显示一组数据分散情况的统计图。它主要用于反映原始数据分布的特征,还可以进行多组数据分布特征的比较。它是由6个数值点组成的:异常值(Outlier)、最小值(Min)、下四分位数(Q1,即25%分位数)、中位数(Median,即50%分位数)、上四分位数(Q3,即75%分位数)、最大值(Max),如图6-13所示。

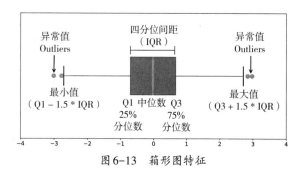

图 6-13　箱形图特征

图6-13中的箱形图组成四分位间距(Interquartile Range,IQR)被定义为Q3 − Q1,即Q3和Q1的差值,也就是中间的50%部分。如果某个值比Q1还小1.5倍的IQR,或者比Q3还大1.5倍的IQR,则被视为异常值。依据这个标准,箱形图有时也被用于异常检测。为了便于解释,图6-13是水平放置的,实际上,更多的箱形图是垂直放置的。

接下来,先演示垂直箱形图的创建,演示代码如下。

```
import matplotlib.pyplot as plt
value1 = [82, 76, 24, 40, 67, 62, 75, 78, 71, 32, 98, 89, 78, 67, 72, 82, 87,
          66, 56, 52]
value2 = [62, 5, 91, 25, 36, 32, 96, 95, 3, 90, 95, 32, 27, 55, 100, 15, 71,
          11, 37, 21]
value3 = [23, 89, 12, 78, 72, 89, 25, 69, 68, 86, 19, 49, 15, 16, 16, 75, 65,
          31, 25, 52]
value4 = [59, 73, 70, 16, 81, 61, 88, 98, 10, 87, 29, 72, 16, 23, 72, 88, 78,
          99, 75, 30]
box_plot_data = [value1, value2, value3, value4]
plt.boxplot(box_plot_data, patch_artist=True, labels=['course1', 'course2',
            'course3', 'course4'])   # 为箱形图填充颜色,并设置标签
plt.show() # 显示图像
```

第11行代码使用boxplot()函数绘制箱形图,参数patch_artist用于箱形图的颜色填充;参数labels指定x轴的坐标。

输出结果如图6-14所示。

boxplot()函数还有很多自定义选项,如果要以凹口形式展现箱形图,可将参数notch设置为True,演示代码如下。

```
# 指定箱形图的形状并为其填充颜色
plt.boxplot(box_plot_data, notch='True', patch_artist=True,
            labels=['course1', 'course2', 'course3', 'course4'])
```

修改代码后的输出结果如图6-15所示。

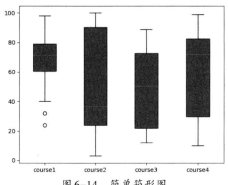

图6-14　简单箱形图

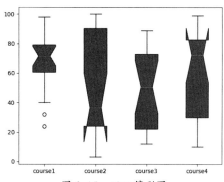

图6-15　凹口箱形图

如果想要创建水平箱形图,可以将boxplot()函数的参数vert设置为0,演示代码如下。

```
import matplotlib.pyplot as plt
value1 = [82, 76, 24, 40, 67, 62, 75, 78, 71, 32, 98, 89, 78, 67, 72, 82, 87,
          66, 56, 52]
value2 = [62, 5, 91, 25, 36, 32, 96, 95, 3, 90, 95, 32, 27, 55, 100, 15, 71,
          11, 37, 21]
value3 = [23, 89, 12, 78, 72, 89, 25, 69, 68, 86, 19, 49, 15, 16, 16, 75, 65,
          31, 25, 52]
value4 = [59, 73, 70, 16, 81, 61, 88, 98, 10, 87, 29, 72, 16, 23, 72, 88, 78,
          99, 75, 30]
box_plot_data = [value1, value2, value3, value4]
# 设置水平框图
box = plt.boxplot(box_plot_data, vert=0, patch_artist=True,
                  labels=['course1', 'course2', 'course3', 'course4'], )
colors = ['cyan', 'lightblue', 'lightgreen', 'tan']    # 设置图形颜色
for patch, color in zip(box['boxes'], colors):
    patch.set_facecolor(color)    # 为每个箱形图设置不同的颜色
plt.show()
```

第15~16行代码通过set_facecolor()函数为不同的箱形图填充不同的颜色。

输出结果如图6-16所示。

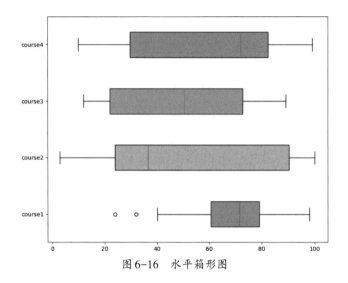

图6-16　水平箱形图

5. 绘制折线图

折线图可以显示随时间而变化的连续数据,因此非常适用于显示在相等时间间隔下数据的趋势。使用Matplotlib模块中的plot()函数可绘制折线图,演示代码如下。

```
import matplotlib
import matplotlib.pyplot as plt
matplotlib.rcParams['font.sans-serif'] = ['SimHei']   # 设置中文字体为黑体
x = [1, 2, 3, 4]
y = [45, 50, 20, 100]
plt.plot(x, y, color='r', marker='*', markersize=10)
plt.xlabel("发布日期")        # 设置图的x轴标签
plt.ylabel("小说数量")        # 设置图的y轴标签
plt.title("80小说网活跃度")  # 设置图的标题
plt.show()
```

第6行代码使用plot()函数绘制折线图,参数color用于设置折线的颜色;参数marker用于设置每个点的标记字符;参数markersize用于设置折线标记字符的大小。

输出结果如图6-17所示。

6. 绘制面积图

面积图实际上是折线图的另一种表现形式,它利用折线与坐标轴围成的图形来表达数据随时间推移的变化趋势。使用Matplotlib模块中的stackplot()函数可绘制面积图。下面我们用一个新冠肺炎疫情期间每日病例状况的例子来介绍

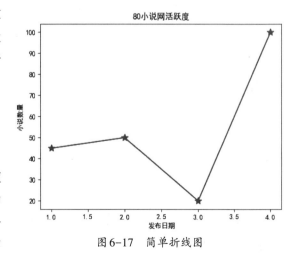

图6-17　简单折线图

面积图,演示代码如下。

```python
import matplotlib.pyplot as plt
days = [x for x in range(0, 7)]   # 7天的列表
Suspected = [12, 18, 35, 50, 72, 90, 100]   # 疑似病例清单
Cured = [4, 8, 15, 22, 41, 55, 62]   # 康复清单
Deaths = [1, 3, 5, 7, 9, 11, 13]   # 死亡人数清单
plt.plot([], [], color='blue', label='Suspected')
plt.plot([], [], color='orange', label='Cured')
plt.plot([], [], color='brown', label='Deaths')   # 为上面三个数组设置颜色和标签
plt.stackplot(days, Suspected, Cured, Deaths, baseline='zero',
              colors=['blue', 'orange', 'brown'])
plt.legend()   # 添加图例
plt.title('No of Cases')
plt.xlabel('Day of the week')
plt.ylabel('Overall cases')
plt.show()   # 展示统计表
```

第2~5行代码分别给出图中三组数据的x轴和y轴的值,第6~8行代码为上面三个数组设置颜色和标签,第9行代码使用stackplot()函数绘制面积图,第11~14行代码分别为图像添加图例、设置标题、设置x轴和y轴标签。

输出结果如图6-18所示。

如果要更改图像的基线,可以通过修改参数baseline的值来实现,演示代码如下。

```python
plt.stackplot(days, Suspected, Cured, Deaths, baseline='sym',
              colors=['blue', 'orange', 'brown'])
```

输出结果如图6-19所示。

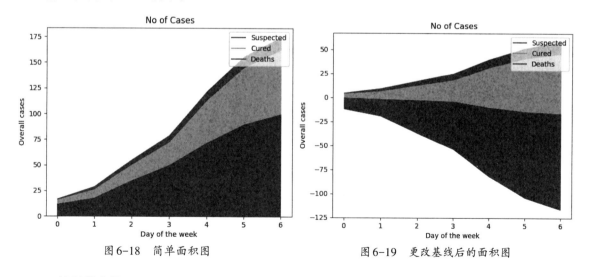

图6-18　简单面积图　　　　　　　　图6-19　更改基线后的面积图

7. 绘制散点图

散点图是由一个个离散的点所构成的,常用于发现各变量之间的关系。使用Matplotlib模块中的

scatter()函数可绘制散点图,演示代码如下。

```
import numpy as np
import matplotlib.pyplot as plt
N = 10     # 随机生成10个数
x = np.random.rand(N)
y = np.random.rand(N)
plt.scatter(x, y)   # 将随机生成的两组坐标作为散点图的坐标
plt.show()
```

第3行代码设置生成随机数的个数,第4行和第5行代码分别随机生成x轴和y轴的值,第6行代码使用scatter()函数绘制散点图。

输出结果如图6-20所示。

如果要更改散点图点的样式,可以通过设置scatter()函数中的参数来实现,演示代码如下。

```
import numpy as np
import matplotlib.pyplot as plt
N = 10
x = np.random.rand(N)
y = np.random.rand(N)
s = (30*np.random.rand(N)) ** 2  # 每个点随机大小
plt.scatter(x, y, s=s, color='r', marker='^', edgecolor='k')
plt.show()
```

第7行代码中,参数s用于设置每个点的面积;参数marker用于设置每个点的样式;参数color和edgecolor分别用于设置每个点的填充颜色和轮廓颜色。

输出结果如图6-21所示。

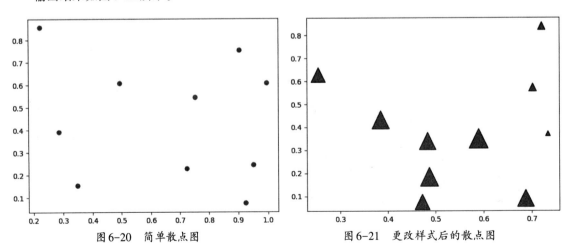

图6-20   简单散点图   图6-21   更改样式后的散点图

8. 绘制饼图

饼图常用于展示各类别数据的占比,使用Matplotlib模块中的pie()函数可绘制饼图,演示代码如下。

```
import matplotlib.pyplot as plt
sales = [450, 800, 760]
lables = ["Small", "Medium", "Large"]
colors = ["blue", "red", "purple"]
plt.pie(sales, colors=colors, labels=lables, labeldistance=1.1,
        autopct="%1.1f%%", pctdistance=1.5)
plt.title("T-Shirt sales distribution")
plt.show()
```

第5行代码中,参数colors用于设置每一个扇形的颜色;参数labels用于设置每一个扇形的标签;参数labeldistance用于设置每一个扇形的标签与圆心的距离;参数autopct用于设置百分比数值的格式;参数pctdistance用于设置百分比数值与圆心的距离。

输出结果如图6-22所示。

当然,饼图还可以适当设置参数explode的值,分离扇形以突出显示数据,演示代码如下。

```
plt.pie(sales, colors=colors, labels=lables, labeldistance=1.1,
        autopct="%1.1f%%", pctdistance=1.5, explode=[0, 0, 0.2],
        startangle=90, counterclock=False)   # 绘制饼图
```

pie()函数中的参数explode用于设置每一个扇形与圆心的距离,其值通常是一个列表,列表中的元素个数与扇形的数量相同。这里设置为[0, 0, 0.2],第3个元素为0.2,其他元素均为0,表示将第3个扇形分离,其他扇形的位置不变。参数startangle用于设置第1个扇形的初始角度,这里设置为90°。参数counterclock用于设置各个扇形是逆时针排列还是顺时针排列,为False时表示顺时针排列,为True时表示逆时针排列。

输出结果如图6-23所示。

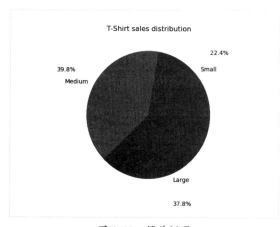

图6-22　简单饼图

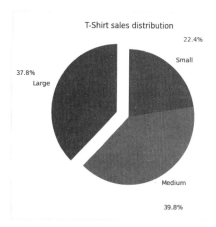

图6-23　分离扇形的饼图

6.1.3　图形的设置

图形中包含了很多元素,默认情况下只会显示一部分元素,要显示图形的其他元素需要进行添加。

1. 中文的设置

尽管 Matplotlib 是 Python 的一个很好的绘图包,但其默认配置中没有中文字体,所以如果绘图中出现了中文,就会出现乱码,如图 6-24 所示。

下面介绍两种方法,解决图形中中文出现乱码的问题。

(1)使用 rcParams 修改字体,演示代码如下。

```python
import numpy as np
import matplotlib.pyplot as plt
import matplotlib
matplotlib.rcParams['font.family'] = 'STSong'     # 设置中文字体
matplotlib.rcParams['font.size'] = 20             # 设置中文字号
a = np.arange(0.0, 5.0, 0.02)
plt.title(label="y=cos(2Πx)", loc="center")
plt.xlabel("x轴:时间")
plt.ylabel("y轴:振幅")
plt.plot(a,np.cos(2*np.pi*a), "g-")
plt.show()
```

第 4 行和第 5 行代码中 rcParams 的属性 font.family 用于设置中文字体,属性 font.size 用于设置中文字号,输出结果如图 6-25 所示。

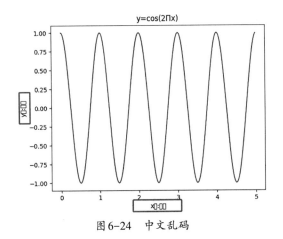

图 6-24　中文乱码

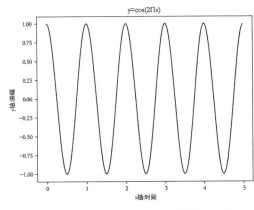

图 6-25　设置 rcParams 方法正常显示中文

(2)在有中文输出的地方,增加一个参数 fontproperties,演示代码如下。

```python
import numpy as np
import matplotlib.pyplot as plt
a = np.arange(0.0, 5.0, 0.02)
plt.title(label="y=cos(2Πx)", loc="center")
plt.xlabel("x轴:时间", fontproperties="SimHei", fontsize="10")
plt.ylabel("y轴:振幅", fontproperties="SimHei", fontsize="10")
plt.plot(a, np.cos(2*np.pi*a), "g-")
plt.show()
```

输出结果如图6-26所示。

2. 添加图形标题

图形标题是统计图重要的组成部分。使用Matplotlib模块中的title()函数可添加图形标题,演示代码如下。

```
import numpy as np
import matplotlib.pyplot as plt
import matplotlib
matplotlib.rcParams['font.family'] = 'STSong'
matplotlib.rcParams['font.size'] = 20
a = np.arange(0.0, 5.0, 0.02)
plt.title(label="y=cos(2Πx)", loc="center")
plt.plot(a, np.cos(2*np.pi*a), "r--")
plt.show()
```

第7行代码中,函数title()用于设置图形标题,参数label用于设置标题的文本;参数loc用于设置图形标题的位置,可取center(居中显示)、right(靠右显示)、left(靠左显示)。

输出结果如图6-27所示。

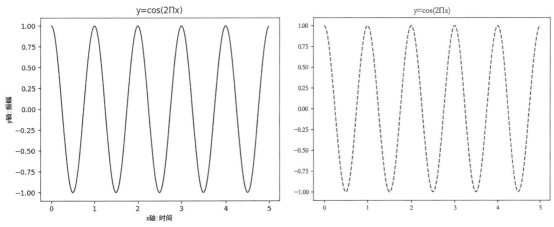

图6-26　设置参数fontproperties正常显示中文　　　图6-27　添加图形标题

3. 添加坐标轴标题

为了清楚表达图形中坐标轴的信息,可以添加坐标轴标题。使用Matplotlib模块中的xlabel()和ylabel()函数可添加x轴和y轴的标题,演示代码如下。

```
import numpy as np
import matplotlib.pyplot as plt
import matplotlib
matplotlib.rcParams['font.family'] = 'STSong'
matplotlib.rcParams['font.size'] = 20
a = np.arange(0.0, 5.0, 0.02)
```

```
plt.title("y=cos(2Πx)")
plt.xlabel("x轴:时间")
plt.ylabel("y轴:振幅")
plt.plot(a,np.cos(2*np.pi*a), "r--")
plt.show()
```

第8行和9行代码中,函数xlabel()和ylabel()分别用于设置x轴(横轴)和y轴(纵轴)的标题。输出结果如图6-28所示。

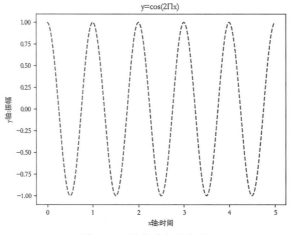

图6-28   添加坐标轴标题

4. 添加图例

图例是用不同的形状、颜色、文字等标示不同的数据列,有助于用户更好地理解图形。使用Matplotlib模块中的legend()函数可添加图例,演示代码如下。

```
import numpy as np
import matplotlib.pyplot as plt
import matplotlib
matplotlib.rcParams['font.family'] = 'STSong'
matplotlib.rcParams['font.size'] = 20
a = np.arange(0.0, 5.0, 0.02)
plt.title("y=cos(2Πx)")    # 设置标题
plt.xlabel("x轴:时间")      # 设置x轴标签
plt.ylabel("y轴:振幅")
c = plt.plot(a, np.cos(2*np.pi*a), "r-")
s = plt.plot(a, np.sin(2*np.pi*a), "b-")    # 绘图
plt.legend(labels=['时间', '振幅'], loc='upper right')    # 设置图例中显示的内容
plt.show()
```

第12行代码中,legend()函数添加的图例图形为矩形色块,参数labels用于设置图例标签文本;参数loc用于设置图例的位置。

输出结果如图6-29所示。

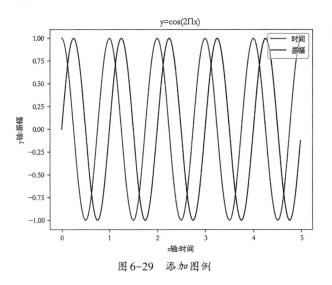

图6-29　添加图例

5. 添加网格线

为了方便用户估计、比较各个数据标签,可以在图形中添加网格线作为参考。使用Matplotlib模块中的grid()函数可添加网格线,演示代码如下。

```
import numpy as np
import matplotlib.pyplot as plt
import matplotlib
matplotlib.rcParams['font.family'] = 'STSong'      # 设置字体
matplotlib.rcParams['font.size'] = 20              # 设置字号
a = np.arange(0.0, 5.0, 0.02)
plt.title("y=cos(2Πx)")                            # 设置标题
plt.xlabel("x轴:时间")
plt.ylabel("y轴:振幅")                             # 设置y轴标签
c = plt.plot(a, np.cos(2*np.pi*a), "r-")           # 绘图
s = plt.plot(a, np.sin(2*np.pi*a), "b-")
plt.legend(labels=['时间', '振幅'], loc='upper right')   # 设置图例中显示的内容
plt.grid(linestyle='-.', linewidth=1)              # 添加网格线
plt.show()
```

第13行代码中,grid()函数的默认功能是显示网格线,参数linestyle和linewidth分别用于设置网格线的线型和粗细。如果想要隐藏网格线,只需为grid()函数设置参数b的值为False即可。这里参数b是一个布尔类型参数,当其值为True时表示显示网格线,而当其值为False时则表示不显示网格线。

输出结果如图6-30所示。

如果只想显示x轴或y轴的网格线,可以对grid()函数的参数axis进行设置。该参数的默认值为

both,表示同时设置x轴和y轴的网格线,值为x或y时表示只设置x轴或y轴的网格线,演示代码如下。

```
plt.grid(b=True, axis='y', linestyle='-.', linewidth=1)    # y轴添加网格线
```

输出结果如图6-31所示。

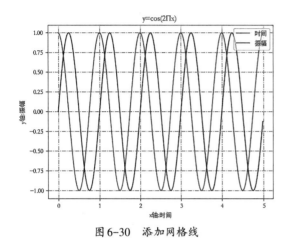

图 6-30　添加网格线

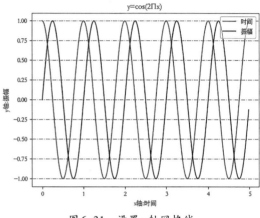

图 6-31　设置 y 轴网格线

6.1.4　绘制多个子图

Matplotlib模块在绘制图形时,默认是建立一张画布,然后在该画布中绘制并显示图形。但有时需要将多张图放在一张画布中,这时可以使用subplot()函数将画布划分为几个区域,然后在各个区域中分别绘制不同的图形。

subplot()函数的参数为3个整型数字:第1个数字代表将整张画布划分为几行;第2个数字代表将整张画布划分为几列;第3个数字代表要在第几个区域中绘制图形,区域的编号规则是按照从左到右、从上到下的顺序,从1开始编号。演示代码如下。

```
import numpy as np
import pandas as pd
import matplotlib.pyplot as plt
# 画第1个图:折线图
x = np.arange(1, 100)
plt.subplot(2, 2, 1)
plt.plot(x, x*x)
plt.title("figure1")
# 画第2个图:散点图
plt.subplot(2, 2, 2)
plt.scatter(np.arange(0, 10), np.random.rand(10))
plt.title("figure2")
# 画第3个图:饼图
plt.subplot(2, 2, 3)
```

```
plt.pie(x=[15, 30, 45, 10], labels=list('ABCD'), autopct='%.0f',
        explode=[0, 0.05, 0, 0])
plt.title("figure3")
# 画第4个图:柱状图
plt.subplot(2, 2, 4)
plt.bar([20, 10, 30, 25, 15], [25, 15, 35, 30, 20], color='b')
plt.title("figure4")
plt.tight_layout()  # 自动调整子图间距
plt.show()
```

第6行代码将整张画布划分为2行2列,并指定在第1个区域中绘制图形。接着用第7行代码绘制折线图。

第10行代码将整张画布划分为2行2列,并指定在第2个区域中绘制图形。接着用第11行代码绘制散点图。

第14行代码将整张画布划分为2行2列,并指定在第3个区域中绘制图形。接着用第15行代码绘制饼图。

第19行代码将整张画布划分为2行2列,并指定在第4个区域中绘制图形。接着用第20行代码绘制柱状图。

subplot()函数的参数也可以写成一个3位数的整型数字,如221。使用这种形式的参数时,划分画布的行数或列数不能超过10。

输出结果如图6-32所示。

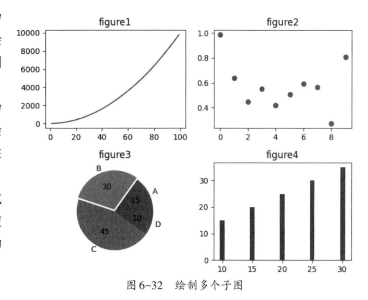

图6-32　绘制多个子图

6.2 数据可视化工具——Seaborn

Seaborn也是数据可视化工具包之一,是基于Matplotlib开发的,并在Matplotlib的基础上进行了更高级的API封装,能够很好地支持Pandas和NumPy的数据结构,便于用户更简便地绘制各种有吸引力的统计图形。

6.2.1 Seaborn库简介

与Matplotlib相比,Seaborn具有众多优势。比如,在做统计相关的图形操作时,会比Matplotlib更容易上手;Seaborn的设计考虑到了Pandas中的DataFrames数据结构,与DataFrames一起使用,语法很简单。接下来,通过实例来说明如何利用Seaborn绘制常见的统计图。需要注意的是,在使用Seaborn之前需要安装该库,安装过程可参考6.1.1小节。

6.2.2 Seaborn常用统计图

与前面介绍的Matplotlib类似,Seaborn也可以绘制各种类型的统计图。下面通过实例进行介绍。

1. 绘制散点图

在Seaborn模块中可以使用relplot()函数来绘制散点图,演示代码如下。

```
import pandas as pd
import seaborn as sns
# 导入数据集
tips = sns.load_dataset("tips")
sns.relplot(x='total_bill',
            y='tip', data=tips)
plt.show()
```

第5行代码使用relplot()函数绘制散点图,参数x用于指定x轴的数据;参数y用于指定y轴的数据;参数data是用于可视化的数据对象,此处使用data这个已经赋值了的tips数据集。

输出结果如图6-33所示。

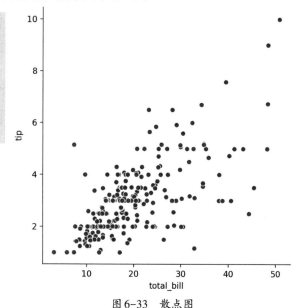

图6-33　散点图

2. 绘制箱形图

在Seaborn模块中可以使用boxplot()函数来绘制箱形图。下面以经典的鸢尾花(Iris)数据集为例,说明如何利用Seaborn绘制箱形图,演示代码如下。

```
import seaborn as sns
import matplotlib.pyplot as plt
plt.rcParams['font.sans-serif'] = 'SimHei'   # 设置中文字体
df = sns.load_dataset("iris")   # 加载Seaborn中自带的鸢尾花数据集
ax = sns.boxplot(x="species", y="sepal_length", data=df)   # 绘制箱形图
medians = df.pivot_table(index="species", value="sepal_length",
                         aggfunc="median").values
nobs = df["species"].value_counts().values
nobs = [str(x) for x in nobs.tolist()]
nobs = ["数量:"+i for i in nobs]
```

```
pos = range(len(nobs))   # 设置要显示的箱形图的数量
# 将文本分别显示在中位数线条上方
for tick, label in zip(pos, ax.get_xticklabels()):
    ax.text(pos[tick], medians[tick]+0.03, nobs[tick], horizontalalignment=
            'center', size="x-small", color="w", weight="semibold")
plt.show()
```

输出结果如图6-34所示。

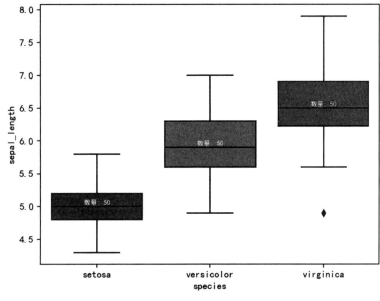

图6-34　箱形图

3. 绘制密度图

基于核密度估计的密度图是一种常用的可视化图形，它是将连续型随机变量分布情况可视化的利器。在密度图中，分布曲线上的每一个点都表示概率密度，分布曲线下的每一块面积都是特定变量区间发生的概率。在Seaborn模块中可以使用kdeplot()函数来绘制密度图。下面以鸢尾花数据集为例，说明如何利用Seaborn绘制三种不同品类鸢尾花花瓣长度的密度图，演示代码如下。

```
import pandas as pd
import matplotlib.pyplot as plt
import seaborn as sns
plt.rcParams['font.sans-serif'] = ['SimHei']
iris = pd.read_csv('iris.csv')
iris.columns = ['sepal_length', 'sepal-width', 'petal-length', 'petal-width',
                'species']
sns.kdeplot(iris.loc[iris['species']=='Iris-versicolor', 'sepal-length'],
            shade=True, color="g", label="Iris-versicolor", alpha=.7)
                                                            # 绘制密度图
```

```
sns.kdeplot(iris.loc[iris['species']=='Iris-virginica'], 'sepal-length',
            shade=True, color="deeppink", label="Iris-virginica", alpha=.7)
sns.kdeplot(iris.loc[iris['species']=='Iris-setosa'], 'sepal-length',
            shade=True, color="dodgerblue", label="Iris-setosa", alpha=.7)
plt.title('鸢尾花花瓣长度的密度图', fontsize=16)    # 添加标题
plt.legend()    # 添加图例
plt.show()
```

第8~9行代码使用kdeplot()函数绘制密度图,参数shade指明密度曲线内是否填充阴影,该参数设置为True,即填充阴影,反之不填充。

输出结果如图6-35所示。

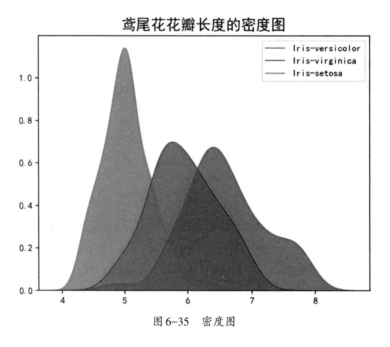

图6-35　密度图

4. 绘制热力图

热力图主要用于描述数据之间的相关程度,在Seaborn模块中可以使用heatmap()函数来绘制热力图。下面使用NumPy模块的randint()函数创建一个10×10的二维数组,演示代码如下。

```
import numpy as np
import seaborn as sn
import matplotlib.pyplot as plt
data = np.random.randint(low=1, high=100, size=(10, 10))
print("The data to be plotted:\n")
print(data)
hm = sn.heatmap(data=data)
plt.show()
```

第4行代码创建一个二维数组。

第7行代码使用heatmap()函数绘制热力图。

输出结果如图6-36所示。

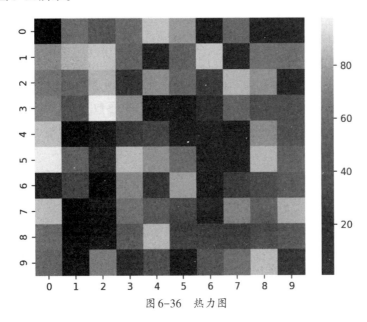

图6-36　热力图

图6-36中所示的数字就是我们需要的相关系数,其绝对值越大(要么正相关大,要么负相关大),说明两个变量之间的相关性越强,找到相关性,更容易进行预测,而预测是数据分析的核心。反之,相关系数的绝对值越接近于0,说明两个变量之间的相关性越弱。

6.3　本章小结

本章我们首先学习了Python中重要的数据可视化模块Matplotlib,介绍了绘制基础图形,如柱状图、条形图、直方图、箱形图、折线图、面积图、散点图、饼图等的方法。然后阐述了图形的设置,比如图形中中文字体、图形标题、坐标轴标题、图例及网格线等的基本设置。最后简单描述了Matplotlib的"高阶班"——Seaborn的使用方法,并以散点图、箱形图、密度图、热力图为例,说明了Seaborn是Matplotlib的有益补充。

6.4　思考与练习

1.填空题

(1)Matplotlib中绘制柱状图的函数是_____,绘制箱形图的函数是_____,绘制饼图的函数是

_____,绘制面积图的函数是_____。

(2)Pyplot中绘制多个子图的两个函数是_____、_____。

(3)Seaborn中绘制散点图的函数是_____,绘制热力图的函数是_____,绘制密度图的函数是_____。

(4)想改变条形图中每个柱子的颜色和宽度,可以通过设置bar()函数的参数_____和_____的值来实现。

(5)折线图中的参数_____用于设置每个点的标记字符;参数_____用于设置折线标记字符的大小。

2. 问答题

(1)如何解决Matplotlib中文乱码问题?

(2)什么是箱形图?

3. 上机练习

(1)请绘制类似图6-37的折线图,并显示具体坐标(坐标点可以随机生成)。

(2)绘制一个子图中包含折线图、散点图、饼图和柱状图的统计图(类似图6-38)。

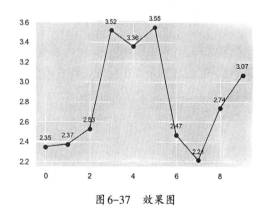

图6-37 效果图

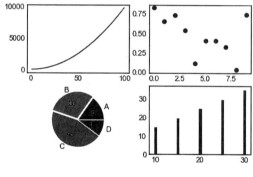

图6-38 效果图

第3篇　数据挖掘篇

　　经过数据分析基础知识和框架的学习,相信读者已经对数据的前期获取和处理有了系统的了解,本篇我们将结合数学和统计学知识讲解数据挖掘中的基础算法:线性回归、分类模型、关联分析及聚类分析。通过本篇的学习,希望读者能够对数据挖掘有自己的思考,并能够独立地对已有数据进行挖掘。

第 7 章

数据挖掘之线性回归

　　本章介绍数据挖掘学习中非常基础且经典的线性回归模型,包括线性回归概述、一元线性回归、多元线性回归、线性回归模型的评估与检验等内容,并结合代码实战来巩固所学知识点。

通过本章内容的学习,读者能掌握以下知识。

- 了解线性回归的基本概念。
- 熟悉一元线性回归和多元线性回归的原理。
- 学会线性回归模型的构建、数据的预测及模型的评估。
- 能够运用线性回归模型解决实际生活中的问题。

7.1 线性回归概述

"线性回归"这个词包含了两个知识领域:"线性"是指一类模型,即"线性模型";"回归"是指一类问题,即"回归问题"。因此,"线性回归"这个词可以这样理解:用线性模型来解决回归问题。回归问题是一类预测连续值的问题,能解决这种问题的数学模型称为回归模型。回归模型是预测的关键所在,我们可以通过给模型输入数据来训练它,最终让它具备预测的能力,具体的回归模型训练如图7-1所示。

回归分析的应用非常广泛,可用于确定各领域中多个因素(数据)之间的关系,并进行预测及数据分析。例如,在商业领域中,它可以根据已有的经验数据,预测某新产品的广告费用所能带来的销售数量。

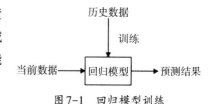

图7-1　回归模型训练

线性回归分析只需要五步就可以实现。

(1)确定变量。明确预测的具体目标,即确定因变量;寻找与预测目标相关的影响因素,即自变量,并从中选出主要的影响因素。

(2)建立预测模型。根据自变量和因变量的历史数据,建立回归方程,即回归预测模型。

(3)进行相关分析。作为自变量的因素与作为因变量的预测对象是否有关、相关程度如何及判断这种相关程度的把握有多大,是进行回归分析必须解决的首要问题。在进行相关分析时,求出相关关系,以相关系数的大小来判断自变量与因变量的相关程度。

(4)计算预测误差。回归预测模型是否可用于实际预测,取决于对回归预测模型的检验和对预测误差的计算。回归方程只有通过各种检验,且预测误差较小,才能作为预测模型进行预测。

(5)确定预测值。利用回归预测模型计算预测值,并对预测值进行综合分析,确定最后的预测值。

回归问题按照输入变量的个数,分为一元线性回归和多元线性回归;按照输入变量和输出变量之间关系的类型即模型的类型,分为线性回归和非线性回归。

7.2 一元线性回归

在统计学中,线性回归是一种线性方法,用于对结果与一个或多个解释变量(也称为因变量和自变量)之间的关系进行建模。线性回归也是第一种被深入研究并在实际应用中广泛使用的回归分析类型,因为线性模型比非线性模型更容易拟合,并且其结果估计量的统计特性更容易确定。

7.2.1 一元线性回归原理分析

一元线性回归问题仅有一个自变量和一个因变量,如果因变量和自变量存在高度的正相关关系,且其关系大致可以使用一条直线表示,则可以确定一条直线方程,使得所有的数据点尽可能接近这条拟合的直线。

一元线性回归模型:

$$y = \beta_0 + \beta_1 x + \varepsilon \tag{7-1}$$

其中,x 为自变量;y 为因变量;β_0 为直线的截距,即常量;β_1 为回归系数,表示自变量对因变量的影响程度;ε 为随机误差项,它是一个期望值为 0 的随机变量,即 $E(\varepsilon) = 0$。此外,ε 是一个服从正态分布的随机变量且各随机误差项之间相互独立,即 $\varepsilon \sim N(0, \sigma^2)$。

上述回归模型是一种理想状态,实际情况下很难满足其条件,但它提供了一种研究变量之间关系的基本方法,即普通最小二乘(OLS)法。当有关的条件不满足时,我们可以对模型及其估计方法进行改进,得出更加合理的模型和方法。

记 $\hat{\beta}_0$ 和 $\hat{\beta}_1$ 分别为参数 β_0 和 β_1 的点估计值(用样本集来估计总体参数的方法,输出结果为坐标轴上的点),并记 $\hat{y}$ 为条件期望 $E(y|x)$ 的点估计值,由式(7-1)得:

$$\hat{y} = \hat{\beta}_0 + \hat{\beta}_1 x \tag{7-2}$$

式(7-2)称为一元线性回归方程,其中 $\hat{\beta}_0$ 和 $\hat{\beta}_1$ 为回归方程的回归系数。其中,回归系数可以用最小二乘法计算得出:

$$\begin{cases} \hat{\beta}_0 = \bar{y} - \bar{x}\hat{\beta}_1 \\ \hat{\beta}_1 = \dfrac{\sum\limits_{i=1}^{n}(x_i - \bar{x})(y_i - \bar{y})}{\sum\limits_{i=1}^{n}(x_i - \bar{x})^2} \end{cases} \tag{7-3}$$

其中,$\bar{x} = \dfrac{1}{n}\sum\limits_{i=1}^{n} x_i$ 为自变量样本的平均值,$\bar{y} = \dfrac{1}{n}\sum\limits_{i=1}^{n} y_i$ 为因变量样本的平均值。将求得的 $\hat{\beta}_0$ 和 $\hat{\beta}_1$ 的值代入方程 $\hat{y} = \hat{\beta}_0 + \hat{\beta}_1 x$ 中,得到的方程就是最佳拟合方程。

7.2.2 一元线性回归代码实现

通过 Python 的 Scikit-learn 库可以轻松搭建一元线性回归模型。下面通过一个简单的案例"新车二氧化碳排放量的预测",来演示如何在 Python 中搭建一元线性回归模型。

(1)导入所需的包。

```
# 导入包
import pandas as pd
```

```
import numpy as np
import matplotlib.pyplot as plt
from sklearn import linear_model
```

（2）读取 CSV 文件，生成数据集。

数据集中有很多列，但由于空间有限，这里只展示部分属性，以确保数据集载入成功。

```
# 读取数据文件
data = pd.read_csv("Fuel.csv")
print(data.columns)
```

输出结果为：

```
Index(['MODELYEAR', 'MAKE', 'MODEL', 'VEHICLECLASS', 'ENGINESIZE', 'CYLINDERS',
       'TRANSMISSION', 'FUELTYPE', 'FUELCONSUMPTION_CITY',
       'FUELCONSUMPTION_HWY', 'FUELCONSUMPTION_COMB',
       'FUELCONSUMPTION_COMB_MPG', 'CO2EMISSIONS'],
      dtype='object')
```

查找有关数据的其他信息：

```
print(data.info())
```

输出结果为：

```
<class 'pandas.core.frame.DataFrame'>
RangeIndex: 1067 entries, 0 to 1066
Data columns (total 13 columns):
MODELYEAR                   1067 non-null int64
MAKE                        1067 non-null object
MODEL                       1067 non-null object
VEHICLECLASS                1067 non-null object
ENGINESIZE                  1067 non-null float64
CYLINDERS                   1067 non-null int64
TRANSMISSION                1067 non-null object
FUELTYPE                    1067 non-null object
FUELCONSUMPTION_CITY        1067 non-null float64
FUELCONSUMPTION_HWY         1067 non-null float64
FUELCONSUMPTION_COMB        1067 non-null float64
FUELCONSUMPTION_COMB_MPG    1067 non-null int64
CO2EMISSIONS                1067 non-null int64
dtypes: float64(4), int64(4), object(5)
memory usage: 108.5+ KB
```

（3）从数据集中选择有用的特征数据，绘制直方图、散点图，观察数据的特征。

```
# 选取有用的特征数据
```

```
data = data[["ENGINESIZE", "CYLINDERS", "FUELCONSUMPTION_COMB",
        "CO2EMISSIONS"]]
data.hist(figsize=(10, 10)) # 绘制直方图,观察数据的特征
```

输出结果如图7-2所示。

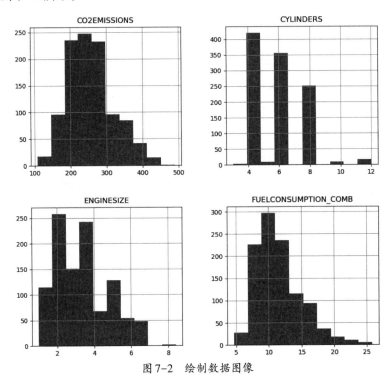

图7-2 绘制数据图像

绘制发动机缸体和CO_2排放量的散点图,代码如下。

```
plt.scatter(data['CYLINDERS'], data['CO2EMISSIONS'])
plt.xlabel("No. of Cylinder")
plt.ylabel('Emission')
plt.show()
```

输出结果如图7-3所示。

绘制汽车油耗和CO_2排放量的散点图,代码如下。

```
plt.scatter(data["FUELCONSUMPTION_COMB"],
        data["CO2EMISSIONS"])
plt.xlabel("Fuel Consumption")
plt.ylabel("Emission")
plt.show()
```

输出结果如图7-4所示。

绘制发动机尺寸和CO_2排放量的散点图,代码
如下。

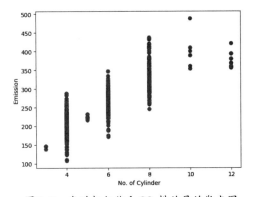

图7-3 发动机缸体和CO_2排放量的散点图

```
plt.scatter(data["ENGINESIZE"], data["CO2EMISSIONS"])
plt.xlabel("Engine Size")
plt.ylabel("Emission")
plt.show()
```

输出结果如图7-5所示。

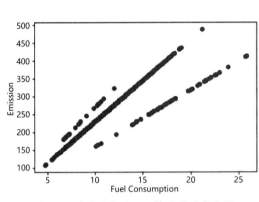

图7-4　汽车油耗和CO_2排放量的散点图

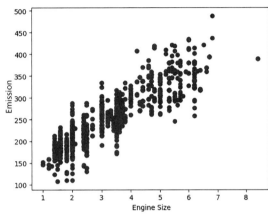

图7-5　发动机尺寸和CO_2排放量的散点图

（4）将数据集分为两个部分，80%的数据作为训练集，20%的数据作为测试集。

```
"""
将数据分为训练集和测试集
"""
train = data[:(int((len(data)*0.8)))]     # 训练集
test = data[(int((len(data)*0.8))):]      # 测试集
```

（5）搭建线性回归模型。

```
"""
建模
"""
regr = linear_model.LinearRegression() # 构造线性回归模型
train_x = np.array(train[["ENGINESIZE"]])
train_y = np.array(train[["CO2EMISSIONS"]])
regr.fit(train_x, train_y)                    # 完成模型搭建
```

第4行代码使用LinearRegression()函数构造一个初始的线性回归模型并命名为regr。

第7行代码使用fit()函数完成模型搭建，此时的regr就是一个搭建好的线性回归模型。

（6）模型预测：预测汽车CO_2的排放量。

```
from sklearn.metrics import r2_score
"""
数据的预测
"""
```

```
test_x = np.array(test[['ENGINESIZE']])
test_y_ = regr.predict(test_x)  # 预测
```

搭建好模型后就可以利用该模型预测数据,第6行代码使用predict()函数进行预测。

(7)模型可视化。

```
"""
绘制训练回归直线
"""
plt.scatter(train["ENGINESIZE"], train["CO2EMISSIONS"], color='blue')
plt.plot(train_x, regr.coef_*train_x+regr.intercept_, '-r')
plt.xlabel("Engine size")
plt.ylabel("Emission")
```

输出结果如图7-6所示,此时的一元线性回归模型就是中间形成的一条直线。

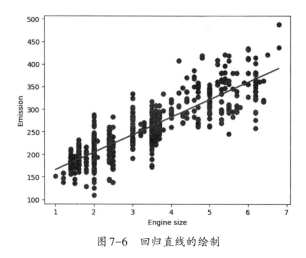

图7-6　回归直线的绘制

(8)线性回归方程构造。

```
# 输出回归系数和截距
print("coefficients : ", regr.coef_[0][0])       # 回归系数
print("Intercept : ", regr.intercept_[0])        # 截距
```

第2行和第3行代码分别使用回归模型中的coef_和intercept_属性,得到一元线性回归模型的回归系数和截距。

输出结果为:

```
coefficients :  38.79512383605661
Intercept :  127.16989950881916
```

因此,拟合得到的一元线性回归方程为 $y = 38.8x + 127.2$。

7.2.3 线性回归方法总结

上一节通过 fit() 函数来进行拟合得到了结果,我们不禁会问,只有这一种方法吗? 当然不是。下面就为大家介绍线性回归的两种方法:梯度下降法和最小二乘法。其中,梯度下降法有三种:批量梯度下降(BGD)法、小批量梯度下降(MBGD)法和随机梯度下降(SGD)法。具体的推导方法这里不做赘述,主要讲解实际开发过程中使用的 Scikit-learn 库提供的两个可以直接调用的包。

(1)LinearRegression:普通最小二乘线性回归模型。通过该模型可以最小化数据集中观察到的目标与线性近似预测的目标之间的残差平方和。基本可以使用 fit、predict、score 等方法来训练、评估模型,并使用模型进行预测。

(2)SGDRegressor:随机梯度下降的实现。在随机梯度下降中,我们一次又一次地重复运行训练集中的每一个数据点,并根据每个单独数据点的误差梯度更新参数。换句话说,梯度下降使用迭代方法,从系数和截距的随机值开始,然后使用导数慢慢改进它们。

由于在实践中很少使用,Scikit-learn 没有为我们提供其他种类的梯度下降方法。根据 Scikit-learn 官网建议,如果数据集较大(训练数据规模超过 10 万),使用随机梯度下降法估计参数模型的表现会更好。此外,SGDRegressor 可以使用一批新数据更新模型,而无须对整个数据集进行重新训练。因此,当拥有大量数据点和特征时,该方法是一种有效的方法。当处理具有小特征的数据集时,使用 sklearn.linear_model 模块中的 LinearRegression() 函数更为合适。

7.3 多元线性回归

通过上面对一元线性回归的介绍,相信读者已经有了一些思路。下面在一元线性回归的基础上进行拓展,学习多元线性回归的概念。

7.3.1 多元线性回归原理分析

多元线性回归是一元线性回归的推广,研究的是多个自变量与一个因变量之间的线性关系。如果 y 是因变量(也称为响应变量),而 $x_1, \cdots, x_k$ 是自变量(也称为预测变量),则多元线性回归模型的表现形式如下。

$$y = \beta_0 + \beta_1 x_1 + \beta_2 x_2 + \cdots + \beta_k x_k + \varepsilon \tag{7-4}$$

其中,β_0 为常数项,表示截距;$\beta_1, \beta_2, \cdots, \beta_k$ 为回归系数;ε 为随机误差项。我们进一步假设,对于任何给定的 x_i 值,随机误差项 ε 是服从正态分布且相互独立的随机变量,均值为 0。

假设 $\hat{\beta}_0, \hat{\beta}_1, \hat{\beta}_2, \cdots, \hat{\beta}_k, \hat{y}$ 分别为 $\beta_0, \beta_1, \beta_2, \cdots, \beta_k, y$ 的点估计值,则多元线性回归方程如下。

$$\hat{y} = \hat{\beta}_0 + \hat{\beta}_1 x_1 + \hat{\beta}_2 x_2 + \cdots + \hat{\beta}_k x_k \tag{7-5}$$

对于 n 组样本 $x_{1i}, x_{2i}, x_{3i}, \cdots, x_{ki}, y_i (i = 1, 2, \cdots, n)$,其回归方程组形式如下。

$$\hat{y}_i = \hat{\beta}_0 + \hat{\beta}_1 x_{1i} + \hat{\beta}_2 x_{2i} + \cdots + \hat{\beta}_k x_{ki} \tag{7-6}$$

即

$$\begin{cases} \hat{y}_1 = \hat{\beta}_0 + \hat{\beta}_1 x_{11} + \hat{\beta}_2 x_{21} + \cdots + \hat{\beta}_k x_{k1} \\ \hat{y}_2 = \hat{\beta}_0 + \hat{\beta}_1 x_{12} + \hat{\beta}_2 x_{22} + \cdots + \hat{\beta}_k x_{k2} \\ \cdots \\ \hat{y}_n = \hat{\beta}_0 + \hat{\beta}_1 x_{1n} + \hat{\beta}_2 x_{2n} + \cdots + \hat{\beta}_k x_{kn} \end{cases} \tag{7-7}$$

回归系数同样可以利用最小二乘法计算得出，从而得到最佳拟合方程。

7.3.2　多元线性回归代码实现

本小节我们结合实际案例来讲解多元线性回归的实现过程，数据来自雅虎财经2020年7月30日到2021年7月30日的股票信息。

（1）导入包，读取CSV文件生成数据集。

```
# 导入包
import numpy as np
import pandas as pd
import matplotlib.pyplot as plt
import sklearn.linear_model
from sklearn.linear_model import LinearRegression
# 读取雅虎财经的股票信息数据集
df = pd.read_csv('yahoo.csv', parse_dates=True)  # parse_dates=True将日期转换为
                                                 # ISO 8601格式
print(df.head(5)) # 打印输出前5行数据
```

输出结果为：

```
   Date        Open    High       Low        Close      Adj Close  Volume
0  2020-07-30  22.92   23.170000  22.250000  23.100000  22.802620  216100
1  2020-07-31  22.77   22.879999  21.200001  22.110001  21.825365  235800
2  2020-08-03  22.42   22.459999  21.780001  22.250000  21.963562  176200
3  2020-08-04  22.18   22.650000  22.110001  22.340000  22.052404  101600
4  2020-08-05  22.59   22.700001  22.180001  22.450001  22.160986  135500
```

（2）"日期"列格式转换。

我们的目标是根据数据集中的日期（Date）、开盘价（Open）、最高价（High）、最低价（Low）、收盘价（Close）和调整收盘价（Adj Close）预测交易量（Volume）。因此，确定自变量为日期、开盘价、最高价、最低价、收盘价、调整收盘价，因变量为交易量。通过观察数据我们发现，"日期"列为字符串格式，不适合用线性回归，因此将"日期"列格式转换为数值型。

```
# 将日期转换为数值
```

```
import datetime as ddt
df['Date'] = pd.to_datetime(df['Date'])
df['Date'] = df['Date'].map(ddt.datetime.toordinal)  # 生成新的数据集
df.head(5)
```

输出结果如下,可发现"日期"列格式被转换为数值型。

```
     Date     Open       High       Low        Close      Adj Close  Volume
0    737636   22.920000  23.170000  22.250000  23.100000  22.802620  216100
1    737637   22.770000  22.879999  21.200001  22.110001  21.825365  235800
2    737640   22.420000  22.459999  21.780001  22.250000  21.963562  176200
3    737641   22.180000  22.650000  22.110001  22.340000  22.052404  101600
4    737642   22.590000  22.700001  22.180000  22.450001  22.160986  135500
```

(3)从数据集中分离自变量X和因变量Y。

```
X = df[['Date', 'Open', 'High', 'Low', 'Close', 'Adj Close']]
Y = df['Volume']
```

(4)搭建多元线性回归模型。

```
# 搭建多元线性回归模型
reg = LinearRegression()
reg.fit(X, Y)
```

第2行代码使用LinearRegression()函数构造一个初始的线性回归模型并命名为reg。

第3行代码使用fit()函数完成模型搭建,此时的reg就是一个搭建好的线性回归模型。

注意,上述代码和一元线性回归代码的区别在于,这里的X包含多个特征变量信息。

(5)多元线性回归方程的构建。

```
# 输出回归系数和截距
Coefficients = reg.coef_  # 回归系数
Intercept = reg.intercept_  # 截距
print("回归系数:{}".format(Coefficients))
print("截距:{}".format(Intercept))
```

第2行代码通过回归模型中的coef_属性获得的是一个系数列表,分别对应不同特征变量前面的系数。

第3行代码通过intercept_属性得到多元线性回归方程的截距。

输出结果为:

```
回归系数:[-87.65963924 -10574.53656058 85380.72164464 -64192.27876041
        -17382.19454141   7105.70771553]
截距:64697502.557262085
```

由以上回归系数和截距的输出结果,可得多元线性回归方程如下。

$$Y = 6.470e + (-87.6596) * x1 + (-1.057e+04) * x2 + (8.538e+04) * x3 + (-6.419e+04) * x4 +$$

$$(-1.738e+04) * x5 + (7105.7077) * x6$$

(6)模型评估(详见7.4节)。

```
import statsmodels.api as sm      # 引入线性回归模型评估相关库
X2 = sm.add_constant(X)           # 在模型中添加常量值
model = ssm.OLS(Y, X2).fit()      # 搭建线性回归方程
print(model.summary())            # 模型的数据信息
```

第1行代码引入用于评估线性回归模型的StatsModels库,并简写为sm。

第2行代码用add_constant()函数给原来的特征变量X添加常数项,并赋值给X2,这样才有线性回归方程中的常数项,即截距。

第3行代码用OLS()和fit()函数对Y和X2进行线性回归方程的搭建。

第4行代码输出该模型的数据信息。

输出结果如图7-7所示。

```
                          OLS Regression Results
==============================================================================
Dep. Variable:              Volume   R-squared:                       0.308
Model:                         OLS   Adj. R-squared:                  0.291
Method:              Least Squares   F-statistic:                     18.16
Date:             Mon, 16 Aug 2021   Prob (F-statistic):           2.01e-17
Time:                     13:39:52   Log-Likelihood:                -3036.3
No. Observations:                252   AIC:                             6087.
Df Residuals:                    245   BIC:                             6111.
Df Model:                          6
Covariance Type:           nonrobust
==============================================================================
                 coef    std err          t      P>|t|      [0.025      0.975]
------------------------------------------------------------------------------
const         6.47e+07   8.05e+07      0.803      0.423   -9.39e+07    2.23e+08
Date         -87.6596    109.192      -0.803      0.423    -302.735     127.416
Open        -1.057e+04   9263.998     -1.141      0.255    -2.88e+04    7672.704
High         8.538e+04    1.1e+04      7.729      0.000     6.36e+04    1.07e+05
Low         -6.419e+04   1.12e+04     -5.753      0.000    -8.62e+04   -4.22e+04
Close       -1.738e+04   9.23e+04     -0.188      0.851    -1.99e+05    1.65e+05
Adj Close   7105.7077     9.3e+04      0.076      0.939    -1.76e+05     1.9e+05
==============================================================================
Omnibus:                     144.885   Durbin-Watson:                   1.584
Prob(Omnibus):                 0.000   Jarque-Bera (JB):             1148.569
Skew:                          2.187   Prob(JB):                     3.90e-250
Kurtosis:                     12.500   Cond. No.                      2.25e+10
==============================================================================
```

图7-7　模型的数据信息

从图7-7中可以看到,R-squared的值为0.308,Adj. R-squared的值为0.291,整体拟合效果不是很好,可能是本案例中的数据量偏少造成的。再来观察P值,可以发现大部分特征变量的P值较小,的确与目标变量(交易量)有显著相关性,而调整收盘价这一特征变量的P值达到了0.939,即与目标变量无显著相关性。

7.4 线性回归模型的评估与检验

拟合优度是指回归直线对观测值的拟合程度,若观测值与回归直线之间的距离近,则认为拟合优度较好,反之较差。常用的度量拟合优度的方法有决定系数R^2、F检验和T检验。

在具体介绍介绍这些方法之前,先给出离差、回归差、残差的概念,其中离差 = 回归差 + 残差。

离差表示实际值与平均值之差,计算公式为$y_i - \bar{y}$。

回归差表示估计值与平均值之差,计算公式为$\hat{y}_i - \bar{y}$。

残差表示实际值与估计值之差,计算公式为$y_i - \hat{y}_i$。

7.4.1 拟合优度检验(R^2评估)

R^2也称为决定系数,是度量回归模型的拟合优度的统计量。它是残差平方与离差平方和的比,计算公式如下。

$$R^2 = \frac{\text{ESS}}{\text{TSS}} = \frac{\text{TSS} - \text{RSS}}{\text{TSS}} = 1 - \frac{\text{RSS}}{\text{TSS}} \tag{7-8}$$

其中,TSS是各个数据离差的平方和,即

$$\text{TSS} = \sum_{i=1}^{n}(y_i - \bar{y})^2 \tag{7-9}$$

ESS是各个数据回归差的平方和,即

$$\text{ESS} = \sum_{i=1}^{n}(\hat{y}_i - \bar{y})^2 \tag{7-10}$$

RSS是各个数据残差的平方和,即

$$\text{RSS} = \sum_{i=1}^{n}(y_i - \hat{y}_i)^2 \tag{7-11}$$

TSS、ESS、RSS三者之间的关系为TSS = ESS + RSS,即

$$\sum_{i=1}^{n}(y_i - \bar{y})^2 = \sum_{i=1}^{n}(\hat{y}_i - \bar{y})^2 + \sum_{i=1}^{n}(y_i - \hat{y}_i)^2 \tag{7-12}$$

$R^2 \in [0,1]$,R^2的值越接近1,表明回归曲线拟合度越好;R^2的值越接近0,表明回归曲线拟合度越差;R^2的值为0时,表示自变量x与因变量y没有线性关系;R^2的值为1时,表示回归曲线完全和样本点重合。

在Python中,我们可以通过如下代码来评估模型。

```
# 导入必要的包
import numpy as np
import pandas as pd
import statsmodels.api as sm
# 生成随机数据
x = pd.DataFrame(np.random.randint(0, 100, size=(100, 4)),
                 columns=['col1', 'col2', 'col3', 'col4'])
y = np.random.randint(0, 100, size=(100, 1))
# 搭建线性回归方程
est = sm.OLS(y, x).fit()
# 显示调整后的R平方
print(est.summary())
```

第4行代码引入用于评估线性回归模型的StatsModels库，并简写为sm。

第10行代码使用OLS()和fit()函数对y和x进行线性回归方程的搭建。

输出结果如图7-8所示。

```
                          OLS Regression Results
================================================================================
Dep. Variable:                      y   R-squared (uncentered):              0.741
Model:                            OLS   Adj. R-squared (uncentered):         0.730
Method:                 Least Squares   F-statistic:                         68.62
Date:                Mon, 16 Aug 2021   Prob (F-statistic):               2.58e-27
Time:                        14:10:27   Log-Likelihood:                    -480.58
No. Observations:                 100   AIC:                                 969.2
Df Residuals:                      96   BIC:                                 979.6
Df Model:                           4
Covariance Type:            nonrobust
================================================================================
                 coef    std err          t      P>|t|      [0.025      0.975]
--------------------------------------------------------------------------------
col1           0.2894      0.087      3.328      0.001       0.117       0.462
col2           0.3479      0.092      3.778      0.000       0.165       0.531
col3           0.2360      0.089      2.641      0.010       0.059       0.413
col4           0.0954      0.093      1.025      0.308      -0.089       0.280
```

图7-8 模型的数据信息

对于模型评估而言，在实战应用中，只需要关心R-squared、Adj. R-squared和P值信息。R-squared和Adj. R-squared的取值范围为0~1，它们的值越接近1，则模型的拟合度越好；P值在本质上是个概率值，其取值范围也为0~1，P值越接近0，则特征变量的显著性越高，即该特征变量的确与目标变量有显著相关性。

7.4.2 显著性检验（F检验）

R^2是对整个模型拟合效果的衡量。但R^2并没有像假设检验那样给出具体的临界值，大到什么程度的模型算好，可以使用，小到什么程度的模型算差，不能使用，没有一个严格的标准，具有很高的主观性。要对模型进行整体检验，还必须构造出分布已知的统计量。

F检验是运用服从F分布的统计量,度量所有自变量和因变量之间的线性关系是否显著,是采用ESS与RSS的比作为模型整体效果的度量,计算公式如下。

$$F = \frac{ESS \big/ k}{RSS \big/ (n-k-1)} \tag{7-13}$$

上述公式必须服从F分布,$F = (k, n-k-1)$,其中k为自由度(自变量的个数),n为样本总量。

注意,F值越大,说明自变量和因变量之间在总体上的线性关系越显著,反之线性关系越不显著。

下面通过一组实际数据来演示F检验。图7-9显示了3个月内道琼斯工业指数(DJIA)的每日收盘价,我们来为这组数据创建一个回归模型。但目前我们不知道影响收盘价的因素具体有哪些,也不想假设数据集中有任何通货膨胀、趋势或季节性。

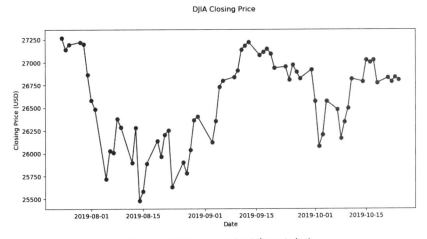

图7-9　道琼斯工业指数的每日收盘价

那么,在没有任何关于解释变量(因变量)假设的情况下,我们能做的分析就是构造一个仅有截距的线性模型,具体代码如下。

(1)导入包,读取CSV文件生成数据集。

```
# 导入包
import pandas as pd
import numpy as np
import matplotlib.pyplot as plt
from warnings import simplefilter
# 将数据集读入Pandas数据帧
df = pd.read_csv('djia.csv', header=0, infer_datetime_format=True,
                 parse_dates=[0], index_col=[0])
```

(2)建立模型。

```
mean = round(df['Closing Price'].mean(), 2)  # 计算样本均值
```

```
y_pred = np.full(len(df['Closing Price']), mean)   # 将所有预测值设置为样本均值
```

（3）模型可视化。

```
# 绘制实际值和预测值
fig = plt.figure()
fig.suptitle('DJIA Closing Price')
actual, = plt.plot(df.index, df['Closing Price'], 'go-',
                   label='Actual Closing Price') # 绘制实际值
predicted, = plt.plot(df.index, y_pred, 'ro-',
                   label='Predicted Closing Price') # 绘制预测值
plt.xlabel('Date') # 设置x轴标签
plt.ylabel('Closing Price (USD)')
plt.legend(handles=[predicted, actual]) # 添加图例
plt.show()
```

输出结果如图7-10所示。

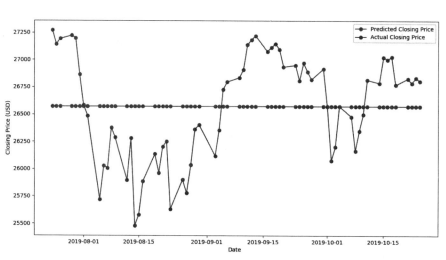

图7-10　拟合仅截距模型

显然，根据上述效果图我们可以推断，还有比当前模型更好的结果，下面尝试着找一个更合适的模型。

通过一些分析，我们推断出当天的道琼斯指数收盘价可以很好地预测第二天的收盘价。为了测试这个理论，我们将构建一个单变量线性回归模型，具体代码如下。

（1）导入包，读取CSV文件生成数据集。

```
# 导入必要的包
import warnings
warnings.simplefilter(action='ignore', category=FutureWarning)
import pandas as pd
```

```
import numpy as np
import statsmodels.api as sm
# 将数据集读入 Pandas 数据帧
df = pd.read_csv('djia.csv', header=0, infer_datetime_format=True,
                 parse_dates=[0], index_col=[0])
```

（2）添加前一天股票价格的数据。

```
# 添加 CP_LAGGED 数据列（前一天股票价格）
df['CP_LAGGED'] = df['Closing Price'].shift(1)
```

输出结果为：

```
Date            Closing Price      CP_LAGGED
2019-07-24       27269.97070            NaN
2019-07-25       27140.98047      27269.97070
2019-07-26       27192.44922      27140.98047
2019-07-29       27221.34961      27192.44922
2019-07-30       27198.01953      27221.34961
```

以上是修改后的数据集的前几行，第1行包含一个 NaN，因为第1行数据没有前一天的股票价格。

（3）将数据集分成两个部分，一部分作为训练集，另一部分作为测试集。

```
# 删除第1行以摆脱 NaN
df_lagged = df.drop(df.index[0])
# 创建训练集和测试集
split_index = round(len(df_lagged)*0.8)
split_date = df_lagged.index[split_index]
df_train = df_lagged.loc[df_lagged.index<=split_date].copy()    # 训练集
df_test = df_lagged.loc[df_lagged.index>split_date].copy()      # 测试集
```

（4）计算截距。

```
"""
添加常量，即截距值
OLS 回归方程将采用这种形式：y = β₀ + β₁x
"""
X_train = df_train['CP_LAGGED'].values
X_train = sm.add_constant(X_train)    # 添加常量
y_train = df_train['Closing Price'].values
X_test = df_test['CP_LAGGED'].values
X_test = sm.add_constant(X_test)    # 添加常量
y_test = df_test['Closing Price'].values
```

（5）构建并拟合 OLS 回归模型。

```
# 构建 OLS 回归模型并拟合到时间序列数据集
ols_model = sm.OLS(y_train, X_train)
```

```
ols_results = ols_model.fit()
```

(6)模型预测。

```
# 使用拟合模型对训练数据集和测试数据集进行预测
y_pred_train = ols_results.predict(X_train)
y_pred_test = ols_results.predict(X_test)
```

(7)模型可视化。

```
fig = plt.figure()
fig.suptitle('DJIA Closing Price')
actual, = plt.plot(df_test.index, y_test, 'go-',
                   label='Actual Closing Price')   # 绘制实际收盘价折线图
predicted, = plt.plot(df_test.index, y_pred_test, 'ro-',
                      label='Predicted Closing Price')   # 绘制预测收盘价折线图
plt.xlabel('Date')
plt.ylabel('Closing Price (USD)')
plt.legend(handles=[predicted, actual])
plt.show()
```

输出结果如图7-11所示。

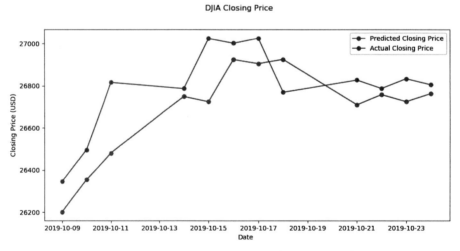

图7-11 OLS回归模型预测DJIA的收盘价与实际收盘价

通过对图7-11和图7-10的对比,可知这个模型的性能比从均值模型中得到的要好得多。但仔细观察会发现,模型预测值实际上是前一个时间的实际值产生的偏移导致了滞后。在解释收盘价方面,或许有更好的模型。下面我们将使用 F 检验来确定这是否正确,具体的测试方法如下。

(1)提出假设。H_0 为原假设,该假设认为模型的所有偏回归系数全为0,即认为没有一个自变量可以构成因变量的线性组合;H_1 为备择假设,正好是原假设的对立面,即 p 个自变量中,至少有一个变量可以构成因变量的线性组合。就 F 检验而言,研究者往往更加希望通过数据来推翻原假设 H_0,而接

受备择假设 H_1 的结论。

（2）制定 F 检验的检验统计量，也就是 F 统计量。

（3）在原假设成立的前提下，确定 F 统计量所代表的随机变量的概率密度函数。

（4）将这些值代入 F 统计量的公式中，并使用步骤（3）中找到的概率密度函数计算相应的概率值。这是在原假设成立的情况下观察到 F 统计量值的概率。

（5）如果在步骤（4）中发现的概率小于错误阈值（如0.05），则拒绝原假设，并在置信水平(1.0 – 错误阈值)接受备择假设，例如，1 – 0.05 = 0.95（95%置信水平）。否则，接受错误概率等于错误阈值的原假设，例如，0.05 或 5%。

（6）接下来，我们深入研究以计算 F 统计量的值，可通过 ols_results.summary()函数打印模型具体信息。

```
print(ols_results.summary())
```

输出结果为：

```
==============================================================================
Dep. Variable:                      y   R-squared:                       0.728
Model:                            OLS   Adj. R-squared:                  0.723
Method:                 Least Squares   F-statistic:                     136.7
Date:                Mon, 02 Aug 2021   Prob (F-statistic):           4.84e-16
Time:                        16:01:44   Log-Likelihood:                -370.13
No. Observations:                  53   AIC:                             744.3
Df Residuals:                      51   BIC:                             748.2
Df Model:                           1
Covariance Type:            nonrobust
==============================================================================
                 coef    std err          t      P>|t|      [0.025      0.975]
------------------------------------------------------------------------------
const       4233.3797   1905.887      2.221      0.031     407.153    8059.607
x1             0.8396      0.072     11.690      0.000       0.695       0.984
==============================================================================
Omnibus:                       17.469   Durbin-Watson:                   2.129
Prob(Omnibus):                  0.000   Jarque-Bera (JB):               20.971
Skew:                          -1.320   Prob(JB):                     2.79e-05
Kurtosis:                       4.589   Cond. No.                     1.38e+06
==============================================================================
```

因为 ols_results.summary()输出了在原假设为真的情况下 F 统计量出现的概率，所以我们只需要将这个概率与阈值进行比较。示例中，ols_results.summary()返回的 P 值是 4.84e–16，这是一个非常小的数字。比阈值等于 0.01 小得多。因此，在有效的原假设下，136.7 的 F 统计量偶然发生的概率远远小于 1%。因此，我们拒绝原假设 H_0，接受备择假设 H_1。

7.4.3　回归参数显著性检验（T检验）

T检验是对每个回归参数进行单独的显著性检验,旨在探究自变量x_i是否对因变量y具有显著性的影响。其核心在于检验两个总体平均值之间是否存在显著性差异。T检验依据T分布的特性,合理地估算差异发生的概率,进而判断两个平均数之间的差异是否达到显著性水平。

$$t_i = \frac{\hat{b}_i}{s(\hat{b}_i)} \qquad (7-14)$$

其中,$\hat{b}_i$为自变量x_i的回归参数,表示该自变量对因变量的影响程度;而$s(\hat{b}_i)$为回归参数$\hat{b}_i$的抽样分布的标准差,它衡量了回归系数估计值的精确度和稳定性。

$$s(\hat{b}_i) = \frac{\sqrt{\dfrac{RSS}{n-k-1}}}{\sqrt{\sum\limits_{i=1}^{n} x_i^2 - \dfrac{1}{n}\left(\sum\limits_{i=1}^{n} x_i\right)^2}} \qquad (7-15)$$

其中,x_i为抽样分布中第i个样本对应的抽样值,k为自由度,n为样本总量,RSS为残差平方和。

如果某个自变量x_i对因变量y没有产生影响或影响很小,那么应将自变量x_i的系数取值为0,即$\hat{b}_i = 0$。

下面通过"一组患者接受某项医学治疗项目前后血压的数据"这个简单的例子来演示T检验方法(这里使用两种方法来实现Python中独立样本的T检验,一种是使用Researchpy库,另一种是使用SciPy库),我们假设H_0为前后无明显差异,H_1为前后有明显差异,具体代码如下。

（1）加载所需的库,读取数据。

```
# 导入必要的包
import pandas as pd
import researchpy as rp
import scipy.stats as stats
# 加载数据集并查看变量
df = pd.read_csv("https://raw.githubusercontent.com/researchpy/Data-sets/
                master/blood_pressure.csv")
df.info()
```

输出结果为:

```
<class 'pandas.core.frame.DataFrame'>
RangeIndex: 120 entries, 0 to 119
Data columns (total 5 columns):
patient      120 non-null int64
sex          120 non-null object
agegrp       120 non-null object
```

```
bp_before        120 non-null int64
bp_after         120 non-null int64
dtypes: int64(3), object(2)
memory usage: 4.8+ KB
```

（2）使用Researchpy进行独立T检验。

```
# 调用ttest()函数得到汇总统计和T检验的相关结果
rp.ttest(group1=df['bp_after'][df['sex']=='Male'], group1_name="Male",
         group2=df['bp_after'][df['sex']=='Female'], group2_name="Female")
summary, results = rp.ttest(group1=df['bp_after'][df['sex']=='Male'],
                            group1_name="Male",
                            group2=df['bp_after'][df['sex']=='Female'],
                            group2_name="Female")
print(summary)
```

输出结果为：

```
   Variable        N        Mean          SD          SE      95% Conf.     Interval
0      Male     60.0  155.516667   15.243217    1.967891   151.578926   159.454407
1    Female     60.0  147.200000   11.742722    1.515979   144.166533   150.233467
2  combined    120.0  151.358333   14.177622    1.294234   148.795621   153.921046
```

下面将t-test结果输出。

```
print(results)
```

输出结果为：

```
         Independent t-test      results
0     Difference (Male - Female) =     8.3167
1              Degrees of freedom =   118.0000
2                               t =     3.3480
3          Two side test p value =     0.0011
4          Difference < 0 p value =     0.9995
5          Difference > 0 p value =     0.0005
6                       Cohen's d =     0.6112
7                       Hedge's g =     0.6074
8                   Glass's delta =     0.5456
9                     Pearson's r =     0.2945
```

在解释结果之前，应该检查测试的假设。这里出于示例目的，在检查假设之前解释结果。我们的解释是：男性治疗后的平均血压 M = 155.2 (151.6, 159.5)，显著高于女性的 M = 147.2 (144.2, 150.2)（在95%置信区间列）；$t(118) = 3.3480$，$p = 0.0011$。

（3）使用scipy.stats进行独立T检验。

```
import pandas as pd
```

```
import researchpy as rp
import scipy.stats as stats
df = pd.read_csv("https://raw.githubusercontent.com/researchpy/Data-sets/
                master/blood_pressure.csv")
df.info()
# 使用ttest_ind()函数获得T检验统计量及其关联的P值
Ttest_indResult = stats.ttest_ind(df['bp_after'][df['sex']=='Male'],
                                  df['bp_after'][df['sex']=='Female'])
print(Ttest_indResult)
```

输出结果为:

```
Ttest_indResult(statistic=3.3479506182111387, pvalue=0.0010930222986154283)
```

男性和女性在接受手术后,其平均血压的差异经过统计分析后发现具有显著意义。具体来说,T检验的结果为$t = 3.3480$, $p = 0.0011$。考虑到我们设定的显著性水平为0.05,可以明显看出p值远低于这一阈值。因此,我们有充分的理由拒绝原假设,即认为男性和女性在手术前后的血压存在显著性差异。这一发现对于评估手术效果、制定后续治疗方案及理解性别对手术反应的影响等方面都具有重要意义。

7.5 本章小结

本章主要学习线性回归模型中的一元线性回归、多元线性回归及线性回归模型的评估与检验。然后使用Python详细演示了其实现过程,以理论结合实战的方式,方便读者快速掌握线性回归模型的相关知识,为数据挖掘内容的学习打下牢固的基础。

7.6 思考与练习

1. 填空题

(1)线性回归的两种常用方法是_____和_____。

(2)StatsModels库在模型中用_____函数给特征变量X添加常量值。

(3)线性回归在实际开发过程中可以使用Scikit-learn库提供的两个可以直接调用的包_____和_____。

(4)常用的度量拟合优度的方法有_____、_____和_____。

(5)R^2的值越接近1,表明回归曲线拟合度_____;R^2的值越接近0,表明回归曲线拟合度_____。

2. 问答题

(1) 线性回归时如何决定使用哪个Scikit-learn包?

(2) 如何评估线性回归模型的好坏?

3. 上机练习

(1) 请根据下面这组数据拟合一个简单的线性回归模型。

```
x: [8, 12, 12, 13, 14, 16, 17, 22, 24, 26, 29, 30],
y: [41, 42, 39, 37, 35, 39, 45, 46, 39, 49, 55, 57]
```

(2) 请利用下面的数据拟合一个多元线性回归模型。

```
Year:[2017, 2017, 2017, 2017, 2017, 2017, 2017, 2017, 2017, 2017, 2017, 2017,
      2016, 2016, 2016, 2016, 2016, 2016, 2016, 2016, 2016, 2016, 2016, 2016],
Month: [12, 11, 10, 9, 8, 7, 6, 5, 4, 3, 2, 1, 12, 11, 10, 9, 8, 7, 6, 5, 4,
        3, 2, 1],
Interest_Rate:[2.75, 2.5, 2.5, 2.5, 2.5, 2.5, 2.5, 2.25, 2.25, 2.25, 2, 2, 2,
               1.75, 1.75, 1.75, 1.75, 1.75, 1.75, 1.75, 1.75, 1.75, 1.75,
               1.75],
Unemployment_Rate:[5.3, 5.3, 5.3, 5.3, 5.4, 5.6, 5.5, 5.5, 5.5, 5.6, 5.7,
                   5.9, 6, 5.9, 5.8, 6.1, 6.2, 6.1, 6.1, 6.1, 5.9, 6.2, 6.2,
                   6.1],
Stock_Index_Price:[1464, 1394, 1357, 1293, 1256, 1254, 1234, 1195, 1159,
                   1167, 1130, 1075, 1047, 965, 943, 958, 971, 949, 884, 866,
                   876, 822, 704, 719]
```

第 8 章

数据挖掘之分类模型

　　本章主要介绍数据挖掘中的分类方法,包括逻辑回归模型、决策树、随机森林算法及KNN算法。首先阐述了逻辑回归模型的原理和评估方式、实现例子等;然后详细介绍了决策树的基本原理、决策树的构建(如特征选择、决策树的生成和决策树的剪枝)及随机森林算法;最后介绍了KNN算法的理论思想、最佳 K 值的确定及KNN算法的性能等,并使用Scikit-learn实战各种分类算法来巩固所学知识点。

通过本章内容的学习,读者能掌握以下知识。

- 了解逻辑回归模型、决策树、随机森林算法及KNN算法的基本概念。
- 掌握逻辑回归模型、决策树、随机森林算法及KNN算法的算法原理。
- 掌握常见的分类模型评估方法。
- 使用Scikit-learn实现逻辑回归模型、决策树、随机森林算法及KNN算法,并对实际生活中的数据集进行分类。

8.1 逻辑回归模型

逻辑回归模型虽然带有"回归"二字,但它却是名副其实的分类算法。逻辑回归模型是一种用于解决二分类问题的机器学习方法,用于估计某种事物的可能性。与传统意义上的回归算法有很大的不同,分类算法输出的是离散的标签值(比如花的种类),而回归算法输出的则是连续的值(比如花瓣长度)。

8.1.1 逻辑回归模型的原理

前面章节讲的线性回归模型,其优点在于数据拟合较简单直观,输出结果解释性强,但在一些场景下,它也会显得难以胜任。比如,商家想根据顾客的各种特征来预测自己的销售额,显然销售额会依据特征的不同呈现一连串不同的预测值,因此这个模型构建起来,就是一个线性回归模型。但是,对于销售员来说,他们只关心顾客买与不买这个问题。销售员可能会根据顾客的各种特征来预测这个顾客到底会买还是不买该商品,若构建模型,则模型输出的结果就是0(代表不买)和1(代表买)这两种,显然这是一个二分类问题。

逻辑回归模型是怎么来做分类的呢?尽管逻辑回归模型是一个非线性模型,但本质上还是一个线性回归模型。线性回归模型的一般形式是$Y = aX + b$,Y的取值范围是$[-\infty, +\infty]$,有这么多取值,怎么进行分类呢?方法就是把Y的结果带入一个非线性变换的Logit函数(或称为Sigmoid函数)中,即可得到$[0,1]$取值范围的数S。可以把S看成是一个概率值,如果我们设置概率阈值为0.5,那么S大于0.5看成是正样本,小于0.5看成是负样本,就可以进行分类了。函数表达式如式(8-1)所示。

$$g(z) = \frac{1}{1 + e^{-z}} \tag{8-1}$$

由$z \in (-\infty, +\infty)$可知,当z趋于正无穷大时,e^{-z}将趋于0,进而导致$g(z)$趋近于1;相反,当z趋于负无穷大时,e^{-z}会趋于正无穷大,最终导致$g(z)$趋近于0;当$z = 0$时,$e^{-z} = 1$,所以得到$g(z) = 0.5$。该函数的图形如图8-1所示,是一条S形曲线,并且曲线在中心点附近的增长速度较快,在两端的增长速度较慢。

从图8-1中可知,$g(z)$的值域为$(0,1)$,那么就可以将函数值大于等于0.5的具有对应z属性的对象归为正样本,函数值小于0.5的具有对应z属性的对象归为负样本。

将Logit函数中的参数z换成多元线性回归模型的形式,则关于线性回归的Logit函数可以表示为式(8-2)。

$$z = \beta_0 + \beta_1 x_1 + \beta_2 x_2 + \cdots + \beta_p x_p \tag{8-2}$$

将式(8-2)带入式(8-1)中,则有式(8-3)。

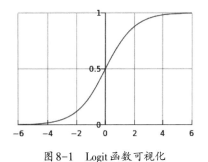

图8-1　Logit函数可视化

$$g(z) = \frac{1}{1 + e^{-(\beta_0 + \beta_1 x_1 + \beta_2 x_2 + \cdots + \beta_p x_p)}} = h_\beta(X) \tag{8-3}$$

其中，$X = \{x_1, x_2, \cdots, x_p\}$，$\beta = \{\beta_0, \beta_1, \cdots, \beta_p\}$。式(8-3)中的 $h_\beta(X)$ 也被称为 Logistic 回归模型，它是将线性回归模型的预测值经过非线性的 Logit 函数转换为 $[0, 1]$ 的概率值。假定在已知自变量 X 和 β 的情况下，因变量是取值为 1 或 0 的二值变量，其发生概率用 $h_\beta(X)$ 表示，值为 p，如式(8-4)所示。

$$P(y = 1|X; \beta) = h_\beta(X) = p \tag{8-4}$$

该事件不发生的概率为 $1 - h_\beta(X)$，可表示为式(8-5)。

$$P(y = 0|X; \beta) = 1 - h_\beta(X) = 1 - p \tag{8-5}$$

我们可以通过式(8-4)和式(8-5)这两个条件概率公式将 Logistic 回归模型还原成线性回归模型，具体推导如式(8-6)所示。

$$
\begin{aligned}
\frac{p}{1-p} &= \frac{h_\beta(X)}{1 - h_\beta(X)} \\
&= \frac{\dfrac{1}{1 + e^{-(\beta_0 + \beta_1 x_1 + \beta_2 x_2 + \cdots + \beta_p x_p)}}}{1 - \dfrac{1}{1 + e^{-(\beta_0 + \beta_1 x_1 + \beta_2 x_2 + \cdots + \beta_p x_p)}}} \\
&= \frac{1}{e^{-(\beta_0 + \beta_1 x_1 + \beta_2 x_2 + \cdots + \beta_p x_p)}} \\
&= e^{\beta_0 + \beta_1 x_1 + \beta_2 x_2 + \cdots + \beta_p x_p}
\end{aligned}
\tag{8-6}
$$

公式中的 $p/(1-p)$ 通常称为优势比或发生比，代表某个事件发生与不发生的概率比值，它的取值范围为 $(0, +\infty)$。如果对发生比 $p/(1-p)$ 取对数，则式(8-6)可以表示为式(8-7)。

$$
\begin{aligned}
\log\left(\frac{p}{1-p}\right) &= \log(e^{\beta_0 + \beta_1 x_1 + \beta_2 x_2 + \cdots + \beta_p x_p}) \\
&= \beta_0 + \beta_1 x_1 + \beta_2 x_2 + \cdots + \beta_p x_p
\end{aligned}
\tag{8-7}
$$

将 Logistic 回归模型转换为线性回归模型的形式后，因变量不再是实际的 y 值，而是与概率相关的对数值。求解未知参数 β 的值，通常采用极大似然估计法，其求解过程这里不做详细解释，可以参看李航的《统计学习方法》和周志华的《机器学习》等书籍。

8.1.2　分类模型评估

在完成模型构建之后，必须对模型的效果进行评估，根据评估结果来继续调整模型的参数、特征或算法，以达到满意的结果。评估一个模型最简单也是最常用的指标就是准确率，但是在没有任何前提的情况下使用准确率作为评估指标，往往不能反映一个模型性能的好坏。例如，在不平衡的数据集中，正类样本占总数的 95%，负类样本占总数的 5%；那么，有一个模型把所有样本全部判断为正类，该模型也能达到95%的准确率,但是这个模型没有任何意义。因此,对于一个模型,我们需要从不同的方面去判断它的性能。在对比不同模型的能力时,使用不同的性能度量往往会导致不同的评估结果,这意味着模型的好坏是相对的,什么样的模型是好的,不仅取决于算法和数据,还取决于任务需求。例如,医院中检测病人是否有心脏病的模型,该模型的目标是将所有有心脏病的人给检测出来,即使会有许多的误诊(将没有心脏病检测为有心脏病);警察追捕罪犯的模型,该模型的目标是将罪犯准确地识别出来,而不希望有过多的误判(将正常人认为是罪犯)。所以,不同的任务需求,模型的训练目标不同,因此评估模型性能的指标也会有所差异。下面介绍了几个常见的模型评估指标:混淆矩阵、ROC曲线和KS曲线。

评估模型性能的指标有很多,目前应用较为广泛的有准确率、精确率、灵敏度、召回率等。表8-1给出了这些指标的计算公式和相应的说明以供参考。

表8-1　分类算法评估指标

名称	评估指标	计算公式	说明
准确率	Accuracy	$\dfrac{TP + TN}{TP + FP + TN + FN}$	对于整个数据集(包括阳性和阴性数据),预测总共的准确比例,表示算法对真阳性和真阴性样本分类的正确性。准确率是一个较为简明和直观的评估指标,但在正负分类样本不平衡的情况下,仍有较大的缺陷
错误率	Error Rate	$\dfrac{FP + FN}{TP + FP + TN + FN}$	描述被分类器错分的比例 Error Rate = 1 − Accuracy
精确率	Precision	$\dfrac{TP}{TP + FP}$	表示被分为阳性的实例中实际为阳性的比例
灵敏度	Sensitivity	$\dfrac{TP}{TP + FN}$	表示分类为阳性的实例占所有真阳性实例的比例,反映了分类算法对真阳性样本分类的准确率。灵敏度越高,表示分类算法对真阳性样本的分类越准确
真阳性率 (真正率)	TPR		
召回率	Recall		
假阳性率 (假正率)	FPR	$\dfrac{FP}{TN + FP}$	也称为虚警率(False Alarm Rate),反映了分类算法错分为阳性的阴性实例的比例 $FPR = \dfrac{FP}{TN + FP} = 1 - \dfrac{TN}{TN + FP} = 1 - Specificity$
特异性	Specificity	$\dfrac{TN}{TN + FP}$	表示在分类为阴性的数据中,算法对阴性样本分类的准确率。特异性越大,表示分类算法对真阴性样本的分类越准确 $Specificity = TNR = \dfrac{TN}{TN + FP} = 1 - FPR$
真阴性率 (真负率)	TNR		

1. 混淆矩阵

我们以二分类模型来举例,假设要预测用户在借款之后是否会逾期,对于我们的预测来说,有逾期和不逾期两种结果。对于真实情况,同样有逾期和不逾期两种结果。我们以逾期为正例,以不逾期为负例,将预测结果与真实结果进行列联交叉,就生成了混淆矩阵,如表8-2所示。

表8-2　混淆矩阵

实际	预测	
	预测正例	预测负例
实际正例	TP：True Positive	FN：False Negative
实际负例	FP：False Positive	TN：True Negative

其中,英文缩写的含义如下。

(1)TP:真正例,预测为正例,实际也为正例。

(2)FP:假正例,预测为正例,实际为负例。

(3)FN:假负例,预测为负例,实际为正例。

(4)TN:真负例,预测为负例,实际也为负例。

从上面的混淆矩阵表格(表8-2)中可以看出来,所有正确的预测结果都在主对角线上,所以从混淆矩阵中可以很直观地看出哪里有错误。

需要指出的是,上述这些都是计数,即真正例的个数、假正例的个数等。那么相应地,用这些计数除以实际每个分类的总数,就得到了4个比率。

(1)TPR:True Positive Rate,真正率,被预测为正的正样本数/实际正样本数。

(2)FPR:False Positive Rate,假正率,被预测为正的负样本数/实际负样本数。

(3)FNR:False Negative Rate,假负率,被预测为负的正样本数/实际正样本数。

(4)TNR:True Negative Rate,真负率,被预测为负的负样本数/实际负样本数。

对应的混淆矩阵公式如式(8-8)~式(8-11)所示。

$$TPR = \frac{TP}{TP + FN} \tag{8-8}$$

$$FPR = \frac{FP}{TN + FP} \tag{8-9}$$

$$FNR = \frac{FN}{FN + TP} \tag{8-10}$$

$$TNR = \frac{TN}{TN + FP} \tag{8-11}$$

我们在设计一个分类模型时,希望它能尽可能分类正确,即实际为正例的,我们希望能将它归类到正例中;实际为负例的,我们希望能将它归类到负例中,也就是提高上述TP和TN部分的比例。混淆矩阵是评估一个分类模型效果的基础,有许多评估指标都是基于分类指标。混淆矩阵能够比较全面地反映模型的性能,从混淆矩阵中可以衍生出很多的指标。混淆矩阵中的这4个数值,经常被用来定义其他一些度量。

(1)精确率(查准率):Precision = TP / (TP + FP)。

(2)召回率(查全率):Recall = TP / (TP + FN)。

(3)准确率(正确率):Accuracy = (TP+TN) / (TP + FP + TN + FN)。

(4)F_1分数(F1-scores):Precision 和 Recall 的加权调和平均数,并假设二者同样重要。F1-score = (2Recall * Precision) / (Recall + Precision)。

精确率和召回率是一对矛盾的度量。一般来说,精确率高时,召回率往往偏低;而召回率高时,精确率往往偏低。通常只有在一些简单任务中,才可能使二者都很高。

部分评估指标的说明和公式,可以参照表8-1进行了解,这里不再一一解释。

2. ROC 曲线

ROC曲线又称为受试者工作曲线或接受者操作特性曲线,得此名的原因在于曲线上各点反映着相同的感受性,它们都是对同一信号刺激的反应,只不过是在几种不同的判定标准下所得的结果而已。它是一条绘制在以真阳性率(TPR)为纵坐标,假阳性率(FPR)为横坐标的二维空间(ROC空间)中的曲线。通过ROC曲线的位置和变化情况,可以对分类结果的真阳性率(TPR)和假阳性率(FPR)的对应变化进行评估。图8-2所示为ROC曲线示意图。

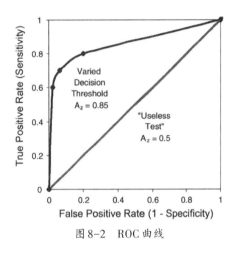

图 8-2　ROC 曲线

该曲线的横坐标为FPR,纵坐标为TPR,其中曲线部分就是ROC曲线,它描绘了不同决策阈值的影响,说明了各种正确和错误决策的所有可能组合。ROC曲线是TPR(灵敏度)和FPR(1 - 特异性)之间的关系图(图8-2)。例如,乳房X射线检查的ROC曲线将绘制检测到的确诊乳腺癌病例(真阳性)与误报(假阳性)的比例。曲线上的每个点都代表一个测试,例如,每个点都是不同的放射科医生阅读同一组20张乳房X射线照片的结果。或者每个点可能代表同一位放射科医生阅读不同组的20张乳房X射线照片的结果,它代表诊断测试在所有可能的解释(决策阈值)中的整体性能。该测试在不同条件下的总体准确率由完整曲线下的面积0.85决定。

ROC曲线起源于第二次世界大战时期雷达兵对雷达的信号判断,当时每一个雷达兵的任务就是去解析雷达的信号,但是当时的雷达技术还没有那么先进,存在很多噪声(比如一只大鸟飞过的声音),所以每当有信号出现在雷达屏幕上,雷达兵就需要对其进行破译。有的雷达兵比较谨慎,凡是有信号过来,他都会倾向于解析成敌军轰炸机;有的雷达兵又没有那么谨慎,会将部分信号解析成飞鸟,部分信号解析成敌军轰炸机。对于不同的雷达兵,每个人的解析评价标准不同,为了能够整合汇总每个雷达兵的预测信息,需要整理出一个通用的评价标准来评估雷达的可靠性,于是最早的ROC曲线分析方法就诞生了,用来作为评估雷达可靠性的指标,在那之后,ROC曲线就被广泛运用于医学及机器学习领域。当绘制完曲线后，就会对模型有一个定性的分析。如果要对模型进行量化的分析，需要引入一个新的概念，就是 AUC(Area Under Curve)，这个概念其实很简单，就是指 ROC 曲线下的面积，即 ROC 曲线与坐标轴所围成的面积。不同条件下的总体准确率由完整曲线下的面积决定，而计算 AUC 值只需要沿着 ROC 横轴做积分就可以了。真实场景中的 ROC 曲线一般都会在 $y = x$ 这条直线的上方，所以 AUC 的取值一般在 0.5~1 范围内。AUC 的值越大，说明该模型的性能越好。

下面我们通过 Python 来简单绘制 ROC 曲线。

```python
from sklearn.metrics import roc_curve, auc
import numpy as np
from sklearn import metrics
import matplotlib.pyplot as plt

y = np.array([1, 1, 2, 2])
scores = np.array([0.1, 0.4, 0.35, 0.8])
# roc_curve的输入为
# y:样本标签
# scores:模型对样本属于正例的概率输出
# pos_label:标记为正例的标签,本例中标记为2的即为正例
fpr, tpr, thresholds = metrics.roc_curve(y, scores, pos_label=2)
# 假阳性率
print(fpr)
# 真阳性率
print(tpr)
# 阈值
print(thresholds)
# auc的输入很简单,就是fpr、tpr值
auc = metrics.auc(fpr, tpr)
print(auc)
plt.figure()
lw = 2
plt.plot(fpr, tpr, color='darkorange', lw=lw,
        label='ROC curve (area=%0.2f)'%auc)
plt.plot([0, 1], [0, 1], color='navy', lw=lw, linestyle='--')
plt.xlim([0.0, 1.0])
plt.ylim([0.0, 1.05])
plt.xlabel('False Positive Rate')
plt.ylabel('True Positive Rate')
plt.title('Receiver operating characteristic example')
plt.legend(loc="lower right")
plt.show()
```

输出结果为：

```
[0.  0.  0.5 0.5 1. ]
[0.  0.5 0.5 1.  1. ]
[1.8 0.8 0.4 0.35 0.1]
0.75
```

输出可视化结果，如图8-3所示。

这里通过Scikit-learn官方说明教程实例来展示ROC曲线的Python实现过程，其中折线就是ROC曲线。注意，不一定弧形的曲线才叫作ROC曲线，根据取值的不同，绘制的线条形状也不同，我们主要关心的是此ROC曲线下面的面积值，值越大，说明模型效果越好。

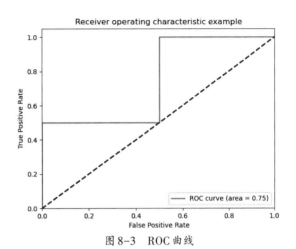

图8-3　ROC曲线

3. KS曲线

KS曲线又称为洛伦兹曲线。实际上，KS曲线的数据来源及本质和ROC曲线是一致的，只是ROC曲线是把TPR和FPR分别当作纵轴和横轴，而KS曲线是把TPR和FPR都当作纵轴，横轴则由选定的阈值来充当。KS值越大，表示模型区分能力越强。KS的取值范围是[0, 1]。

KS曲线作图步骤如下。

（1）根据学习器的预测结果（注意，是正例的概率值，非0/1变量）对样本进行排序（从大到小）——这就是截断点依次选取的顺序。

（2）按顺序选取截断点，并计算TPR和FPR——也可以只选取 n 个截断点，分别在 $1/n$、$2/n$、$3/n$ 等位置定点。

（3）横轴为样本的占比百分比（最大100%），纵轴分别为TPR和FPR，可以得到KS曲线。

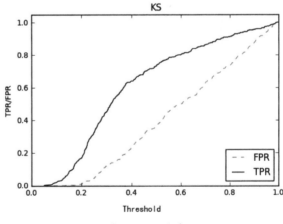

图8-4　KS曲线

（4）TPR和FPR曲线分隔最开的位置就是最好的"截断点"，最大间隔距离就是KS值（max(TPR − FPR)），通常 > 0.2即可认为模型有比较好的预测准确率，如图8-4所示。

由图8-4可以看出，在阈值等于0.4的地方，TPR和FPR相差最大，说明该处阈值可作为最佳区分点。

8.1.3 逻辑回归模型实现二分类

我们以鸢尾花数据集为例,演示通过逻辑回归模型实现二分类。鸢尾花数据集是一个经典数据集,在统计学习和机器学习领域中都经常被用作示例。数据集内包含3类共150条记录,每类各50个数据,每条记录都有4个特征:花萼长度、花萼宽度、花瓣长度、花瓣宽度。这里我们选用花瓣长度和花瓣宽度这两个特征作为分类特征,通过逻辑回归模型实现此二分类问题。逻辑回归模型实现分类的思想是:对每个样本进行"打分",然后设置一个阈值,达到这个阈值的,分为一个类别,没有达到这个阈值的,分为另外一个类别。对于阈值,划分为哪个类别都可以,但是要保证阈值划分的一致性。依据此思想,以下是实现代码。

```python
from sklearn.linear_model import LogisticRegression # 使用Scikit-learn库中的
                                                    # 逻辑回归模型
from sklearn.model_selection import train_test_split
from sklearn.datasets import load_iris # Scikit-learn库包含了鸢尾花数据集
import numpy as np
import warnings
import matplotlib.pyplot as plt
# Matplotlib中文显示问题
plt.rcParams['font.sans-serif'] = ['SimHei']
plt.rcParams['axes.unicode_minus'] = False
warnings.filterwarnings("ignore")
iris = load_iris()
X, y = iris.data, iris.target
# 因为鸢尾花具有3个类别、4个特征,此处仅使用其中两个特征,并且移除一个类别(类别0)
X = X[y!=0, 2:]
y = y[y!=0]
# 此时,y的标签为1与2,这里将其改成0与1(仅仅是因为习惯而已)
y[y==1] = 0
y[y==2] = 1
X_train, X_test, y_train, y_test = train_test_split(X, y, test_size=0.25,
                                                    random_state=2)
lr = LogisticRegression()
lr.fit(X_train, y_train)
y_hat = lr.predict(X_test)
print("权重: ", lr.coef_)
print("偏置: ", lr.intercept_)
print("真实值: ", y_test)
print("预测值: ", y_hat)
c1 = X[y==0]
c2 = X[y==1]
```

```
plt.scatter(x=c1[:, 0], y=c1[:, 1], c="g", label="类别0", )
plt.scatter(x=c2[:, 0], y=c2[:, 1], c="r", label="类别1")
plt.xlabel("花瓣长度")
plt.ylabel("花瓣宽度")
plt.title("鸢尾花样本分布")
plt.legend(loc="upper left")    # 调整图内标签框位置靠左上
plt.show()
```

输出结果为：

```
权重：  [[2.54536368 2.15257324]]
偏置：  [-16.08741502]
真实值: [1 0 1 0 0 0 0 0 0 1 1 1 0 0 0 0 0 1 1 0 0 1 0 1]
预测值: [1 0 0 0 0 0 0 1 0 0 1 1 1 0 0 0 0 0 1 1 0 0 1 0 1]
```

输出可视化结果，如图8-5所示。

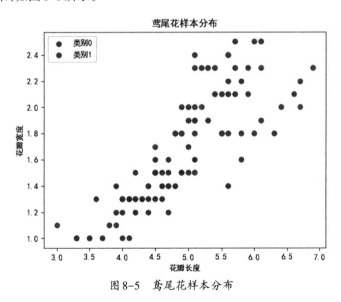

图8-5　鸢尾花样本分布

下面的代码绘制了在测试集中，样本的真实类别与预测类别。

```
## 接上面代码内容
plt.figure(figsize=(15, 5))
plt.plot(y_test, marker="o", ls="", ms=15, c="r", label="真实类别")
plt.plot(y_hat, marker="X", ls="", ms=15, c="g", label="预测类别")
plt.legend()
plt.xlabel("样本序号")
plt.ylabel("类别")
plt.title("逻辑回归分类预测结果")
plt.show()
```

输出可视化结果，如图8-6所示。

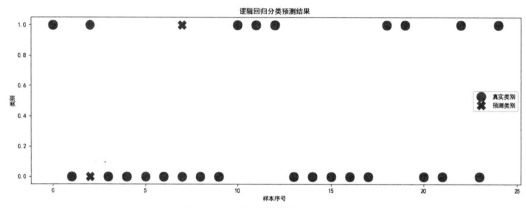

图8-6 逻辑回归分类预测结果

可以看出,逻辑回归模型在二分类上的预测结果还是不错的,但是也有部分未预测到或预测错误的,比如图8-6中没有成功预测的真实类别,但是总体效果还是可以的。虽然我们通过逻辑回归模型成功预测出样本的分类结果,但是作为分类模型,应该不仅能够预测样本所属的类别,而且还可以预测属于各个类别的概率,这在实践中是非常有意义的。接下来,我们通过代码实现求解逻辑回归模型预测的概率值。

```
## 接上面代码实现下述功能
# 获取预测的概率值,包含数据属于每个类别的概率
probability = lr.predict_proba(X_test)
display(probability[:5])
display(np.argmax(probability, axis=1))
# 产生序号,用于可视化的横坐标
index = np.arange(len(X_test))
pro_0 = probability[:, 0]
pro_1 = probability[:, 1]
tick_label = np.where(y_test==y_hat, "O", "X")
plt.figure(figsize=(15, 5))
# 绘制堆叠图
plt.bar(index, height=pro_0, color="g", label="类别0概率值")
# bottom=x,表示从x的值开始堆叠上去
# tick_label设置标签刻度的文本内容
plt.bar(index, height=pro_1, color='r', bottom=pro_0, label="类别1概率值",
        tick_label=tick_label)
plt.legend(loc="best", bbox_to_anchor=(1, 1))
plt.xlabel("样本序号")
plt.ylabel("各个类别的概率")
plt.title("逻辑回归分类概率")
plt.show()
```

输出结果为:

```
array([[0.46933862, 0.53066138],
       [0.98282882, 0.01717118],
       [0.72589695, 0.27410305],
       [0.91245661, 0.08754339],
       [0.80288412, 0.19711588]])
array([1, 0, 0, 0, 0, 0, 0, 1, 0, 0, 1, 1, 1, 0, 0, 0, 0, 0, 1, 1, 0, 0,
       1, 0, 1], dtype=int64)
```

输出可视化结果,如图8-7所示。

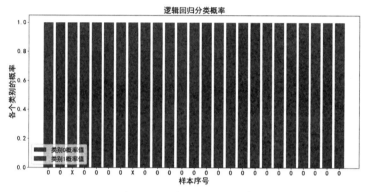

图 8-7　逻辑回归分类概率

我们可以绘制决策边界,将分类效果进行可视化显示。首先,我们来定义绘制决策边界的函数,实现代码如下。

```
## 接上面代码实现下述功能
from matplotlib.colors import ListedColormap
# 定义函数,用于绘制决策边界
def plot_decision_boundary(model, X, y):
    color = ["r", "g", "b"]
    marker = ["o", "v", "x"]
    class_label = np.unique(y)
    cmap = ListedColormap(color[: len(class_label)])
    x1_min, x2_min = np.min(X, axis=0)
    x1_max, x2_max = np.max(X, axis=0)
    x1 = np.arange(x1_min-1,x1_max+1, 0.02)
    x2 = np.arange(x2_min-1,x2_max+1, 0.02)
    X1, X2 = np.meshgrid(x1, x2)
    Z = model.predict(np.array([X1.ravel(), X2.ravel()]).T).reshape(X1.shape)
    # 绘制使用颜色填充的等高线
    plt.contourf(X1, X2, Z, cmap=cmap, alpha=0.5)
    for i, class_ in enumerate(class_label):
        plt.scatter(x=X[y==class_, 0], y=X[y==class_, 1],
                    c=cmap.colors[i], label=class_, marker=marker[i])
```

```
    plt.legend()
    plt.show()
plot_decision_boundary(lr, X_train, y_train)    # 调用绘制决策边界的函数,输出训练集的
                                                # 实现效果

plt.show()
plot_decision_boundary(lr, X_test, y_test)      # 调用绘制决策边界的函数,输出测试集的
                                                # 实现效果

plt.show()
```

输出结果如图8-8和图8-9所示。

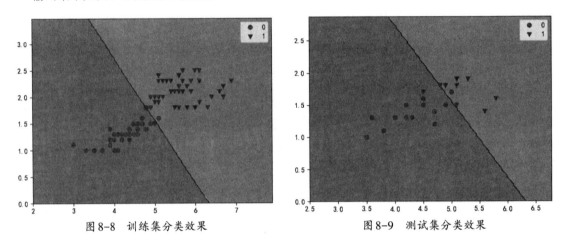

图8-8　训练集分类效果　　　　　　　　图8-9　测试集分类效果

　　至此,我们通过简单的实例解决了逻辑回归模型的二分类问题。当然,逻辑回归模型不仅能实现二分类任务,也能实现多分类任务,这里不再进一步详解了。从二分类任务的实现效果来看,逻辑回归模型的分类效果确实不错,是个很重要的分类算法。

8.2　决策树和随机森林算法

　　本节主要介绍决策树的工作原理、特征选择、决策树的生成、决策树的剪枝等,并介绍随机森林算法的相关内容。

8.2.1　决策树的工作原理

　　决策树是一种树状结构,其中树的最顶层节点是根节点;每个内部节点(非叶节点)表示在属性上的测试,每个分支表示该测试上的一个输出;每个叶节点代表一种分类的类别,也就是决策树的输出类别,如图8-10所示。决策树是一种非参数的监督学习方法,其目标是创建一个模型,通过学习从数据特征和标签中

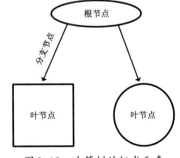

图8-10　决策树的组成元素

推断出的决策规则,来解决分类和回归问题(本节主要讲解分类问题)。

决策树分类,表示从树的根节点开始,对实例的某一特征进行测试,并依据测试结果将实例分配到其子节点。其中,每个子节点代表该特征的一个取值,如此递归地对实例进行测试分配,直至达到叶节点,最后将实例分到叶节点的类中。

与其他分类方法相比,决策树主要有三大优势。

(1)模型容易展示:决策树模型可读性好且具有描述性,有助于进行人工分析。

(2)效率高:决策树只需一次构建就可反复使用,每次预测的最大计算次数不超过决策树的深度。

(3)准确率高:决策树得出的分类规则的准确率比较高。

当然,决策树模型也不是完美的,有一定局限性,数据过拟合是决策树模型的实际困难之一。在实际操作中,常通过剪枝和设置模型参数的约束来优化。

一棵决策树的生成过程主要包含以下三步。

(1)特征选择:特征选择是指从训练数据众多的特征中选择一个特征作为当前节点的分裂标准。选择特征时有很多不同的量化评估标准,从而衍生出了不同的决策树算法。

(2)决策树的生成:根据选择的特征评估标准,从上向下递归地生成子节点,直到数据不可分,则决策树停止生长。

(3)决策树的剪枝:决策树容易过拟合,一般需要剪枝来缩小树结构规模、缓解过拟合。

8.2.2 特征选择

特征选择在于选取对训练数据具有分类能力的特征,这样可以提高决策树学习的效率。如果利用一个特征进行分类的结果与随机分类的结果没有很大差别,则称这个特征是没有分类能力的。从经验的角度出发,丢掉这样的特征对决策树学习的精度影响不大。通常特征选择的准则是信息增益、信息增益率和基尼系数。

1. 信息增益

在信息论中,为了衡量随机离散事件出现概率的不确定性,提出了信息熵的概念,熵就是信息的期望值。若待分类的事物可能划分在 N 类中,这 N 类分别是 $x_1, x_2, \cdots, x_n$,每一分类取到的概率分别是 $p_1, p_2, \cdots, p_n$,那么 X 的熵定义为式(8-12)。

$$H(X) = -\sum_{i=1}^{n} p_i \log_2 p_i \qquad (8-12)$$

信息熵表明了信息的不确定性,且熵值越高,意味着不确定性越大,数据混合的种类越多,它携带的信息量就越大。

而在某一个已知条件下,随机变量的不确定性又被称为条件熵。条件熵 $H(Y|X)$ 表示在已知随机变量 X 的条件下,随机变量 Y 的不确定性。$H(Y|X)$ 定义为在给定条件 X 下,Y 的条件概率分布的熵对 X 的数学期望,如式(8-13)所示。

$$H(Y|X) = \sum_{i=1}^{n} p_i H(Y|X = x_i) \tag{8-13}$$

在进行特征选择时,为了消除信息熵以增加分类的确定性,使用信息增益来衡量信息熵(信息不确定性)的减少程度。信息增益的定义如式(8-14)所示。

$$G(Y, X) = H(Y) - H(Y|X) \tag{8-14}$$

其中,$H(Y)$表示划分之前节点Y的信息熵;$H(Y|X)$为条件熵,表示按照属性X划分后的子节点信息熵;$G(Y, X)$则为划分前后信息熵的差值。$G(Y, X)$的值越大,表明确定性上升越快。

信息增益是针对一个一个的特征而言的,就是看一个特征X,系统有它和没它时信息量各是多少,二者的差值就是这个特征给系统带来的信息增益。每次选取特征的过程都是通过计算每个特征值划分数据集后的信息增益,然后选取信息增益最大的特征。

2. 信息增益率

为了弥补信息增益的缺陷,诞生了信息增益率。特征X对训练数据集Y的信息增益率$G\_ratio(Y, X)$定义为其信息增益$G(Y, X)$与训练数据集Y的经验熵$H_X(Y)$之比,如式(8-15)所示。

$$G\_ratio(Y, X) = \frac{G(Y, X)}{H_X(Y)} \tag{8-15}$$

其中,$H_X(Y)$定义为式(8-16)。

$$H_X(Y) = -\sum_{j=1}^{n} \frac{|Y_j|}{|Y|} \cdot \log_2 \frac{|Y_j|}{|Y|} \tag{8-16}$$

其中,n为特征X的取值个数,j为特征类别数。

3. 基尼指数

尽管信息增益率在信息增益的基础上做出了一定的改进,但二者本质上都基于信息熵,运算过程涉及复杂的对数运算。因此,在简化计算量的同时还保留信息熵的优势,常使用基尼指数来进行特征选择。

基尼指数一般指基尼系数,是用来衡量从数据集中随机选择的样本被错误分类的程度或概率。与信息增益(率)相反的是,基尼系数越小,意味着确定性越高,特征越有价值。

假设样本集合中有K个类别,选中的样本属于k类别的概率为p_k,则这个样本被错误分类的概率是$1 - p_k$,基尼系数的表达式如式(8-17)所示。

$$Gini(p) = \sum_{k=1}^{K} p_k(1 - p_k) = 1 - \sum_{k=1}^{K} p_k^2 \tag{8-17}$$

如果是二分类问题,则基尼系数如式(8-18)所示。

$$Gini(p) = 2p(1 - p) \tag{8-18}$$

8.2.3　决策树的生成

本小节将介绍决策树的生成算法。常用的决策树算法有ID3、C4.5、CART，其区别如表8-3所示。

表8-3　常用的3种决策树算法

算法	划分标准	特点
ID3	信息增益	回归树;没有剪枝策略,且只能用于处理离散分布的特征
C4.5	信息增益率	回归树;引入悲观错误剪枝策略
CART	基尼指数	分类树;代价复杂度剪枝

1. ID3算法

ID3算法根据信息论理论,采用划分后样本集的不确定性作为衡量划分好坏的标准,用信息增益值度量不确定性:信息增益值越大,不确定性越小。因此,ID3算法在每个非叶节点上选择信息增益最大的属性作为测试属性,这样可以得到当前情况下最纯的拆分,从而得到较小的决策树。

ID3算法生成决策树的步骤如下。

(1)对当前样本集合,计算所有属性的信息增益。

(2)选择信息增益最大的属性作为测试属性,把测试属性取值相同的样本划分为同一个子样本集。

(3)若子样本集的类别属性只含有单个属性,则分支为叶节点,判断其属性值并标上相应的符号之后返回调用处;否则对子样本集递归调用本算法。

表8-4所示为10天打羽毛球的天气数据集,训练样本包含4个属性,分别为天气、温度、风速、湿度。样本集合的类别属性为是否打羽毛球,该属性有2个值,即是和否。下面通过该案例来详细演示ID3算法生成决策树的过程。

表8-4　10天打羽毛球的天气数据集

天数	天气	温度	风速	湿度	是否打羽毛球
1	晴朗	热	高	弱	否
2	多云	热	高	弱	是
3	晴朗	适宜	正常	强	是
4	多云	适宜	高	强	否
5	下雨	适宜	高	强	否
6	下雨	凉爽	正常	强	否
7	下雨	适宜	高	弱	是
8	晴朗	热	高	强	否
9	多云	热	正常	弱	是
10	下雨	适宜	高	强	否

从表8-4中可以看出,打羽毛球有4天,不打羽毛球有6天。因此,假设划分前样本集合为Y,则过去10天是否去打羽毛球的整体熵$H(Y)$如式(8-19)所示。

$$H(Y) = -\frac{2}{5} \times \log_2\left(\frac{2}{5}\right) - \frac{3}{5} \times \log_2\left(\frac{3}{5}\right) \approx 0.974 \tag{8-19}$$

当使用天气作为属性划分时,将产生晴朗、多云和下雨三个子节点。其信息熵分别如式(8-20)~式(8-22)所示。

$$H(\text{晴朗}) = -\frac{1}{3} \times \log_2\left(\frac{1}{3}\right) - \frac{2}{3} \times \log_2\left(\frac{2}{3}\right) \approx 0.918 \tag{8-20}$$

$$H(\text{多云}) = -\frac{2}{3} \times \log_2\left(\frac{2}{3}\right) - \frac{1}{3} \times \log_2\left(\frac{1}{3}\right) \approx 0.918 \tag{8-21}$$

$$H(\text{下雨}) = -\frac{1}{4} \times \log_2\left(\frac{1}{4}\right) - \frac{3}{4} \times \log_2\left(\frac{3}{4}\right) \approx 0.811 \tag{8-22}$$

在总共10条记录中,上述三个节点分别占比3/10、3/10、2/5。天气的条件熵如式(8-23)所示。

$$H(Y|\text{天气}) = \frac{3}{10} \times 0.918 + \frac{3}{10} \times 0.918 + \frac{2}{5} \times 0.811 \approx 0.875 \tag{8-23}$$

因此,使用天气划分数据集Y的信息增益如式(8-24)所示。

$$G(Y, \text{天气}) = H(Y) - H(Y|\text{天气}) = 0.974 - 0.875 = 0.099 \tag{8-24}$$

同理,可以计算出温度、风速、湿度的信息增益分别为0.087、0.095、0.260。

结果显示,湿度的信息增益最大。因此,ID3算法将湿度作为根节点,并利用信息增益不断地将数据集划分为纯度更高的子集,最终生成完整的决策树。

2. C4.5算法

ID3算法并不完美,局限性较强。为了改进其缺陷,Ross Quinlan有针对性地提出了更为完善的C4.5算法,它是ID3算法的改进版,同样以"信息熵"作为核心,使用信息增益率进行特征选择。接下来,同样以表8-4所示的数据集为例,演示C4.5算法生成决策树的过程。

根据属性的取值情况,可以计算出使用天气、温度、风速和湿度属性时的经验熵,如式(8-25)~式(8-28)所示。

$$H_{\text{天气}}(Y) = -\frac{3}{10} \times \log_2\left(\frac{3}{10}\right) - \frac{3}{10} \times \log_2\left(\frac{3}{10}\right) - \frac{2}{5} \times \log_2\left(\frac{2}{5}\right) \approx 1.571 \tag{8-25}$$

$$H_{\text{温度}}(Y) = -\frac{2}{5} \times \log_2\left(\frac{2}{5}\right) - \frac{1}{2} \times \log_2\left(\frac{1}{2}\right) - \frac{1}{10} \times \log_2\left(\frac{1}{10}\right) \approx 1.361 \tag{8-26}$$

$$H_{风速}(Y) = -\frac{7}{10} \times \log_2\left(\frac{7}{10}\right) - \frac{3}{10} \times \log_2\left(\frac{3}{10}\right) \approx 0.881 \tag{8-27}$$

$$H_{湿度}(Y) = -\frac{3}{5} \times \log_2\left(\frac{3}{5}\right) - \frac{2}{5} \times \log_2\left(\frac{2}{5}\right) \approx 0.971 \tag{8-28}$$

结合前文中计算出的信息增益值,得到信息增益率如式(8-29)~式(8-32)所示。

$$\text{G\_ratio}(Y, 天气) = \frac{\text{G}(Y, 天气)}{H_{天气}(Y)} = 0.099/1.571 \approx 0.063 \tag{8-29}$$

$$\text{G\_ratio}(Y, 温度) = \frac{\text{G}(Y, 温度)}{H_{温度}(Y)} = 0.087/1.361 \approx 0.064 \tag{8-30}$$

$$\text{G\_ratio}(Y, 风速) = \frac{\text{G}(Y, 风速)}{H_{风速}(Y)} = 0.095/0.881 \approx 0.108 \tag{8-31}$$

$$\text{G\_ratio}(Y, 湿度) = \frac{\text{G}(Y, 湿度)}{H_{湿度}(Y)} = 0.260/0.971 \approx 0.268 \tag{8-32}$$

结果显示,湿度的信息增益率最大。当然,信息增益率有点矫枉过正了,结果偏向于取值个数少的属性。所以,C4.5算法并没有直接使用信息增益率,而是先通过信息增益筛选出高于平均水平的候选属性集,再从候选属性集中选取信息增益率最大的属性。

3. CART算法

CART算法使用基尼系数作为划分标准。下面仍基于表8-4中的数据,来演示CART算法生成决策树的过程。当使用天气进行划分时,计算子节点基尼系数,如式(8-33)~式(8-35)所示。

$$\text{Gini}(晴朗) = 1 - \left(\frac{1}{3}\right)^2 - \left(\frac{2}{3}\right)^2 \approx 0.444 \tag{8-33}$$

$$\text{Gini}(多云) = 1 - \left(\frac{2}{3}\right)^2 - \left(\frac{1}{3}\right)^2 \approx 0.444 \tag{8-34}$$

$$\text{Gini}(下雨) = 1 - \left(\frac{1}{4}\right)^2 - \left(\frac{3}{4}\right)^2 = 0.375 \tag{8-35}$$

然后,将上述子节点的基尼系数进行归一化处理,得到天气的基尼系数,如式(8-36)所示。

$$\text{Gini}(天气) = \frac{3}{10} \times 0.444 + \frac{3}{10} \times 0.444 + \frac{2}{5} \times 0.375 = 0.4164 \tag{8-36}$$

同理,可以计算出温度、风速、湿度的基尼系数分别为0.440、0.419、0.417。

计算出所有属性的基尼系数值后,CART算法将选取基尼系数最小的属性作为根节点,然后利用基尼系数不断重复地将数据集划分为确定性更高的子集,最终生成完整的决策树。

4. Scikit-learn 构建决策树

下面将利用一个案例,结合Scikit-learn建立基于信息熵的决策树模型。Scikit-learn库中决策树的相关类都被封装在tree模块中,如表8-5所示。

表8-5　Scikit-learn库中的tree模块

类	备注
tree.DecisionTreeClassifier	分类树
tree.DecisionTreeRegressor	回归树
tree.export_graphviz	将生成的决策树导出为DOT格式,画图专用
tree.ExtraTreeClassifier	高随机版本的分类树
tree.ExtraTreeRegressor	高随机版本的回归树

下面使用Scikit-learn库中自带的红酒数据集进行演示,具体代码如下。

（1）导入模块并查看数据集属性。

```
from sklearn import tree                              # 导入tree模块
from sklearn.datasets import load_wine                # 导入红酒数据集
from sklearn.model_selection import train_test_split  # 划分数据集的模块


wine = load_wine()
print(wine.data.shape)     # 查看形状
print(wine.target)         # 查看标签
```

输出结果如下,由以下显示的结果可知,该数据集有178个样本,13个特征。

```
(178, 13)
[0 0 0 0 0 0 0 0 0 0 0 0 0 0 0 0 0 0 0 0 0 0 0 0 0 0 0 0 0 0 0 0 0 0 0 0 0
 0 0 0 0 0 0 0 0 0 0 0 0 0 0 0 0 0 0 0 0 0 1 1 1 1 1 1 1 1 1 1 1 1 1 1 1 1
 1 1 1 1 1 1 1 1 1 1 1 1 1 1 1 1 1 1 1 1 1 1 1 1 1 1 1 1 1 1 1 1 1 1 1 1 1
 1 1 1 1 1 1 1 1 1 1 1 1 1 1 1 1 1 2 2 2 2 2 2 2 2 2 2 2 2 2 2 2 2 2 2 2 2
 2 2 2 2 2 2 2 2 2 2 2 2 2 2 2 2 2 2 2 2 2 2 2 2 2 2 2]
```

（2）将数据集划分为训练集和测试集。

```
# 30%数据作为测试集,70%数据作为训练集
Xtrain, Xtest, Ytrain, Ytest = train_test_split(wine.data, wine.target,
                                                test_size=0.3)
print(Xtrain.shape)
print(Xtest.shape)
```

输出结果为:

```
(124, 13)
(54, 13)
```

（3）建模。

```
# 建立模型
clf = tree.DecisionTreeClassifier(criterion="entropy")  # 初始化决策树对象,基于信息熵
clf = clf.fit(Xtrain, Ytrain)    # 训练模型
score = clf.score(Xtest, Ytest)  # 准确率
print(score)
```

使用tree模块中的DecisionTreeClassifier()函数对决策树对象进行初始化操作,其参数criterion值为entropy时,表示使用信息熵建模;值为gini时,表示使用基尼系数建模。

输出结果为:

```
0.9444444444444444
```

每次运行上述代码返回的准确率是不同的,因为Scikit-learn每次会从全部特征中选择部分特征构建决策树。可以使用random_state参数返回相同的准确率。

8.2.4　决策树的剪枝

决策树使用递归的方法从上向下构建,它可以最大限度地拟合训练数据,但是对测试数据进行预测时可能不是很准确,也就意味着过拟合。为了避免这个问题,可以降低模型的复杂度,即进行决策树的剪枝操作。剪枝就是从已生成的树上裁掉一些子树或叶节点,并将其根节点或父节点作为新的叶终点,从而达到简化决策树的目的。

决策树的剪枝包括先剪枝和后剪枝两种基本策略。

（1）先剪枝:在构建决策树的过程中进行剪枝。具体来说,先剪枝有以下判断方法。

①最简单的方法是在决策树到达指定高度的情况下就停止对其划分。

②节点下的样例个数小于某个阈值时停止划分。

③计算节点对系统性能的增益,如果这个增益值小于特定值就不会进行划分。

（2）后剪枝:在决策树构建完成后进行剪枝。现有的后剪枝方法主要如下。

①误差降低剪枝（Reduced Error Pruning,REP）法。

②悲观错误剪枝（Pessimistic Error Pruning,PEP）法。

③代价复杂度剪枝（Cost Complexity Pruning,CCP）法。

这里主要介绍前两种后剪枝方法,对第三种方法感兴趣的读者可自行查阅相关资料。

1. 误差降低剪枝法

误差降低剪枝法是使用一个新的验证集来解决决策树中的过拟合问题。对于决策树T中的每一个非叶节点的子树S,用叶节点替换它,然后对比替换前后的两棵决策树在验证集中的性能表现。如果S被叶节点替换后形成的新树在验证集中的性能更高,则该子树替换成功。该方法从下向上依次

遍历所有的子树,直到没有任何子树替换能提升验证集性能时,算法才停止。图8-11展示了REP的剪枝过程。

接下来使用REP方法对其进行剪枝操作,具体步骤如下。

(1)从下向上遍历,将节点D替换为叶节点H和I,测试简化后的决策树在验证集上的性能表现,如果表现更佳,则删掉D节点并替换为H和I的并集;如果表现不佳,则保留原始树。

(2)同理,将B节点替换为H、I和E,对比其在验证集上的性能表现。

(3)将C节点替换为F和G,对比其在验证集上的性能表现。

(4)已遍历完所有非叶节点的子树,停止该算法。

假设上述操作都被执行,剪枝后得到的新决策树如图8-12所示。

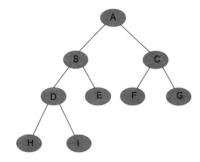

图8-11　REP的剪枝过程

图8-12　REP剪枝后的决策树

注意,图8-12中下面的两个圈表示,在实际操作中节点最终被替换为训练数据中最常见的分类。例如,假设通过B节点的类有1、2,统计发现该节点的叶节点H、I、E中更多的是1,则B节点执行叶节点替换后选择1类。(由于本例没有具体数据,故使用深色圈表示最终结果)

REP是最简单的后剪枝方法之一,但当数据量较少时,REP方法容易过拟合,故较少使用。

2. 悲观错误剪枝法

悲观错误剪枝法依据剪枝前后的错误率来判断是否真正执行剪枝操作。PEP方法从上向下进行遍历,且不需要单独的验证集。

PEP方法首先计算子树的错误率,由于其使用的是构建决策树时的训练集,故节点剪枝后的错误率必定会上升。因此,计算子树错误率时会加上一个惩罚因子0.5,错误率如式(8-37)所示。

$$p = \frac{\sum_{i=1}^{L} E_i + 0.5L}{\sum_{i=1}^{L} N_i} \tag{8-37}$$

其中,N_i为第i个叶节点所覆盖的样本数,包含E_i个错误;L为叶节点的总数;0.5为惩罚因子。

假设子树中的每个样本的错判数服从二项分布$B(N,p)$,其中N代表子树所包含的全部样本数,则剪枝前子树的错判数均值如式(8-38)所示。

$$E(剪枝前) = N \cdot p \tag{8-38}$$

错判数标准差如式(8-39)所示。

$$\text{std}(\text{剪枝前}) = \sqrt{N \cdot p \cdot (1 - p)} \tag{8-39}$$

执行完剪枝操作后,子树被替换成叶节点,该叶节点的错判数同样服从二项分布。假设这个叶节点的错误概率为e,则剪枝后叶节点的错判数均值如式(8-40)所示。

$$E(\text{剪枝后}) = N \cdot e = N \cdot (E + 0.5) / N \tag{8-40}$$

如果子树的错判数均值比相应叶节点的错判数均值多出一个标准差的数值,就决定剪枝,如式(8-41)所示。

$$E(\text{剪枝前}) - \text{std}(\text{剪枝前}) > E(\text{剪枝后}) \tag{8-41}$$

其中$e = (E + 0.5) / N$,E为子树的原始错判数,N为子树的样本总数。

如图8-13所示,通过一个简单的实例来看看以T4为根节点的这棵子树能否被剪枝。

树的每个节点包含两个数值,左边为正确,右边为错误,计算步骤如下。

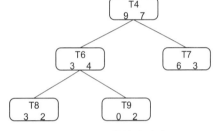

(1)$p = \dfrac{7 + 0.5 \times 3}{16} \approx 0.53$。

(2)$E(\text{剪枝前}) = 16 \times 0.53 = 8.48$。

(3)$\text{std}(\text{剪枝前}) = \sqrt{8.48 \times (1 - 0.53)} \approx 2$。

(4)$E(\text{剪枝后}) = 7 + 0.5 = 7.5$。

图8-13 PEP剪枝方法实例

根据判别公式,得到$8.48 - 2 < 7.5$,不满足条件,故不进行剪枝。

PEP方法是决策树后剪枝方法中精度较高的算法之一,它不需要分离出新的数据集,在数据量较少时也能发挥效益,且相比其他方法效率更高。但PEP方法是唯一使用从上向下遍历的剪枝策略,这种方式会出现和预剪枝策略中相同的问题——将不需要被剪枝的叶节点剪掉。

3. Scikit-learn中的决策树剪枝

下面将结合Scikit-learn学习决策树的剪枝。对于预剪枝,tree模块提供了DecisionTreeClassifier类进行操作,其常用的参数被归纳于表8-6中。

表8-6 DecisionTreeClassifier类中常用的预剪枝参数

参数	备注
math_depth	限制树的最大深度,超过设定深度的树枝全部剪掉
min_samples_split	限定一个节点必须包含至少min_samples_split个训练样本,这个节点才允许被分支,否则分支就不会发生
min_samples_leaf	限定一个节点在分支后的每个子节点都必须包含至少min_samples_leaf个训练样本,否则分支就不会发生

由于存在过多的人为设定,预剪枝可能导致生成的模型"欠拟合"。接下来,使用Scikit-learn库中

自带的乳腺癌数据集来演示后剪枝过程。首先看下剪枝前的模型。

(1)导入模块,加载数据集。

```python
# 导入模块
import numpy as np
import pandas as pd
import matplotlib.pyplot as plt
import seaborn as sns
from sklearn import tree
from sklearn.metrics import accuracy_score
from sklearn.datasets import load_breast_cancer
from sklearn.model_selection import train_test_split
from sklearn.tree import DecisionTreeClassifier

X, y = load_breast_cancer(return_X_y=True)
```

(2)将数据集划分为训练集和测试集。

```python
# 数据集的划分
X_train, X_test, y_train, y_test = train_test_split(X, y, random_state=0)
```

(3)模型的建立和训练。

```python
clf = DecisionTreeClassifier(random_state=0)    # 实例化决策树
clf.fit(X_train, y_train)                        # 训练模型
```

(4)使用模型进行预测。

```python
y_train_predicted = clf.predict(X_train)         # 预测
y_test_predicted = clf.predict(X_test)
print(accuracy_score(y_train, y_train_predicted))
print(accuracy_score(y_test, y_test_predicted))
```

输出结果为:

```
1.0
0.8811188811188811
```

(5)绘制生成的决策树。

```python
plt.rcParams['savefig.dpi'] = 200 # 图片像素
plt.rcParams['figure.dpi'] = 200  # 分辨率
tree.plot_tree(clf, filled=True)
plt.show()
```

输出结果如图8-14所示。

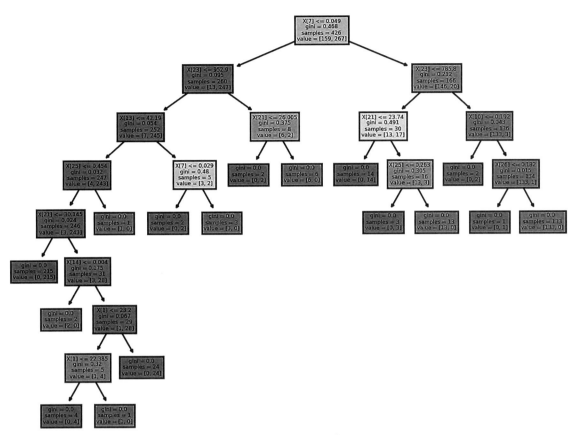

图 8-14　剪枝前的决策树

由上述内容可知,不剪枝时,采用默认参数生成的决策树,树的深度为8。此外,训练集和测试集的准确率差异太大,这就意味着模型过拟合。为了解决过拟合问题,使用后剪枝策略中的CCP方法来简化决策树,具体代码如下。

```
# 以下代码的主要目的是找到较优的ccp_alpha
path = clf.cost_complexity_pruning_path(X_train, y_train)
ccp_alphas, impurities = path.ccp_alphas, path.impurities
print("ccp alpha wil give list of values :", ccp_alphas)
print("*********************************************************")
print("Impurities in Decision Tree :", impurities)
```

输出结果为:

```
ccp alpha wil give list of values : [0.    0.00226647  0.00464743  0.0046598
0.0056338  0.00704225  0.00784194  0.00911402  0.01144366  0.018988
0.02314163  0.03422475  0.32729844]
*****************************************************
Impurities in Decision Tree : [0.    0.00453294  0.01847522  0.02313502
0.02876883  0.03581108  0.04365302  0.05276704  0.0642107  0.0831987
```

```
0.10634033   0.14056508   0.46786352]
```

　　ccp_alpha 将作为 DecisionTreeClassifier()函数中的参数添加。

```
clfs = []
for ccp_alpha in ccp_alphas:
    clf = DecisionTreeClassifier(random_state=0, ccp_alpha=ccp_alpha)
    clf.fit(X_train, y_train)
    clfs.append(clf)
print("Last node in Decision tree is {} and ccp_alpha for last node is {}".
     format(clfs[-1].tree_.node_count, ccp_alphas[-1]))
```

　　输出结果为：

```
Last node in Decision tree is 1 and ccp_alpha for last node is 0.3272984419327777
```

　　可视化训练集和测试集的准确率：

```
# 绘制不同ccp_alpha取值下,clf在训练集和测试集上的准确率
train_scores = [clf.score(X_train, y_train) for clf in clfs]
test_scores = [clf.score(X_test, y_test) for clf in clfs]
fig, ax = plt.subplots()
ax.set_xlabel("alpha")
ax.set_ylabel("准确率")
ax.set_title("不同alpha下训练集和测试集的准确率")
ax.plot(ccp_alphas, train_scores, marker='o',
        label="train", drawstyle="steps-post")
ax.plot(ccp_alphas, test_scores, marker='o',
        label="test", drawstyle="steps-post")
ax.legend()
plt.show()
```

　　输出结果如图 8-15 所示。

　　根据图 8-15 可以发现,当 alpha 介于 0.05~0.3 时,对应的决策树分类器在测试集和训练集上的准确率均比较高,准确率稳定在 0.9~0.95。接着,重新生成决策树,根据 ccp_alpha 进行剪枝,并绘制出剪枝后的决策树。

```
clf = DecisionTreeClassifier(random_state=0, ccp_alpha=0.02)
clf.fit(X_train, y_train)
plt.figure(figsize=(12, 8))
tree.plot_tree(clf, rounded=True, filled=True)
print(accuracy_score(y_test, clf.predict(X_test)))
```

　　输出结果如下,决策树如图 8-16 所示。

```
0.916083916083916
```

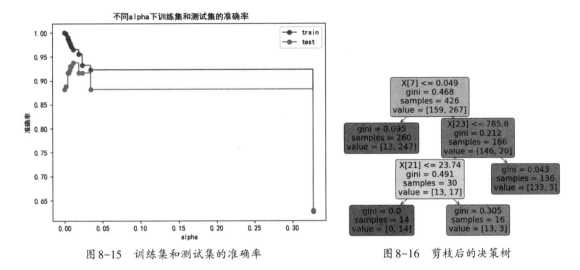

图8-15　训练集和测试集的准确率　　　　图8-16　剪枝后的决策树

结果显示,决策树被简化,且使用剪枝提高了决策树模型的准确率。

8.2.5　随机森林算法

1. 随机森林算法概述

随机森林是一种基于决策树构建的监督学习算法。该算法最早由 Tin Kam Ho 在1995年提出,后经 Leo Breiman 和 Adele Cutler 的进一步发展与推广,这一算法在机器学习领域中逐渐崭露头角,引起了广泛关注。特别是 Leo Breiman 在2001年发表的论文 *Random Forests* 中,对随机森林的原理和应用进行了详尽的介绍,并对其在分类和回归问题上的性能进行了全面评估。如今,这一算法已广泛应用于银行、电子商务等多个行业,展现了其强大的实用性和潜力。随机森林算法是构建在单一决策树的基础上的,同时又是单一决策树的延伸和改进。在随机森林算法中有两个随机过程:第一个是输入数据是随机地从整体的训练数据中选取一部分作为一棵决策树的构建,而且是有放回的选取;第二个是每棵决策树的构建所需的特征是从整体特征集中随机选取的,这两个过程采用随机的方式在很大程度上避免了过拟合现象的出现。具体过程如下。

(1)样本随机:对样本数据进行有放回的抽样,得到多个样本集。具体来说,就是每次从原来的 N 个训练样本中有放回地随机抽取 n 个样本(包括可能重复的样本)。

(2)特征随机:从整体的特征集中随机抽取 m 个特征,作为当前节点下决策的备选特征,从这些特征中选择最好的划分训练样本的特征。

(3)用每个样本集为训练样本构建决策树。单棵决策树在产生样本集和确定特征后,使用 CART算法计算,不剪枝。

(4)重复前面的步骤,建立 m 棵CART树,这些树都要完全地成长且不被修剪,这些树形成了随机森林。

(5)多棵决策树构建完成后,就可以对待预测数据进行预测,如输入一个待预测数据,然后多棵决策树同时进行决策,最后采用多数投票的方式进行类别决策。

随机森林算法有如下优点。

(1)准确率高。随机森林既可以处理分类问题,也可以处理回归问题,即使存在部分数据缺失的情况,也能保持很高的分类精度。

(2)两个随机性的引入,使随机森林算法具有很好的抗噪声能力,不容易陷入过拟合。

(3)能够处理高维度的数据,并且不用做特征选择,对数据集的适应能力强,既能处理离散型数据,也能处理连续型数据,数据集无须规范化。

(4)训练速度快,可以得到变量重要性排序。

(5)在训练过程中,能够检测到属性之间的相互影响。

(6)容易实现并行化计算。

(7)实现比较简单。

2. Scikit-learn实现随机森林算法

下面将介绍使用Scikit-learn实现随机森林算法的方法。实际上,随机森林算法和决策树的代码基本一致。Scikit-learn提供了RandomForestClassifie模块,即随机森林分类器,来实现相关功能。RandomForestClassifie中的重要参数同决策树中的内容是一致的,这里不再赘述。

下面使用Scikit-learn库中自带的红酒数据集,来比较随机森林算法和单棵决策树的性能,具体代码如下。

(1)导入模块,加载数据集。

```
# 导入模块
from sklearn.tree import DecisionTreeClassifier
from sklearn.ensemble import RandomForestClassifier
from sklearn.datasets import load_wine
from sklearn.model_selection import train_test_split
from sklearn.model_selection import cross_val_score
import matplotlib.pyplot as plt

wine = load_wine()
```

(2)将数据集划分为训练集和测试集。

```
Xtrain, Xtest, Ytrain, Ytest = train_test_split(wine.data, wine.target,
                                                test_size=0.3)
```

(3)分别建立决策树和随机森林模型,并输出预测分数。

```
clf = DecisionTreeClassifier(random_state=0)      # 决策树模型
rfc = RandomForestClassifier(random_state=0)      # 随机森林模型
clf = clf.fit(Xtrain, Ytrain)                     # 模型训练
rfc = rfc.fit(Xtrain, Ytrain)                     # 模型训练
score_c = clf.score(Xtest, Ytest)                 # 准确率
score_r = rfc.score(Xtest, Ytest)
```

```
print("Single Tree:{}".format(score_c), "Random Forest:{}".format(score_r))
```

输出结果为:

```
Single Tree:0.9259259259259259 Random Forest:0.9629629629629629
```

上述实验结果表明,随机森林算法的准确率比单棵决策树更高。

8.3 KNN算法

本节主要介绍KNN算法。首先介绍KNN算法的思想,然后介绍相似性的度量方法,最后描述KNN算法的性能和具体实现过程。

8.3.1 KNN算法的思想

KNN(K-Nearest Neighbor)算法也称为K最近邻算法。它的思想是一个样本在特征空间中,总会有 K 个最相似(特征空间中最近邻)的样本,如果大多数样本属于某一种类别,则这个样本也属于这种类别。正如俗话所说的"近朱者赤,近墨者黑"。

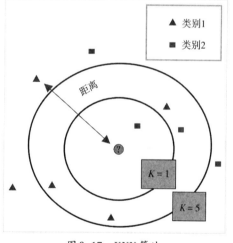

图8-17 KNN算法

如图8-17所示,数据集中有两类数据,分别用三角形和正方形来表示,它们分布在二维空间中。假设有一个新数据(用圆表示),需要预测其所属类别,根据"物以类聚"的思想,我们找到离圆最近的几个数据点,以它们中大多数数据的所属类别来决定新数据(圆)的所属类别,这样就完成了一次预测。

以近邻个数 $K = 1$ 为例,由于最近的数据为正方形,则KNN算法更趋向于认为:圆属于正方形对应的类型。如果 $K = 5$,由于三角形所占比例为3/5,KNN算法更趋向于认为:圆属于三角形对应的类型。

8.3.2 相似性的度量方法

相似性指两个对象相似程度的数据度量,对象越相似数值越大,通常是用两个对象之间的一个或多个属性距离来表示。

如前文所说,KNN算法的思想是计算未知分类的样本点与已知分类的样本点之间的距离,然后对最近的 K 个已知分类样本进行投票。所以,该算法的一个重要步骤就是计算它们之间的相似性,那么计算相似性都有哪些方法呢? 这里简单介绍两种常用的距离公式,分别是曼哈顿距离和欧几里得距离。

1. 曼哈顿距离

曼哈顿距离也称为"曼哈顿街区距离",是因为在两点之间行进时必须沿着网格线前进,就如同沿

着城市(如曼哈顿)的街道行进一样。对于一个按照正南正北、正
东正西方向规则布局的城市街道,从一点到达另一点的距离正是
在南北方向上旅行的距离加上在东西方向上旅行的距离,是将多
个维度上的距离进行求和的结果。对于二维平面中两点
$A(x_1, y_1)$、$B(x_2, y_2)$之间的曼哈顿距离,如图8-18所示,其距离公
式如式(8-42)所示。

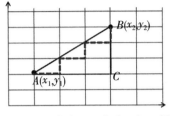

图8-18 曼哈顿距离的几何理解

$$d_{A,B} = |x_1 - x_2| + |y_1 - y_2| \tag{8-42}$$

如图8-18所示,虚线的距离之和,其实就是AC与CB的路程和,即曼哈顿距离就是轴上的相对距
离总和。以此类推,如果将点扩展到n维空间,则点$A(x_1, x_2, \cdots, x_n)$、$B(y_1, y_2, \cdots, y_n)$之间的曼哈顿距离
可以表示成式(8-43)。

$$d_{A,B} = \sum_{i=1}^{n} |x_i - y_i| = |x_1 - y_1| + |x_2 - y_2| + \cdots + |x_n - y_n| \tag{8-43}$$

2. 欧几里得距离

欧几里得距离也称为欧氏距离,该距离度量的是两点之间的直线距离。如果二维平面中存在两
点$A(x_1, y_1)$、$B(x_2, y_2)$,则它们之间的直线距离如式(8-44)所示。

$$d_{A,B} = \sqrt{(x_1 - x_2)^2 + (y_1 - y_2)^2} \tag{8-44}$$

可以将上面的欧氏距离公式反映到图8-19中,就是计算直角三角形斜边的长度,即勾股定理的
计算公式。

如果将点扩展到n维欧几里得空间中,每个点是一个n维向量,则点
$A(x_1, x_2, \cdots, x_n)$、$B(y_1, y_2, \cdots, y_n)$之间的欧氏距离可以表示成式(8-45)。

$$d_{A,B} = \sqrt{\sum_{i=1}^{n} (x_i - y_i)^2} = \sqrt{(x_1 - y_1)^2 + (x_2 - y_2)^2 + \cdots + (x_n - y_n)^2}$$

$$\tag{8-45}$$

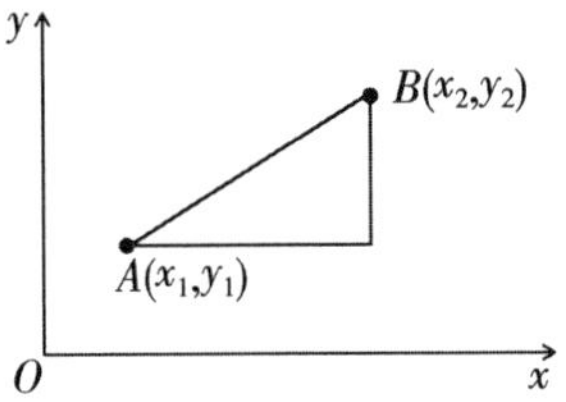

图8-19 欧氏距离的几何理解

8.3.3 KNN算法的性能

KNN算法的性能可能会受到一些关键因素的影响,具体如下。

1. K值的选择

不同的K值对模型的预测准确性会有比较大的影响,如果K值过小,可能会导致模型的过拟合;
反之,如果K值过大,可能会导致模型的欠拟合。可以通过多次实验来确定最佳的K值,从$K = 1$开

始,利用测试集估计分类器的错误率,*K*值每增加1,允许增加一个近邻并重新估算错误率,由此可以选取最小错误率的*K*值。

2. 目标类别的选择

如果不同的近邻对象与测试对象之间的距离差异很大,那么实际上距离更近的对象的类别在目标类别选择上的作用更大。因此,可以对每个投票依据距离进行加权,加权的方法有很多,如距离平方的倒数作为权重因子。

3. 距离指标的选择

原则上各种测量方法都可以计算两点之间的距离,但从最近邻算法的目的出发,最佳测量距离方法应考虑如下因素。

(1)应用环境因素。比如在做文本分类时,余弦距离比欧氏距离更适合做KNN算法的测量距离方法。

(2)数据维度。如欧氏距离在属性数量增加时判别能力会减弱,因此在测量距离之前,需要先对属性值进行规范化处理,以防止测量距离被单个有较大初始值域的属性所主导。

(3)数据的类型。对于非数值型数据,一种简单而有效的方法是比较两个对象在属性上的值。如果属性值相同,则两者间的差距为0;如果属性值不同,则两者间的差距为1。这样的处理方式能够合理地反映非数值型数据间的差异。

8.3.4　KNN算法的实现

KNN算法是一个非常优秀的数据挖掘模型,既可以解决离散型因变量的分类问题,也可以处理连续型因变量的预测问题,而且该算法对数据的分布特征没有任何要求。下面我们使用经典的鸢尾花分类案例来演示KNN算法的实现过程。算法流程如下。

(1)计算已知类别数据集中的点与当前点之间的距离。

(2)按照距离进行升序排列。

(3)选取与当前点距离最小的*K*个点。

(4)确定前*K*个点所在类别对应的出现频率。

(5)返回前*K*个点出现频率最高的类别作为当前点的预测分类。

鸢尾花分类问题是KNN算法的一个非常经典的案例,Scikit-learn库中已经自带了标记好的鸢尾花数据集(包含花萼和花瓣的长度和宽度),共150条。首先将这些数据打乱,然后按照3∶1的比例将数据分为两组:一组作为训练数据集,另一组作为测试数据集。训练数据集的作用是生成KNN模型。需要注意的是,训练数据集和测试数据集都是带有标记的,换句话说,花的类别是由人工分类好的,我们清楚地知道每一组数据的真实分类。实现过程如下。

(1)数据加载和预处理。

```
# 引入相关库
import numpy as np
import pandas as pd
import matplotlib.pyplot as plt
```

```
import mglearn
# 引入Scikit-learn中的鸢尾花数据集
from sklearn.datasets import load_iris
from sklearn.model_selection import train_test_split    # 将数据集划分为训练集和测试集
from sklearn.metrics import accuracy_score              # 计算分类预测的准确率
iris = load_iris()
df = pd.DataFrame(data=iris.data, columns=iris.feature_names)
df['class'] = iris.target
df['class'] = df['class'].map({0: iris.target_names[0], 1: iris.target_names[1],
                               2: iris.target_names[2]})
print(df.describe())
x = iris.data
y = iris.target.reshape(-1, 1)
print(x.shape, y.shape)  # 统计数据规模
```

输出结果为：

	sepal length(cm)	sepal width(cm)	petal length(cm)	petal width(cm)
count	150.000000	150.000000	150.000000	150.000000
mean	5.843333	3.057333	3.758000	1.199333
std	0.828066	0.435866	1.765298	0.762238
min	4.300000	2.000000	1.000000	0.100000
25%	5.100000	2.800000	1.600000	0.300000
50%	5.800000	3.000000	4.350000	1.300000
75%	6.400000	3.300000	5.100000	1.800000
max	7.900000	4.400000	6.900000	2.500000

```
(150, 4) (150, 1)
```

（2）划分训练集和测试集。

```
x_train, x_test, y_train, y_test = train_test_split(x, y, test_size=0.3,
                                                    random_state=35,
                                                    stratify=y)
print(x_train.shape, y_train.shape)
print(x_test.shape, y_test.shape)
```

输出结果为：

```
(105, 4) (105, 1)
(45, 4) (45, 1)
```

（3）观察数据，给数据着色。

```
iris_dataframe = pd.DataFrame(x_train, columns=iris.feature_names)
# 按y_train着色
grr = pd.plotting.scatter_matrix(iris_dataframe, c=y_train, figsize=(15, 15),
```

```
                      marker='o', hist_kwds={'bins': 20}, s=60,
                      alpha=.8, cmap=mglearn.cm3)
plt.show()
```

输出结果如图8-20所示。

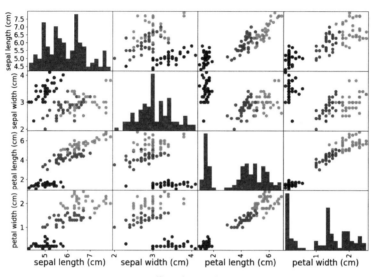

图8-20　鸢尾花数据集的三种分类

三种鸢尾花散点已经按照分类进行了着色。可以很清晰地看到,现有数据基本上可以将三种花分类,各个颜色的散点基本可以形成群落。

(4)KNN算法的实现。

```
# 定义距离函数
def l1_distance(a, b):
    return np.sum(np.abs(a-b), axis=1)          # 曼哈顿距离


def l2_distance(a, b):
    return np.sqrt(np.sum((a-b)**2, axis=1))  # 欧氏距离
# 分类器实现
class KNN(object):
    # 定义初始化方法,__init__是类的构造方法
    def __init__(self, n_neighbors=1, dist_func=l1_distance):
        self.n_neighbors = n_neighbors
        self.dist_func = dist_func

    # 训练模型方法
    def fit(self, x, y):
        self.x_train = x
        self.y_train = y
```

```
# 模型预测方法
def predict(self, x):
    yapped = np.zeros((x.shape[0], 1), dtype=self.y_train.dtype)
                                            # 初始化预测分类数组

    # 遍历输入的数据点，去除每一个数据点的序号x和数据x_test
    for i, x_test in enumerate(x):
        distances = self.dist_func(self.x_train, x_test) # 计算测试集和所有
                                            # 训练集之间的距离

        nn_index = np.argsort(distances)        # 对距离进行升序排序
        # 选取最近的K个点，并保存它们的分类类别
        nn_y = self.y_train[nn_index[:self.n_neighbors]].ravel()
        y_pred[i] = np.argmax(np.bincount(nn_y)) # 前K个点出现频率最高的类别作
                                            # 为当前点的预测分类

    return y_pred
```

(5)实例化对象，将训练数据和测试数据对比，得出预测准确率。

```
knn = KNN(n_neighbors=3)                # 定义一个KNN实例
knn.fit(x_train, y_train)               # 训练模型
y_pred = knn.predict(x_test)            # 传入测试数据做预测
accuracy = accuracy_score(y_test, y_pred) # 求出预测准确率
print("预测准确率:", accuracy)
```

输出结果为：

预测准确率: 0.9333333333333333

 ## 8.4 本章小结

　　本章首先学习了分类中常用的逻辑回归模型，对逻辑回归模型的原理及模型参数的求解方法进行了详细的介绍。然后总结了分类模型中常见的评估方法。之后介绍了决策树和随机森林算法的工作原理，并用Scikit-learn进行了算法的实战。最后介绍了KNN算法的思想、相似性的度量方法及KNN算法的性能和实现。通过对不同分类算法进行对比学习，可以在实际的工作中更快速地选择最合理的模型解决分类或预测问题。

8.5 思考与练习

1. 填空题

(1)评估模型性能的指标有很多,目前应用较为广泛的有_____、_____、_____、_____等。

(2)常用的决策树算法有_____、_____、_____。

(3)决策树使用_____的方法从_____向_____构建。

(4)KNN算法的性能可能会受到一些关键因素的影响,比如_____、_____、_____。

(5)悲观错误剪枝(PEP)法使用_____遍历决策树。

2. 简答题

(1)逻辑回归可以进行多分类吗?

(2)KNN算法有哪些优缺点?

3. 上机练习

(1)假设有样本数据(表8-7),如何利用信息熵判断性别和活跃度两个特征,哪个对用户流失影响更大?

表8-7 样本数据

UID	性别	活跃度	用户是否流失
1	男	高	0
2	女	中	0
3	男	低	1
4	女	高	0
5	男	高	0
6	男	中	0
7	男	中	1
8	女	中	0
9	女	低	1
10	女	中	0

(2)银行在市场经济中发挥着至关重要的作用。它们决定谁可以获得资金及以什么条件获得资金,并且可以做出或破坏投资决策。为了让市场和社会发挥作用,个人和公司需要获得信贷。信用评分算法对违约概率进行猜测,是银行用来确定是否应授予贷款的方法。本次比赛要求参赛者通过预测某人在未来两年内遇到财务困境的可能性,以此来提高信用评分的最新水平。

将数据读入Pandas。

```
import pandas as pd
```

```
pd.set_option('display.max_columns', 500)
import zipfile
with zipfile.ZipFile('KaggleCredit2.csv.zip', 'r') as z:    ## 读取ZIP中的文件
    f = z.open('KaggleCredit2.csv')
    data = pd.read_csv(f, index_col=0)
print(data.head())
print(data.shape)
data.isnull().sum(axis=0)
data.dropna(inplace=True)      ## 去掉为空的数据
print(data.shape)
y = data['SeriousDlqin2yrs']
X = data.drop('SeriousDlqin2yrs', axis=1)
y.mean() ## 求取均值
```

输出结果为：

```
  SeriousDlqin2yrs  RevolvingUtilizationOfUnsecuredLines      age   \
0                1                              0.766127   45.0
1                0                              0.957151   40.0
2                0                              0.658180   38.0
3                0                              0.233810   30.0
4                0                              0.907239   49.0

   NumberOfTime30-59DaysPastDueNotWorse   DebtRatio   MonthlyIncome  \
0                                   2.0    0.802982         9120.0
1                                   0.0    0.121876         2600.0
2                                   1.0    0.085113         3042.0
3                                   0.0    0.036050         3300.0
4                                   1.0    0.024926        63588.0

   NumberOfOpenCreditLinesAndLoans   NumberOfTimes90DaysLate  \
0                             13.0                       0.0
1                              4.0                       0.0
2                              2.0                       1.0
3                              5.0                       0.0
4                              7.0                       0.0

   NumberRealEstateLoansOrLines   NumberOfTime60-89DaysPastDueNotWorse  \
0                           6.0                                    0.0
1                           0.0                                    0.0
2                           0.0                                    0.0
3                           0.0                                    0.0
4                           1.0                                    0.0

   NumberOfDependents
0                 2.0
1                 1.0
```

```
2                    0.0
3                    0.0
4                    0.0
(112915, 11)
(108648, 11)
0.06742876076872101
```

尝试解决以下问题。

①将数据集划分为训练集和测试集。

②使用逻辑回归模型、决策树、SVM、KNN等Scikit-learn分类算法进行分类,尝试查Scikit-learn
API了解模型参数的含义,调整不同的参数。

③在测试集上进行预测,计算准确率。

④查看Scikit-learn的官方说明,了解分类问题的评估标准,并对此例进行评估。

银行通常会有更严格的要求,因为欺诈带来的后果通常比较严重,一般我们会调整模型的标准。
比如,在逻辑回归模型中,一般的概率判定边界为0.5,但是我们可以把阈值设定得低一些,来提高模
型的"敏感度",比如试着把阈值设定为0.3,再看看这时的评估指标(主要是准确率和召回率)。提示:
Scikit-learn有很多分类模型,如predict_proba可以获得预估的概率,可以根据它和设定的阈值大小去
判断最终结果(分类类别)。

第 9 章

数据挖掘之关联分析

　　本章首先介绍关联分析的基本概念,然后详细介绍关联分析算法 Apriori 和 FP-growth,并通过实例演示了算法的实现过程。

通过本章内容的学习,读者能掌握以下知识。

- 了解什么是数据挖掘中的关联分析。
- 熟悉经典的关联分析算法 Apriori 和 FP-growth。
- 学会使用 Python 实现关联分析算法。
- 能够使用关联分析算法解决实际生活中的问题。

9.1 关联分析概述

本节主要介绍了关联分析的基本概念和常见的关联分析算法,对关联分析进行了整体的描述,为后续深入讲解做铺垫。

9.1.1 关联分析的基本概念

关联分析是数据挖掘领域中的一种无监督算法,用于挖掘数据中潜在的属性关联组合规则。如果两个或多个事物之间存在一定的关联,那么其中一个事物就能通过其他事物进行逆向预测。说到关联分析案例,相信很多人首先会想到沃尔玛超市发现购买尿布的顾客通常也会购买啤酒,于是把啤酒和尿布放在一起销售,同时提高了二者的销量的案例。这是关联分析在商业领域中应用的一个典型案例,通过对大量商品记录做分析,提取出能够反映顾客偏好的有用的规则。有了这些关联规则,商家就可以制定相应的营销策略来提高销量。关联分析不但被广泛应用于商业领域,在医疗、保险、电信和证券等领域中也得到了很好的应用。下面将对数据挖掘中的关联分析技术做简要的介绍。

为了更好地理解关联分析的算法,首先介绍一些基本的概念。

(1)事务:事务库中的每一条记录被称为一笔事务,每一笔事务都表示一次购物行为。

(2)项集:包含0个或多个项的集合称为项集。

(3)关联规则(Association Rules):暗示两个物品之间可能存在很强的关系。

(4)频繁项集(Frequent Item Sets):经常出现在一起的物品的集合。

(5)支持度计数:项集 A 的支持度计数是事务数据集中包含项集 A 的事物个数,简称为项集的计数。

(6)支持度(Support):数据集中包含该项集的记录所占的比例,是针对一个项集来说的。如果我们有两个要分析关联性的数据 X 和 Y,则对应的支持度为:

$$Support(X \rightarrow Y) = P(XY) = \frac{number(XY)}{number(All\ Samples)}$$

(7)置信度(Confidence):它体现了一个数据出现后,另一个数据出现的概率,或者说数据的条件概率。如果我们有两个要分析关联性的数据 X 和 Y,X 对 Y 的置信度为:

$$Confidence(X \rightarrow Y) = P(Y|X) = P(XY)/P(X)$$

为了更直观地理解这些抽象的概念,下面通过一个超市销售数据实例来解释。表9-1呈现的是每笔交易及顾客所买的商品。

表9-1 购物数据表

ID	面包	牛奶	巧克力	果酱	汽水
1	1	1	0	0	0
2	1	1	0	0	0

续表

ID	面包	牛奶	巧克力	果酱	汽水
3	1	1	0	1	0
4	0	0	0	0	1
5	1	1	0	1	0
6	1	0	1	0	1

　　表9-1所示的二维数据集就是一个购物篮事务库。该事务库记录的是顾客购买商品的行为，每一笔事务都表示一次购物行为。这里的ID表示一次购买行为的编号，商品列中的数字标记"1"，代表顾客购买了此商品；数字标记"0"，代表顾客没有购买此商品。

　　在购物篮事务中，每一种商品就是一个项，一次购买行为包含了多个项，把其中的项组合起来就构成了项集。例如，第一笔订单{面包,牛奶}就是一个项集。

　　频繁项集是指那些经常出现在一起的商品集合，表9-1中的集合{面包,牛奶}就是一个频繁项集。

　　支持度被定义为数据集中包含该项集的记录所占的比例，从表9-1中可知，项集{面包,牛奶}的支持度计数是4，事务库中一共有6笔事务，那么{面包,牛奶}的支持度Support({面包,牛奶}) = 2/3，同理{面包,牛奶} → {果酱}的支持度Support({面包,牛奶} → {果酱}) = 1/3。

　　置信度是针对关联规则来定义的，例如，我们定义如下规则。

　　{面包} → {牛奶}，即购买面包的顾客也会购买牛奶。

　　{面包,牛奶} → {果酱}，即购买面包和牛奶后，也会同时购买果酱。

　　关联规则{面包} → {牛奶}的置信度为：Confidence({面包,牛奶}) = Support({面包} → {牛奶}) / Support({面包}) = 4/5。

　　关联规则{面包,牛奶} → {果酱}的置信度为：Confidence({面包,牛奶,果酱}) = Support({面包,牛奶} → {果酱}) / Support({面包,牛奶}) = 1/2。

　　从关联规则的可信程度角度来看，"购买面包的顾客会购买牛奶"这个商业推测，有80%的可能性是成立的，也可以理解为做这种商业决策，可以获得80%的回报率期望。关联规则的挖掘就是找出满足最小支持度和最小置信度的所有关联规则，即待挖掘的最终关联规则，也就是我们期望模型产出的业务结果，其中支持度和置信度是作为问题的输入值而给定的。关联规则挖掘包含以下两个步骤。

　　（1）根据最小支持度找出数据集中的频繁项集。

　　（2）根据频繁项集和最小置信度产生关联规则。

9.1.2 　常见的关联分析算法

　　目前，常见的关联分析算法如表9-2所示。

表9-2　常见的关联分析算法

算法名称	算法描述
Apriori	关联规则最常用也是最经典的挖掘频繁项集的算法，其核心思想是通过连接产生候选项及其支持度，然后通过剪枝生成频繁项集

续表

算法名称	算法描述
FP树	针对Apriori算法的固有的多次扫描事务数据集的缺陷,提出的不产生候选频繁项集的方法,Apriori和FP树都是寻找频繁项集的算法
Eclat算法	Eclat算法是一种深度优先算法,采用垂直数据表示形式,在概念格理论的基础上利用基于前缀的等价关系,将搜索空间划分为较小的子空间
灰色关联法	分析和确定各因素之间的影响程度或是若干个子因素(子序列)对主因素(母序列)的贡献度而进行的一种分析方法

9.2 Apriori关联分析算法

本节主要介绍了Apriori关联分析算法,从原理介绍到逐步地通过Python实例进行讲解,清晰地描述出整个Apriori关联分析算法的整体流程。

9.2.1 Apriori算法原理

Apriori算法是一个经典的挖掘规则算法,也是最常用的挖掘频繁项集的算法,其核心是基于两阶频繁项集思想的递推算法,被广泛应用于商业、网络安全等各个领域。通过对数据的关联性进行分析和挖掘,挖掘出的这些信息在决策制定过程中具有重要的参考价值。

Apriori算法原理:一个频繁项集的任意子集也应是频繁项集。它的逆反命题为:如果某一个项集是非频繁的,那么它的所有超集(包含该集合的集合)也是非频繁的。Apriori算法原理的出现,可以在得知某些项集是非频繁的之后,不需要计算该集合的超集,有效地避免项集数目的指数增长,从而在合理的时间内计算出频繁项集。

Apriori算法通过频繁$(k-1)$项集生成候选k项集,包括连接和剪枝两个关键步骤。

(1)连接。频繁$(k-1)$项集集合L_{k-1}中每个项集中的元素按照字典序排序。任意两个$(k-1)$项集L_{k-1}和L'_{k-1},如果它们包含的前$k-2$个项相同,则连接成为一个候选k项集L_k。

(2)剪枝。候选集集合L_k中并不都是频繁项集,必须通过剪枝去掉非频繁项集。如果候选k项集的某个$(k-1)$项子集是不频繁的,则删除这个候选项集。

下面通过杂货店的例子来演示Apriori算法。假设我们经营着一家有4种商品(商品0、商品1、商品2和商品3)的杂货店,现在我们对哪些商品经常被顾客一起购买非常感兴趣。图9-1展示了所有商品之间所有可能的组合。

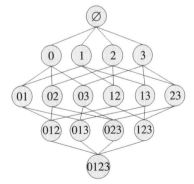

图9-1　集合$\{0,1,2,3,4\}$中所有可能的项集组合

图9-1中从上向下的第一个集合是∅,表示空集或不包含任何物品的集合。物品之间的连线表明两个或更多集合可以组合形成一个更大的集合。

我们的目标是找到经常被一起购买的物品集合,根据9.1.1小节我们知道可以使用支持度来衡量其出现的频率。如果要计算一个项集的支持度,可以通过遍历每条记录并检查该记录是否包含该项集来实现。要获得每种可能项集的支持度就需要多次重复上述过程。对于包含N种物品的数据集,共有$2^N - 1$种项集组合,重复上述过程来计算支持度,计算量会随着集合中项集的增加越来越大,计算效率也非常低。

为了降低计算量,减少所需的计算时间,研究人员提出了Apriori算法原理。我们可以通过Apriori算法原理丢弃掉很大一部分非频繁项集,使数据量减少。如图9-2所示,如果{2,3}是非频繁的,那么{0,2,3}、{1,2,3}及{0,1,2,3}也是非频繁的。也就是说,一旦计算出了{2,3}的支持度,知道它是非频繁的,就可以直接排除{0,2,3}、{1,2,3}和{0,1,2,3}(所有包含{2,3}这个非频繁的集合都是非频繁的),根本不需要计算它们的支持度。

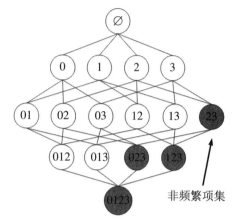

图9-2　所有可能的项集组合
(非频繁项集用灰色表示)

9.2.2　Apriori算法挖掘频繁项集

关联分析的目标包括两个:发现频繁项集和发现关联规则。首先需要挖掘出频繁项集,然后才能获得关联规则。接下来,我们将对频繁项集的挖掘进行阐述。

算法实现步骤如下。

(1)扫描所有的事务,生成所有单个物品的项集列表。

(2)扫描交易记录来查看哪些项集满足最小支持度要求,不满足的项集会被去掉。

(3)对剩下来的项集进行组合以生成包含两个元素的项集。

(4)重复步骤(2)和(3),直到所有不满足的项集都被去掉,从而获得频繁k项集。

9.2.3　从频繁项集中挖掘关联规则

上一小节已经介绍了如何使用Apriori算法来发现频繁项集,现在需要解决的是关联分析中的第二个问题:如何找出关联规则。

由于频繁项集已经保证规则满足支持度的要求,因此只需考虑置信度。给定频繁项集X,取X的每个非空真子集S,如果规则$X - S \rightarrow S$满足置信度阈值,则该规则为强关联规则。由于X的任一子集都为频繁项集,它们的支持度计数在生成频繁项集时已经计算出来,所以在计算规则置信度时无须再次扫描数据集。

挖掘频繁项集的样例如图9-3所示。首先对整个项集D进行第一次扫描,并开始计数每个项,算出每项的支持度产生候选项集C_1,从候选项集的支持度中筛选出大于等于最小支持度的项集,作为L_1项集,这里以最小支持度2为例。然后再次扫描满足条件的L_1项集,生成候选项集C_2,并重复上面的操作,再次扫描整个数据集D计算候选项集C_2的支持度计数,排除低于最小支持度的项,保留的项集生成为L_2项集。以此类推,对L_k-1的自身连接生成的集合执行剪枝策略产生候选k项集C_k,然后扫描所有事务,对C_k中的每个项进行计数。最后根据最小支持度从C_k中删除不满足要求的项,从而获得频繁k项集。

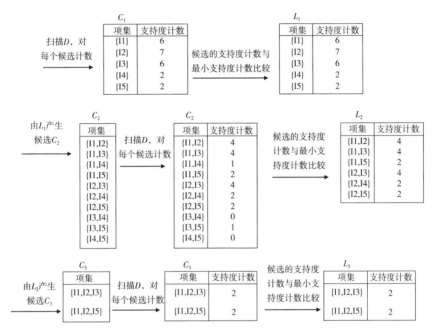

图9-3 挖掘频繁项集

9.2.4 基于Python实现Apriori算法

Python实现Apriori算法的完整代码如下。

```python
def load_data_set():
    """

    载入样本数据集
    返回:一个数据集合,即交易清单。每笔交易包含几个项目
    """
    data_set = [['l1', 'l2', 'l5'], ['l2', 'l4'], ['l2', 'l3'],
                ['l1', 'l2', 'l4'], ['l1', 'l3'], ['l2', 'l3'],
                ['l1', 'l3'], ['l1', 'l2', 'l3', 'l5'], ['l1', 'l2', 'l3']]

    return data_set
def create_C1(data_set):
    """
```

```
        扫描数据集合,创建频繁候选1项集C1
        参数:
            data_set:交易清单。每笔交易包含几个项目
        返回:
            C1:一个包含所有频繁候选1项集的集合
    """
    C1 = set()
    for t in data_set:
        for item in t:
            item_set = frozenset([item])
            C1.add(item_set)
    return C1


def is_apriori(Ck_item, Lksub1):
    """
    判断一个频繁的候选k项集是否满足Apriori性质
    参数:
        Ck_item:Ck中的一个频繁候选k项集,它包含所有频繁的候选k项集
        Lksub1:Lk-1,一个包含所有频繁候选(k-1)项集的集合
    返回:
        True:满足Apriori性质
        False:不满足Apriori性质
    """
    for item in Ck_item:
        sub_Ck = Ck_item - frozenset([item])
        if sub_Ck not in Lksub1:
            return False
    return True


def create_Ck(Lksub1, k):
    """
    通过Lk-1自己的连接操作创建Ck,一个包含所有频繁候选k项集的集合
        Args:
            Lksub1:Lk-1,一个包含所有频繁候选(k-1)项集的集合
            k:频繁项集的项号
        返回:
            Ck:一个包含所有频繁候选k项集的集合
    """
    Ck = set()
    len_Lksub1 = len(Lksub1)
    list_Lksub1 = list(Lksub1)
    for i in range(len_Lksub1):
```

```
            for j in range(1, len_Lksub1):
                l1 = list(list_Lksub1[i])
                l2 = list(list_Lksub1[j])
                l1.sort()
                l2.sort()
                if l1[0:k-2] == l2[0:k-2]:
                    Ck_item = list_Lksub1[i] | list_Lksub1[j]
                    if is_apriori(Ck_item, Lksub1):
                        Ck.add(Ck_item)
    return Ck


def generate_Lk_by_Ck(data_set, Ck, min_Support, Support_data):
    """
    通过从Ck执行删除策略来生成Lk
    参数:
        data_set:交易清单。每笔交易包含几个项目
        Ck:一个包含所有频繁候选k项集的集合
        min_Support:最小支持度
        Support_data:一本字典。键是频繁项集,值是支持度
    返回:
        Lk:一个包含所有频繁k项集的集合
    """
    Lk = set()
    item_count = {}
    for t in data_set:
        for item in Ck:
            if item.issubset(t):
                if item not in item_count:
                    item_count[item] = 1
                else:
                    item_count[item] += 1
    t_num = float(len(data_set))
    for item in item_count:
        if (item_count[item]/t_num) >= min_Support:
            Lk.add(item)
            Support_data[item] = item_count[item] / t_num
    return Lk


def generate_L(data_set, k, min_Support):
    """
    生成所有频繁项集
    参数:
        data_set:交易清单。每笔交易包含几个项目
```

```
        k:所有频繁项集的最大项数
        min_Support:最小支持度
    返回:
        L:Lk的列表
        Support_data:一本字典。键是频繁项集,值是支持度
    """
    Support_data = {}
    C1 = create_C1(data_set)
    L1 = generate_Lk_by_Ck(data_set, C1, min_Support, Support_data)
    Lksub1 = L1.copy()
    L = []
    L.append(Lksub1)
    for i in range(2, k+1):
        Ci = create_Ck(Lksub1, i)
        Li = generate_Lk_by_Ck(data_set, Ci, min_Support, Support_data)
        Lksub1 = Li.copy()
        L.append(Lksub1)
    return L, Support_data


def generate_big_rules(L, Support_data, min_conf):
    """
    从频繁项集生成大规则
    参数:
        L:Lk的列表
        Support_data:一本字典。键是频繁项集,值是支持度
        min_conf:最小置信度阈值
    返回:
        big_rule_list:包含所有大规则的列表。每个大规则都表示为一个三元组
    """
    big_rule_list = []
    sub_set_list = []
    for i in range(0, len(L)):
        for freq_set in L[i]:
            for sub_set in sub_set_list:
                if sub_set.issubset(freq_set):
                    conf = Support_data[freq_set] / \
                        Support_data[freq_set-sub_set]
                    big_rule = (freq_set-sub_set, sub_set, conf)
                    if conf >= min_conf and big_rule not in big_rule_list:
                        # print freq_set-sub_set, " => ", sub_set, "conf: ", conf
                        big_rule_list.append(big_rule)
            sub_set_list.append(freq_set)
    return big_rule_list
```

```
if __name__ == "__main__":
    """
    运行测试
    """
    data_set = load_data_set()
    L, Support_data = generate_L(data_set, k=3, min_Support=0.2)
    big_rules_list = generate_big_rules(L, Support_data, min_conf=0.7)
    for Lk in L:
        print("="*50)
        print("frequent "+str(len(list(Lk)[0]))+"-itemsets\t\tSupport")
        print("="*50)
        for freq_set in Lk:
            print(freq_set, Support_data[freq_set])
    print("Big Rules")
    for item in big_rules_list:
        print(item[0], "=>", item[1], "conf: ", item[2])
```

输出结果如图9-4所示。

从输出结果可以看出,生成的频繁项集最大为3,在最小支持度为0.2的情况下,频繁1项集有{L1}、{L3}、{L2}、{L4}、{L5}满足支持度大于0.2;频繁2项集有{L2, L5}、{L1, L2}……{L2, L3}等满足支持度大于0.2;频繁3项集有{L1, L2, L3}、{L1, L2, L5}满足支持度大于0.2。在最小置信度为0.7的情况下,生成强关联规则{L5} => {L2}、{L1, L5} => {L2}等,这些强关联规则的置信度都大于0.7,说明在购买商品L5时会同时购买商品L2的可能性较高。

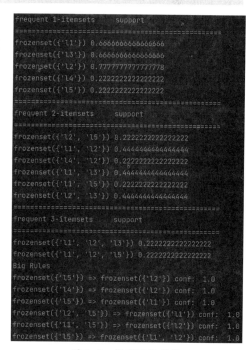

图9-4　代码运行结果

9.2.5　Apriori算法总结

Apriori算法是一个非常经典的频繁项集的挖掘算法,但是由频繁(k－1)项集进行自连接生成的候选频繁k项集数量巨大,在验证候选频繁k项集时需要对整个数据库进行扫描,非常耗时。虽然在性能方面存在以上不足,但是Aprion算法也有自身的优势。

(1)Apriori算法采用逐层搜索的迭代方法,算法简单明了,没有复杂的理论推导,也易于实现。

(2)数据采用水平组织方式。

(3)采用Apriori优化方法。

(4)适合事务数据库的关联规则挖掘。

（5）适合稀疏数据集：根据以往的研究，该算法只适合稀疏数据集的关联规则挖掘，也就是频繁项集的长度稍短的数据集。

9.3 FP-growth关联分析算法

上一节介绍了Apriori算法，这个算法虽然思路很简单，但是存在需要产生大量候选集和重复扫描数据集的显著性缺点。针对Apriori算法的性能瓶颈，FP-growth算法应运而生。该算法只进行两次数据集扫描而且不使用候选集，直接压缩数据集成一个频繁模式树（FP树），最后通过这个FP树生成频繁项集。

FP树是一种特殊的前缀树，由频繁项头表和前缀树构成。所谓的前缀树，是一种存储候选集的数据机构，树的分支用项名标识，树的节点存储后缀项，路径表示项集。

FP-growth算法发现频繁项集的基本过程如下。

（1）构建FP树。

（2）从FP树中挖掘频繁项集。

9.3.1　构建FP树

FP树的构建过程包括如下两个步骤。

（1）根据支持度对项集进行降序排列。

（2）重新排列交易项集后，就可以开始构建FP树了。从空集开始，向其中不断添加频繁项集。排序后的项集依次不断添加到树中，如果树中已存在现有元素，则增加现有元素的值；如果现有元素不存在，则向树添加一个分支。

下面通过一个实例来展示FP树的具体构建过程。假设有表9-3所示的商店交易数据，其中的商品有面包、牛奶、果酱和巧克力。

表9-3　交易项集

ID	项	ID	项	ID	项
1	{面包,牛奶}	3	{面包,牛奶,果酱}	5	{面包,牛奶,果酱}
2	{面包,牛奶}	4	{果酱}	6	{面包,巧克力}

我们要将表9-3中的数据转换成FP树来存储，生成过程如下。

步骤1　对每个项集进行支持度的降序排序，假如面包支持度最大，而果酱支持度最小，这时有条数据是{果酱,面包,牛奶}，依据支持度降序排列，那么这条数据将重新表示为{面包,牛奶,果酱}。经过这一步，表中的项集都按照支持度大小降序排列了。

步骤2　重新排列交易项集后，开始构建FP树。对交易项中的第一条数据{面包,牛奶}，按照面包置信度大于牛奶置信度来依次连接根节点,连接后的FP树如图9-5所示。

步骤3 第二条数据依旧是{面包,牛奶},那么直接在图9-5中的面包和牛奶数字上加一即可,如图9-6所示。

图9-6就是对前两条数据构建的FP树结果,即{面包,牛奶},{面包,牛奶}。

步骤4 用同样的方法将第三条数据{面包,牛奶,果酱}加入图9-6的FP树中,结果如图9-7所示。

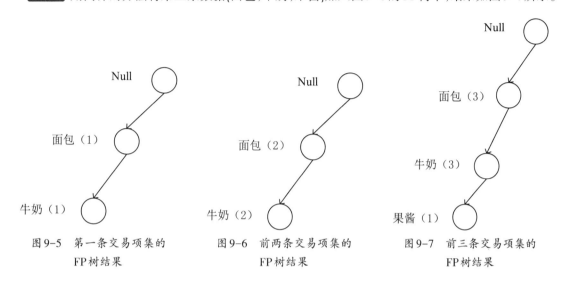

图9-5　第一条交易项集的
FP树结果

图9-6　前两条交易项集的
FP树结果

图9-7　前三条交易项集的
FP树结果

由于{面包,牛奶,果酱}中面包和牛奶又各自出现了一次,所以在图9-6中的数字上加一,果酱是一个新节点,连接到末尾。

步骤5 继续将第四条数据{果酱}加入FP树中。需要注意的是,这里的果酱并不是在面包和牛奶之后,所以不能直接在树中加一,而是要另外生成一个分支来表示{果酱}这一数据项,构建的FP树结果如图9-8所示。

需要提醒读者的是,第四条数据是直接连接根节点的,是因为这里的{果酱}和之前{面包,牛奶,果酱}项集中的果酱是相同的商品,于是我们连接一条虚线来表示是同一个商品,只是路径不同而已。

步骤6 同理,我们将表9-3交易项中的第五条和第六条数据构建到FP树中,结果如图9-9所示。

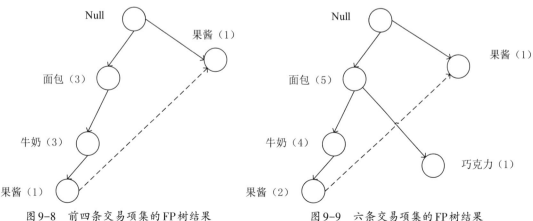

图9-8　前四条交易项集的FP树结果

图9-9　六条交易项集的FP树结果

9.3.2　从一棵FP树中挖掘频繁项集

事务数据表如图9-10所示。

数据库的第一次扫描与Apriori算法相同,它导出频繁1项集的集合,并得到它们的支持度计数。设最小支持度计数为3,频繁项集按支持度计数的降序排序,结果集或标记为L,L={{ f:4},{ c:4},{ a:3},{ b:3},{ m:3},{ p:3}}。通过这一步操作,就缩减了每一条商品的记录,比如第一条记录{ f,a,c,d,g,i,m,p}就变为{ f,a,c,m,p},然后根据支持度重新排序后就是{ f,c,a,m,p}。

1. 项头表的建立

FP树的构建过程这里不再赘述,可参考9.3.1小节。为了方便FP树的遍历,需要创建一个项头表,使每项通过一个节点链指向它在树中的位置。扫描所有的事务后得到的,存放压缩的频繁模式信息的FP树如图9-11所示,带有相关的节点链。这样,数据库频繁模式的挖掘问题就转换成挖掘FP树的问题了。

TID	Items bought	(ordered) frequent items
100	{f, a, c, d, g, i, m, p}	{f, c, a, m, p}
200	{a, b, c, f, l, m, o}	{f, c, a, b, m}
300	{b, f, h, j, o, w}	{f, b}
400	{b, c, k, s, p}	{c, b, p}
500	{a, f, c, e, l, p, m, n}	{f, c, a, m, p}

图9-10　交易数据

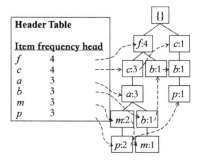

图9-11　存放压缩的频繁模式信息的FP树

有了FP树之后,就可以挖掘频繁项集了。从FP树中挖掘频繁项集包括如下三个基本步骤。

(1)从FP树中获取条件模式基。

(2)利用条件模式基,构建一棵条件FP树。

(3)重复步骤(1)和步骤(2),直到树只包含一个元素项为止。

2. 抽取条件模式基

从上述已经保存在头指针表中的单个频繁元素项开始。对于每个元素项,获取其对应的条件模式基。条件模式基是以所查找元素项为结尾的路径集合。每一条路径其实都是一条前缀路径,简而言之,一条前缀路径是介于所查找元素项与树根节点之间的所有内容。

为了获得这些前缀路径,可以对树进行穷举式搜索,直到获得想要的频繁项为止,或者使用一个更有效的方法来加速搜索过程。可以利用先前创建的头指针表来得到一种更有效的方法。头指针表包含相同类型元素链表的起始指针,一旦到达了每一个元素项,就可以上溯这棵树直到根节点为止。

Conditional pattern bases	
item	cond. pattern base
c	f:3
a	fc:3
b	fca:1, f:1, c:1
m	fca:2, $fcab$:1
p	$fcam$:2, cb:1

对每个频繁项抽取的条件模式基如图9-12所示。这里的条件模式式即将用于后续条件FP树的构建。

图9-12　每个频繁项的条件模式基

3. 构建条件FP树

下面为每一个频繁项都构建一棵条件FP树。可以使用上述发现的条件模式基作为输入数据,并通过相同的构建FP树的方法来构建这些树。然后,我们会递归地发现频繁项、条件模式基及另外的条件树。

以频繁项 m 为例,构建关于 m 的条件FP树。在构建关于 m 的条件FP树之前,先来观察一下FP树。如图9-13所示,图中用虚线框标注的部分即为 m 的条件模式基。值得注意的是,虽然在FP树中元素项 c 的支持度计数为4,但在 m 的条件模式基中,元素项 c 仅出现了3次。因此,在构建关于 m 的条件FP树时,应当将元素项 c 的支持度计数设定为3。

下面我们就开始为元素项 m 构建条件FP树,具体过程如图9-14所示。

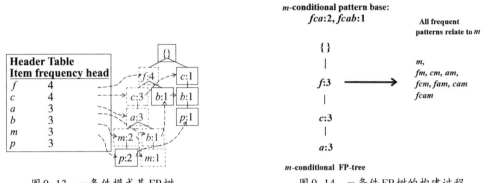

图9-13　m 条件模式基FP树　　　　图9-14　m 条件FP树的构建过程

需要说明的是,虽然在FP树中元素项 f 的支持度计数为4,但 $\{f, b\}$ 这条路径不是以 m 为条件基的。因此,在构建关于 m 的条件FP树时,需要将 $\{f, b\}$ 这条路径去掉。经过这样的处理后, f 在 m 条件FP树中的支持度计数便为3。

同理,进行"am""cm"及"cam"的条件FP树的构建,构建后的结果如图9-15所示,最左边是 am 条件FP树;中间是 cm 条件FP树;最右边是 cam 条件FP树。

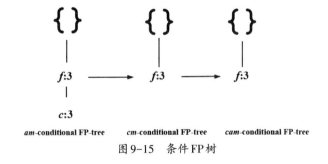

图9-15　条件FP树

其他元素项的条件FP树的构建过程类似,就留给读者去构建了。

9.3.3 FP-growth算法实例

下面的实例可以让大家感受一下FP-growth算法的Python实现过程,根据代码中的注释和函数定义,大家可以理解一下如何将上面的算法思想通过Python来实现。当然,实现方式很多,这里只是提供一个参考的实现过程,代码如下。

```python
# 首先是FP树的构建方法
class treeNode:
    def __init__(self, nameValue, numOccur, parentNode):
        self.name = nameValue
        self.count = numOccur
        self.nodeLink = None
        self.parent = parentNode        # 需要更新节点
        self.children = {}
    def inc(self, numOccur):
        self.count += numOccur
    def disp(self, ind=1):
        print('  '*ind, self.name, ' ', self.count)
        for child in self.children.values():
            child.disp(ind+1)


def createTree(dataSet, minSup=1):          # 从数据集中创建FP树
    headerTable = {}
    # 两次遍历数据集
    for trans in dataSet:                   # 第一次遍历数据集
        for item in trans:
            headerTable[item] = headerTable.get(item, 0) + dataSet[trans]
    for k in list(headerTable.keys()):  # 删除不符合要求的项
        if headerTable[k] < minSup:
            del(headerTable[k])
    freqItemSet = set(headerTable.keys())
    # 打印'freqItemSet: ', freqItemSet
    if len(freqItemSet) == 0: return None, None   # 如果没有符合最小支持度要求的项,
                                                  # 则返回None

    for k in headerTable:
        headerTable[k] = [headerTable[k], None]   # 重新格式化headerTable以使用
                                                  # 节点链接

    # 打印'headerTable: ', headerTable
    retTree = treeNode('Null Set', 1, None)       # 创建树
    for tranSet, count in dataSet.items():        # 第二次遍历数据集
        localD = {}
        for item in tranSet:  # 整理项
```

```
                    if item in freqItemSet:
                        localD[item] = headerTable[item][0]
            if len(localD) > 0:
                orderedItems = [v[0] for v in sorted(localD.items(), key=lambda
                                  p: p[1], reverse=True)]
                updateTree(orderedItems, retTree, headerTable, count)   # 用频繁项
                                                                        # 集填充树
    return retTree, headerTable   # 返回树和头表

def updateTree(items, inTree, headerTable, count):
    if items[0] in inTree.children: # 检查items[0]是否在inTree.children中
        inTree.children[items[0]].inc(count)   # 增加计数
    else:   # 添加items[0]到inTree.children
        inTree.children[items[0]] = treeNode(items[0], count, inTree)
        if headerTable[items[0]][1] == None:   # 更新头表
            headerTable[items[0]][1] = inTree.children[items[0]]
        else:
            updateHeader(headerTable[items[0]][1], inTree.children[items[0]])
    if len(items) > 1:   # call updateTree() with remaining ordered items
        updateTree(items[1::], inTree.children[items[0]], headerTable, count)

def updateHeader(nodeToTest, targetNode):        # 此版本不使用递归
    while (nodeToTest.nodeLink!=None):           # 不要使用递归遍历链表
        nodeToTest = nodeToTest.nodeLink
    nodeToTest.nodeLink = targetNode

def ascendTree(leafNode, prefixPath):            # 从叶节点上升到根节点
    if leafNode.parent != None:
        prefixPath.append(leafNode.name)
        ascendTree(leafNode.parent, prefixPath)

def findPrefixPath(basePat, treeNode):           # 树节点来自头表
    condPats = {}
    while treeNode != None:
        prefixPath = []
        ascendTree(treeNode, prefixPath)
        if len(prefixPath) > 1:
            condPats[frozenset(prefixPath[1:])] = treeNode.count
        treeNode = treeNode.nodeLink
    return condPats

def mineTree(inTree, headerTable, minSup, preFix, freqItemList):
```

```
        bigL = [v[0] for v in sorted(headerTable.items(), key=lambda p: p[1][0])]
                                                            # 排序头表
    for basePat in bigL:   # 从头表的底部开始
        newFreqSet = preFix.copy()
        newFreqSet.add(basePat)
        # 打印'finalFrequent Item: ', newFreqSet  # 附加到集合
        freqItemList.append(newFreqSet)
        condPattBases = findPrefixPath(basePat, headerTable[basePat][1])
        # 打印'condPattBases: ', basePat, condPattBases
        # 从条件模式基构建FP树
        myCondTree, myHead = createTree(condPattBases, minSup)
        # 打印 'head from conditional tree: ', myHead
        if myHead != None:  # 挖掘条件FP树
            # 打印'conditional tree for: ', newFreqSet
            # myCondTree.disp(1)
            mineTree(myCondTree, myHead, minSup, newFreqSet, freqItemList)


def loadSimpDat():
    simpDat = [['r', 'z', 'h', 'j', 'p'],
               ['z', 'y', 'x', 'w', 'v', 'u', 't', 's'],
               ['z'],
               ['r', 'x', 'n', 'o', 's'],
               ['y', 'r', 'x', 'z', 'q', 't', 'p'],
               ['y', 'z', 'x', 'e', 'q', 's', 't', 'm']]
    return simpDat


def createInitSet(dataSet):
    retDict = {}
    for trans in dataSet:
        retDict[frozenset(trans)] = 1
    return retDict


# 以下是使用FP树挖掘频繁项集
import twitter
from time import sleep
import re


def textParse(bigString):
    urlsRemoved = re.sub('(http:[/][/]|www.)([a-z]|[A-Z]|[0-9]|[/.]|[~])*',
                         '', bigString)
    listOfTokens = re.split(r'\W*', urlsRemoved)
    return [tok.lower() for tok in listOfTokens if len(tok)>2]
```

```
def getLotsOfTweets(searchStr):
    CONSUMER_KEY = ''
    CONSUMER_SECRET = ''
    ACCESS_TOKEN_KEY = ''
    ACCESS_TOKEN_SECRET = ''
    api = twitter.Api(consumer_key=CONSUMER_KEY,
                      consumer_secret=CONSUMER_SECRET,
                      access_token_key=ACCESS_TOKEN_KEY,
                      access_token_secret=ACCESS_TOKEN_SECRET)
    # 分页显示多数据
    resultsPages = []
    for i in range(1, 15):
        print("fetching page %d"%i)
        searchResults = api.GetSearch(searchStr, per_page=100, page=i)
        resultsPages.append(searchResults)
        sleep(6)
    return resultsPages

def mineTweets(tweetArr, minSup=5):
    parsedList = []
    for i in range(14):
        for j in range(100):
            parsedList.append(textParse(tweetArr[i][j].text))
    initSet = createInitSet(parsedList)
    myFPtree, myHeaderTab = createTree(initSet, minSup)
    myFreqList = []
    mineTree(myFPtree, myHeaderTab, minSup, set([]), myFreqList)
    return myFreqList

minSup = 3
simpDat = loadSimpDat()
initSet = createInitSet(simpDat)
myFPtree, myHeaderTab = createTree(initSet, minSup)
myFPtree.disp()
myFreqList = []
mineTree(myFPtree, myHeaderTab, minSup, set([]), myFreqList)
```

输出结果为:

```
Null Set   1
   z   5
     r   1
```

```
        x    3
          t    3
            y    2
              s    2
                r    1
                  y    1
        x    1
          r    1
            s    1
```

这里的 z 5 表示集合{z}出现了5次,构建的FP树的树结构可以通过之前介绍的方法绘制出来,大家可以按照代码中的注释结合之前的讲解再次理解整个FP树的构建过程。

9.3.4 FP-growth算法总结

这里我们对FP-growth算法流程做一个归纳,FP-growth算法包括以下几步。

(1)扫描数据,得到所有频繁1项集的计数。然后删除支持度低于阈值的项,将频繁1项集放入项头表,并按照支持度降序排列。

(2)扫描数据,将读到的原始数据剔除非频繁1项集,并按照支持度降序排列。

(3)读入排序后的数据集,插入FP树,注意按照排序后的顺序进行插入,排序靠前的节点是祖先节点,靠后的节点是子孙节点。如果有共用的祖先,则对应的共用祖先节点计数加1。插入后,如果有新节点出现,则项头表对应的节点会通过节点链表链接上新节点。直到所有的数据都插入FP树后,FP树的构建完成。

(4)从项头表的底部项依次向上找到项头表项对应的条件模式基,从条件模式基递归挖掘得到项头表项的频繁项集。

(5)如果不限制频繁项集的项数,则返回步骤(4)所有的频繁项集,否则只返回满足项数要求的频繁项集。

FP-growth算法与Apriori算法相比,具有如下优势。

(1)FP-growth算法改进了Apriori算法,只对数据集扫描两次,避免了候选项集的产生,因此FP-growth算法执行更快。

(2)FP-growth算法将数据集压缩存储在FP树的结构中。

(3)FP树构建完成后,可以通过查找元素项的条件基及构建条件FP树来发现频繁项集。该过程不断以更多元素作为条件重复进行,直到FP树只包含一个元素为止。

9.4 本章小结

本章介绍了数据挖掘中关联分析的相关知识,其中主要介绍了经典的Apriori关联分析算法和FP-growth关联分析算法。通过对两种关联分析算法的介绍和实现,使读者可以应用和掌握数据分析过程中常用的关联分析方法,也可以很容易地使用Python对数据集进行关联分析,挖掘出数据集背后的商业价值。

9.5 思考与练习

1. 填空题

(1)关联分析是数据挖掘领域中的一种_____算法,用于挖掘数据中潜在的_____关联组合规则。

(2)Apriori算法是一个经典的_____算法,也是最常用的_____的算法,其核心是基于两阶频繁项集思想的递推算法,被广泛应用于商业、网络安全等各个领域。

(3)Apriori算法原理的逆反命题为:如果某一个项集是_____的,那么它的所有_____(包含该集合的集合)也是_____的。

(4)FP-growth只进行_____次数据集扫描而且不使用_____,直接压缩数据集成一个频繁模式树(FP树),最后通过这个FP树生成频繁项集。

(5)Apriori算法采用_____的迭代方法,算法简单明了,没有复杂的理论推导,也易于实现。FP-growth算法将数据集压缩存储在_____的结构中。

2. 简答题

(1)常用的关联分析算法有哪些?

(2)Apriori关联分析算法和FP-growth关联分析算法的特点分别是什么?

第 10 章

数据挖掘之聚类分析

　　利用数据挖掘技术进行数据分析的另外一种基本方法是聚类。本章首先概述聚类分析的概念及方法，然后详细介绍K-Means、DBSCA和AGNES三种典型的聚类算法的原理及过程，并使用Python完成这三种聚类算法实例的演示。

通过本章内容的学习，读者能掌握以下知识。

- 了解聚类的基本概念和常见聚类方法。
- 熟悉基于质心的聚类算法，K-Means聚类算法的原理及过程。
- 熟悉基于密度的聚类算法，DBSCA聚类算法的原理及过程。
- 了解基于层次的聚类算法，AGNES聚类算法的原理及过程。
- 学会如何使用Python进行聚类分析。

聚类分析概述

聚类分析又称为群分析,是数据挖掘技术的基本方法之一。聚类可以被通俗地理解为相似元素的集合,其涉及的内容非常丰富。本节将介绍聚类分析的概念、方法及性能评估指标。

10.1.1 聚类分析的概念

聚类原本是统计学上的概念,现在属于机器学习中非监督学习的范畴,被应用于数据挖掘、数据分析、模式识别等领域,通俗来说,可以用一个词概括——物以类聚。

假如将人和其他动物进行比较,可以发现许多明显的判断特征,如嘴巴、四肢、皮毛等。根据判断特征之间的差距大小将数据合理分类为人、鱼等,这就是聚类。从定义上讲,聚类是一种机器学习技术,涉及对数据点进行分组,这些组也被称为"簇"。同一簇中的数据点具有相似的属性/特征,不同簇中的数据点具有高度不同的属性/特征。

说到这里,可能会有读者将聚类和分类混淆。二者都是机器学习中常用的模式识别方法,但实际上存在很大的差异。

分类属于监督学习,使用预定义的类或带类标记的训练实例进行判断划分。也就是说,在进行分类之前,我们已经有了一套数据划分标准,只需要严格按照标准进行数据分组就可以了。

而聚类不同,它被框定在无监督学习中,我们并不知道具体的划分标准,要靠算法判断数据之间的相似性,把相似的数据放在一起。也就是说,聚类最关键的工作是:探索和挖掘数据中的潜在差异和联系。表10-1对二者的差异性进行了归纳。

表10-1 聚类和分类的差异性

聚类	分类
无监督学习	有监督学习
不高度重视训练集	高度重视训练集
发现数据之间的相似性	确认数据属于哪个类别
通常不涉及预测	涉及预测
复杂性更低	复杂性更高
用于根据数据中的模式进行分组	用于将新样本分配到已知类别中

10.1.2 聚类分析的方法

从广义上讲,聚类可分为硬聚类和软聚类。在硬聚类中,每个数据点要么完全属于一个簇,要么不属于一个簇。例如,将温度分为两类,其中高于10度为热,低于或等于10度为冷。那么,无论是12度还是30度都属于热。而在软聚类中,不是将每个数据点放入单独的聚类中,而是分配该数据点在这些聚类中的概率或可能性。例如,在温度的分类中,可能12度属于热的可能性为0.7,属于冷的可能性为0.3。也就是说,一个样本同时属于全部类,我们通过可能性的大小来区分差异,这样操作更具合理性。

由于聚类问题本身具有主观性,因此可用于实现该任务的方法非常多。于是,聚类方法有很多,但是数据分析中常用的有以下几种类型。

(1)连通性聚类:基于数据空间中距离较近的数据点比距离较远的数据点表现出更多的相似性。第一种方法,先将所有数据点分为单独的簇,然后随着距离的减小将它们进行聚类。第二种方法,将所有样本数据点都归为单个簇,然后随着距离的增加进行分区。此外,距离函数的选择是主观的。

(2)质心聚类:采用迭代聚类算法,迭代运行算法以找到局部最优值,K-Means算法就是其中最常见的一种。其中,相似性的概念是通过数据点与聚类质心的接近程度得出的。在这些模型中,没有事先提到最后需要的簇数量,这使得拥有数据集的先验知识很重要。

(3)密度聚类:这些模型在数据空间中搜索数据点密度不同的区域。它隔离了各种不同的密度区域,并将这些区域内的数据点分配到同一簇中。密度聚类的流行算法是DBSCAN和OPTICS算法。

(4)层次聚类:基于层次的聚类方法是指对给定的数据进行层次分解,直到满足某种条件为止。该算法根据层次分解的顺序分为自底向上法和自顶向下法,即凝聚式层次聚类算法和分裂式层次聚类算法。AGNES算法是层次聚类中常用的算法之一。

本章在后续内容中将详细介绍这些聚类方法中最流行的三种聚类算法——K-Means算法、DBSCAN算法和AGNES算法。

10.1.3　聚类结果性能评估指标

为了评估聚类结果,需要了解两种常用的评估指标:手肘法和轮廓系数。

1. 手肘法

手肘法的指标是SSE(误差平方和),公式定义为:

$$SSE = \sum_{i=1}^{K} \sum_{p \in C_i} \left| p - m_i \right|^2 \tag{10-1}$$

其中,C_i为第i个簇;p为C_i中的样本点;m_i为C_i的质心(C_i中所有样本的均值);SSE为所有样本的聚类误差,代表了聚类效果的好坏。

手肘法的核心思想是:随着聚类数K的增大,样本划分会更加精细,每个簇的聚合程度会逐渐提高,那么SSE自然会逐渐变小。当K小于真实聚类数时,由于K的增大会大幅增加每个簇的聚合程度,因此会导致SSE大幅下降;当K达到真实聚类数时,再增大K所得到的聚合程度回报会迅速变小,SSE的下降幅度会骤减,然后随着K值的继续增大而趋于平缓。简单来说,就是SSE和K的关系图呈现一个手肘的形状,而这个肘部对应的K值就是数据的真实聚类数。

2. 轮廓系数

轮廓系数是选择使系数最大时所对应的K值。轮廓系数的核心步骤如下。

（1）计算样本 i 到同簇其他样本的平均距离 a_i，a_i 越小，说明样本 i 越应该被聚类到该簇。a_i 称为样本 i 的簇内不相似度，簇 C 中所有样本的 a_i 均值称为簇 C 的簇不相似度。

（2）计算样本 i 到其他某簇 C_j 的所有样本的平均距离 b_{ij}，称为样本 i 与簇 C_j 的不相似度。定义为样本 i 的簇间不相似度：$b_i = \min\{b_{i1}, b_{i2}, \cdots, b_{ik}\}$，$b_i$ 越大，说明样本 i 越不属于其他簇。

（3）根据样本 i 的簇内不相似度 a_i 和簇间不相似度 b_i，定义样本 i 的轮廓系数为：

$$s(i) = \frac{b(i) - a(i)}{\max\{a(i), b(i)\}} \tag{10-2}$$

即

$$s(i) = \begin{cases} 1 - \dfrac{a(i)}{b(i)}, & a(i) < b(i) \\ 0, & a(i) = b(i) \\ \dfrac{b(i)}{a(i)} - 1, & a(i) > b(i) \end{cases} \tag{10-3}$$

根据式（10-3）可以推断出以下结论。

（1）轮廓系数的取值范围为 $[-1, 1]$。该值越大，越合理。

（2）$s(i)$ 接近 1，说明样本 i 聚类合理。

（3）$s(i)$ 接近 -1，说明样本 i 更应该分类到另外的簇。

（4）$s(i)$ 近似为 0，说明样本 i 在两个簇的边界上。

10.2 质心聚类——K-Means 算法

前文提到已有的聚类算法非常多，但最经典的莫过于 K-Means（K 均值）聚类算法。K-Means 不仅使用广泛，也是其他很多聚类算法的基础。本节将详细介绍 K-Means 算法及如何使用 Python 实现其算法过程。

10.2.1 K-Means 算法的原理

回忆聚类的概念，它指出簇内的点应该彼此相似。因此，我们的目标是最小化簇内点之间的距离。K-Means 是一种基于质心的算法，或者说是一种基于距离的算法。在 K-Means 中，每个聚类都与一个质心相关联，并试图最小化簇中的点与其各自聚类质心之间的距离。

K-Means 算法的思想是：对于给定的样本集 $D = \{x_1, x_2, \cdots, x_m\}$，按照样本之间的距离大小，将样本集划分为 K 个样本簇。那么，什么样的聚类结果比较好呢？我们当然是希望"物以类聚"，即簇内相似度尽可能高且簇间相似度低。

假设给定的样本集 $D = \{x_1, x_2, \cdots, x_m\}$，聚类所得簇划分为 $\{C_1, C_2, \cdots, C_K\}$，针对所得到的簇最小化平方误差。

$$E = \sum_{i=1}^{K} \sum_{x \in C_i} \left\| x - \mu_i \right\|_2^2 \tag{10-4}$$

其中，μ_i 为簇 C_i 的均值向量，表达式为：

$$\mu_i = \frac{1}{\left| C_i \right|} \sum_{x \in C_i} x \tag{10-5}$$

式(10-4)在一定程度上反映了簇内样本围绕簇均值向量的紧密程度，E 值越小，则簇内样本相似度越高。

要想找到最小化平方误差公式的最优解，需要考察样本集 D 所有可能的簇划分，所以求解式(10-4)的最优解是一个难题。因此，K-Means算法采用了贪心策略，通过迭代优化来近似求解。

K-Means算法的基本步骤如下。

(1)从样本集中随机选择 K 个样本作为初始聚类中心。

(2)计算每个聚类对象到各聚类中心的距离，并划分到距离最近的簇中。

(3)重新计算每个聚类中心。

(4)计算标准测度函数，如果达到最大迭代次数，则停止，否则继续操作。

下面通过一个简单的例子来演示 K-Means 算法的学习过程。如图 10-1 所示，假设初始样本集 D 有8个点。

(1)确定聚类簇数 K，假设 $K = 2$。

(2)从样本集中随机选择 K 个样本作为初始聚类中心。第(1)步中已经确定 $K = 2$，效果如图 10-2 所示，图中 C1 和 C2 代表初始聚类中心。

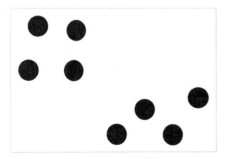

图10-1　初始样本点

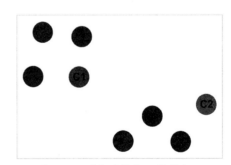

图10-2　随机选择初始聚类中心

(3)计算每个聚类对象到各聚类中心的距离，根据距离最近原则，将每个聚类对象划入相应的簇中，如图 10-3 所示。

(4)重新计算新形成的簇的聚类中心，更新后的聚类效果如图 10-4 所示，图中的叉号就是新的聚类中心。

图 10-3　分配聚类中心

图 10-4　重新计算簇的聚类中心

(5)不断重复第(3)步和第(4)步,得到最终的簇划分,如图 10-5 所示。

图 10-5　最终簇划分结果

上述步骤中,不断重复计算聚类对象与更新后的聚类中心的距离,重新划分簇的过程是一个迭代过程。那么,这个迭代过程应该在什么时候停止呢?

事实上,K-Means算法通常采用以下三种停止条件。

(1)新形成的簇的聚类中心不会发生改变。

(2)样本点保持在同一个簇中。

(3)达到最大迭代次数。

具体来说,第一种是,如果新形成的簇的聚类中心没有发生改变,则终止该算法。因为该算法经过多次迭代后,已经无法学习任何新模式。第二种是,算法在经过多次迭代训练后,如果样本点总是保持在同一个簇中,则终止算法停止训练。第三种是,如果该算法迭代次数达到指定的最大迭代次数,则终止算法停止训练。

通过上述学习,可以发现 K-Means 是一种非常简单实用的聚类算法。最后,对 K-Means 算法的优缺点做一个简单的归纳,如表 10-2 所示。

表 10-2　K-Means算法的优缺点

优点	容易理解,聚类效果比较好
	处理大数据集时,该算法可以保证较好的伸缩性
	当簇近似高斯分布时,效果非常好
	算法复杂度低
缺点	K值需要人为设定,不同 K 值得到的结果不一样
	对初始的簇中心敏感,不同选取方式会得到不同结果
	对异常值敏感
	样本只能归为一类,不适合多分类任务
	不适合太离散的分类、样本类别不平衡的分类、非凸形状的分类

10.2.2 Python实现K-Means算法

本小节将通过实例代码来对K-Means算法中的知识点进行补充说明和巩固。Pyhton中的Scikit-learn库提供了K-Means算法的实现,因此本小节将基于Scikit-learn库编写K-Means算法的基本步骤。

(1)导入所需的所有模块。

```python
import matplotlib.pyplot as plt
from kneed import KneeLocator
from sklearn.datasets import make_blobs
from sklearn.cluster import Kmeans
from sklearn.metrics import silhouette_score
from sklearn.preprocessing import StandardScaler
```

(2)使用make_blobs()函数生成数据,具体代码如下。

```python
features, true_labels = make_blobs(n_samples=240, centers=3,
                                    cluster_std=2.75, random_state=40)
print(features[:5]) # 返回每个变量的前5个元素
print(true_labels[:5])
```

Scikit-learn库中的make_blobs()函数用于生成簇。make_blobs()函数包含以下参数。

①n_samples:待生成的样本的总数。

②n_features:每个样本的特征数。

③centers:类别数。

④cluster_std:每个类别的方差。

make_blobs()函数返回一个包含两个元素的元组:一个元素代表每个样本的二维NumPy数组;另一个元素代表包含每个样本的簇标签的一维NumPy数组。

输出结果为:

```
[[-2.26145086 -5.23141261]
 [-2.3530866  -3.36720225]
 [-0.34725607 -4.00137653]
 [-1.7195547  -7.45934788]
 [-6.92839843 -8.41816925]]
[2 2 2 2 0]
```

注意,由于上述代码生成的数值很难重现,为了更好地遵循本小节提供的数据,我们将random_state参数设置为了整数值40。但在实际操作中,最后将random_state保留为默认值None。

(3)数据预处理。为了更公平地考虑所有特征,需要将数值进行特征缩放(将数值特征转换为使用相同比例)。下面使用StandardScaler类进行标准化特征缩放,对数据集中每个数值特征的值进行缩放或平移,使特征的均值为0,标准差为1,具体代码如下。

```python
scaler = StandardScaler()
```

```
scaled_features = scaler.fit_transform(features)
print(scaled_features[:5])
```

输出结果为:

```
[[-0.767007    0.12959154]
 [-0.78839441  0.65977628]
 [-0.32024172  0.47941599]
 [-0.64053064 -0.5040372 ]
 [-1.85625358 -0.7767277 ]]
```

经过上述步骤,数据已经完成了简单的预处理工作。

(4)实例化KMeans类,具体代码如下。

```
# 实例化
kmeans = KMeans(init="random", n_clusters=3, n_init=10, max_iter=350,
                random_state=40)
print(kmeans.fit(scaled_features))      # 拟合数据
print(kmeans.inertia_)                  # 样本距离最近的聚类中心的距离总和
print(kmeans.cluster_centers_)          # 最后的聚类中心的位置
print(kmeans.n_iter_)                   # 收敛所需的迭代次数
print(kmeans.labels_[:5])               # 输出前5个预测标签
```

第2行代码中KMeans()函数中的参数init代表初始值选择的方式,若参数值为random,表示完全随机选择;参数n_clusters代表K的值;参数n_init指明初始化聚类中心运行算法的次数,算法默认执行10次,如果K值较大,可以适当增大这个值;参数max_iter表示最大迭代次数。

输出结果为:

```
KMeans(init='random', max_iter=350, n_clusters=3, random_state=40)
170.35409712219146
[[-0.70275467 -1.00183864]
 [-0.32903575  0.71510694]
 [ 1.32929868  0.35737044]]
7
[1 1 1 0 0]
```

(5)采用手肘法评估聚类结果,具体代码如下,多次运行K-Means算法,每次迭代增加K值,并记录SSE。

```
kmeans_kwargs = {
    "init": "random",
    "n_init": 10,
    "max_iter": 350,
    "random_state": 40,
    }
sse = [] # 一个列表包含每个k的SSE值
```

```
for k in range(1, 11):
    kmeans = KMeans(n_clusters=k, **kmeans_kwargs)
    kmeans.fit(scaled_features)
    sse.append(kmeans.inertia_)
# 可视化
plt.style.use("fivethirtyeight")
plt.plot(range(1, 11), sse)
plt.xticks(range(1, 11))
plt.xlabel("Number of Clusters")
plt.ylabel("SSE")
plt.show()
```

输出结果如图10-6所示。

由图10-6可知,SSE随着K值的增加反而持续降低。随着更多聚类中心的加入,每个点到其最近聚类中心的距离将减小。SSE曲线开始弯曲的最佳位置称为肘点,这个特定的点代表着错误率与簇的数量之间的一个理想平衡点。在本例中,肘点位于横坐标的3处。

需要注意的是,上例只是一个巧合,实际场景中确定的SSE曲线中的肘点并不总是那么不明确。如果肘点不太清晰,那么可以使用kneed库中的KneeLocator()函数来识别肘点。

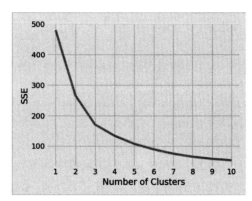

图10-6　SSE曲线

```
kl = KneeLocator(range(1, 11), sse, curve="convex", direction="decreasing")
print(kl.elbow)
```

输出结果为:

```
3
```

实验结果表明,使用kneed库识别出的肘点3和根据图10-6观察出来的结果一致。

(6)采用轮廓系数评估聚类效果。

使用Scikit-learn库实现计算轮廓系数,是将所有样本的平均轮廓系数汇总为一个分数。具体代码如下,重复循环K的值,计算轮廓系数。

```
silhouette_coefficients = []
for k in range(2, 11):
    kmeans = KMeans(n_clusters=k, **kmeans_kwargs)
    kmeans.fit(scaled_features)
    score = silhouette_score(scaled_features, kmeans.labels_)  # 每个k的平均轮廓分数
    silhouette_coefficients.append(score)
# 绘制每个k的平均轮廓分数
plt.style.use("fivethirtyeight")
```

```
plt.plot(range(2, 11), silhouette_coefficients)
plt.xticks(range(2, 11))
plt.xlabel("Number of Clusters")
plt.ylabel("Silhouette Coefficient")
plt.show()
```

输出结果如图10-7所示。

图10-7表明K值的最佳选择是3,因为此时它具
有最大的平均轮廓分数。

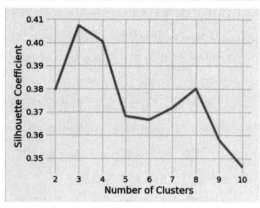

图10-7　平均轮廓分数

10.3 密度聚类——DBSCAN算法

前面已经有K-Means算法了,为什么还需要一个像DBSCAN这样的基于密度的聚类算法? 可以从两个方面来解释这个问题。

(1)K-Means算法可以将松散的样本聚集在一起,即使这些样本在向量空间中分散得很远。由于簇依赖簇元素的平均值,每个数据点都在形成簇的过程中发挥作用,数据点的轻微变化可能会影响聚类结果。而这个问题在DBSCAN算法中大大减少。

(2)K-Means算法需要指定簇的数量K才能使用,而DBSCAN算法不必指定簇的数量K,只需要一个函数来计算值之间的距离,以及一些关于多少距离被认为是"接近"的标准。因此,DBSCAN算法可以在各种不同的分布中产生比K-Means算法更合理的结果。密度聚类也称为"基于密度的聚类",此类算法假设聚类结构能通过样本分布的紧密程度确定。通常情况下,密度聚类算法从样本密度的角度来衡量样本之间的可连接性,并基于可连接样本不断扩展聚类簇,以获得最终的聚类结果。

10.3.1　DBSCAN算法的原理

DBSCAN算法是一种基于密度的聚类算法,这类密度聚类算法一般假定类别可以通过样本分布的紧密程度确定。同一类别的样本,它们之间是紧密相连的,也就是说,在该类别任意样本周围不远处一定有同类别的样本存在。通过将紧密相连的样本划为一类,就得到了一个聚类类别。通过将所有各组紧密相连的样本划为各个不同的类别,就得到了最终的所有聚类类别结果。接下来,我们就来看看DBSCAN算法是如何描述密度聚类的。

DBSCAN 算法是基于一组"邻域"参数来描述样本分布的紧密程度的。假设样本集 $D = \{x_1, x_2, \cdots, x_m\}$,定义如下参数。

(1)ϵ-领域:对于 $x_j \in D$,其 ϵ-领域包含样本集 D 中与 x_j 的距离不大于 ϵ 的子样本集,即 $N_\epsilon(x_j) = \{x_i \in D | \text{distance}(x_i, x_j) \leqslant \epsilon\}$,这个子样本集的个数记为 $|N_\epsilon(x_j)|$。

(2)核心对象:对于任一样本 $x_j \in D$,如果其 ϵ-领域对应的 $N_\epsilon(x_j)$ 至少包含 MinPts 个样本,即如果 $|N_\epsilon(x_j)| \geqslant \text{MinPts}$,则 x_j 是核心对象。

(3)密度直达:如果 x_i 位于 x_j 的 ϵ-领域中,且 x_j 是核心对象,则称 x_i 由 x_j 密度直达。注意,反之不一定成立,即此时不能说 x_j 由 x_i 密度直达,除非 x_i 也是核心对象。

(4)密度可达:对于 x_i 和 x_j,如果存在样本序列 $p_1, p_2, \cdots, p_T$,满足 $p_1 = x_i, p_T = x_j$,且 p_{T+1} 由 p_T 密度直达,则称 x_i 由 x_j 密度可达。也就是说,密度可达满足传播性。此时序列中的传递样本 $p_1, p_2, \cdots, p_{T-1}$ 均为核心对象,因为只有核心对象才能使其他样本密度直达。注意,密度可达也不满足对称性,这个可以由密度直达的不对称性得出。

(5)密度相连:对于 x_i 和 x_j,如果存在核心对象样本 x_k,使 x_i 和 x_j 均由 x_k 密度可达,则称 x_i 和 x_j 密度相连。注意,密度相连关系满足对称性。

通过仔细观察图 10-8,我们可以轻松理解上述定义。图中设定的 MinPts 值为 5,空心圆点表示核心对象,因为它们的 ϵ-邻域内至少包含 5 个样本。实心圆点表示非核心对象。所有与核心对象密度直达的样本均位于以这些核心对象为中心的超球体内;若某个样本不在这些

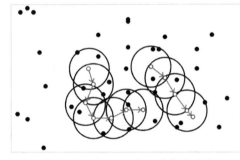

图 10-8　DBSCAN 定义的直观显示

超球体内,则无法与核心对象形成密度直达的关系。图中通过箭头相连的核心对象构成了一个密度可达的样本序列。这些密度可达样本序列的 ϵ-邻域内的所有样本都彼此间保持着密度相连的关系。这一视觉化的展示使核心对象、非核心对象及它们之间的密度关系一目了然。

DBSCAN 算法的流程如下。

输入:样本集 $D = \{x_1, x_2, \cdots, x_m\}$,邻域参数($\epsilon$, MinPts),样本距离度量方式。

输出:簇划分 C。

(1)初始化核心对象集合 $\Omega = \varnothing$,初始化聚类簇数 $K = 0$,初始化未访问样本集合 $\Gamma = D$,簇划分 $C = \varnothing$。

(2)对于 $j = 1, 2, \cdots, m$,按下面的步骤找出所有的核心对象。

①通过距离度量方式,找到样本 x_j 的 ϵ-邻域子样本集 $N_\epsilon(x_j)$。

②如果子样本集的个数满足 $|N_\epsilon(x_j)| \geqslant \text{MinPts}$,则将样本 x_j 加入核心对象集合:$\Omega = \Omega \bigcup \{x_j\}$。

(3)如果核心对象集合 $\Omega = \varnothing$,则算法结束,否则转入步骤(4)。

(4)在核心对象集合 Ω 中,随机选择一个核心对象 o,初始化当前簇核心对象队列 $\Omega_{\text{cur}} = \{o\}$,初始化类别序号 $K = K + 1$,初始化当前簇样本集合 $C_k = \{o\}$,更新未访问样本集合 $\Gamma = \Gamma - \{o\}$。

（5）如果当前簇核心对象队列 $\Omega_{\mathrm{cur}} = \varnothing$，则当前聚类簇 C_k 生成完毕，更新簇划分 $C = \{C_1, C_2, \cdots, C_k\}$，更新核心对象集合 $\Omega = \Omega - C_k$，转入步骤（3）。否则，更新核心对象集合 $\Omega = \Omega - C_k$。

（6）在当前簇核心对象队列 Ω_{cur} 中取出一个核心对象 o'，通过邻域距离阈值 ϵ 找出所有的 ϵ-邻域子样本集 $N_\epsilon(o') \cap \Gamma$，令 $\Delta = N_\epsilon(o') \cap \Gamma$，更新当前簇样本集合 $C_k = C_k \cup \Delta$，更新未访问样本集合 $\Gamma = \Gamma - \Delta$，更新 $\Omega_{\mathrm{cur}} = \Omega_{\mathrm{cur}} \cup (\Delta \cap \Omega) - o'$，转入步骤（5）。

（7）输出结果为：簇划分为 $C = \{C_1, C_2, \cdots, C_k\}$。

与传统的 K-Means 算法相比，DBSCAN 算法最大的区别在于不需要输入类别数 K。一般来说，如果数据集是稠密的并且不是凸的，那么用 DBSCAN 算法会比 K-Means 算法效果好很多。如果数据集是稀疏的，则不推荐用 DBSCAN 算法来聚类。

下面对 DBSCAN 算法的优缺点做一个总结，如表 10-3 所示。

表10-3 DBSCAN算法的优缺点

优点	可以对任意形状的稠密数据集进行聚类，而 K-Means 之类的聚类算法一般只适用于凸数据集
	可以在聚类的同时发现异常点，对数据集中的异常点不敏感
	聚类结果没有偏倚，而 K-Means 之类的聚类算法初始值对聚类结果有很大影响
缺点	如果样本集的密度不均匀、聚类间距差相差很大，则聚类质量较差，此时使用 DBSCAN 算法一般不适合
	如果样本集较大，聚类收敛时间较长，则可以通过对搜索最近邻时建立的 KD 树或球树进行规模限制来改进
	相比 K-Means 之类的聚类算法，调参过程较复杂，需要对邻域距离阈值 ϵ、邻域样本数阈值 MinPts 联合调参，不同的参数组合对最后的聚类效果有较大影响

10.3.2 Python实现DBSCAN算法

本小节将通过 Python 来实现 DBSCAN 算法的过程。首先生成一组随机数据，为了体现 DBSCAN 算法在非凸数据上的聚类优点，我们生成了三簇数据，两组是非凸的，代码如下。

```
import numpy as np
import matplotlib.pyplot as plt
from sklearn import datasets


# 随机生成数据
X1, y1 = datasets.make_circles(n_samples=5000, factor=.6, noise=.05)
X2, y2 = datasets.make_blobs(n_samples=1000, n_features=2, centers=[[1.2, 1.2]],
                            cluster_std=[[.1]], random_state=9)
X = np.concatenate((X1, X2))
plt.scatter(X[:, 0], X[:, 1], marker='o')  # 绘制散点图
```

```
plt.show()
```

输出结果如图10-9所示。

从图10-9中可以清晰地看到样本数据的分布情况。为了方便对比,首先观察K-Means算法的聚类效果,具体代码如下。

```
# 使用K-Means聚类
from sklearn.cluster import Kmeans
y_pred = KMeans(n_clusters=3, random_state=9).fit_predict(X)
plt.scatter(X[:, 0], X[:, 1], c=y_pred)
plt.show()
```

输出结果如图10-10所示。

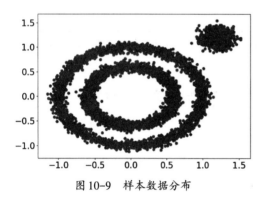

图10-9　样本数据分布

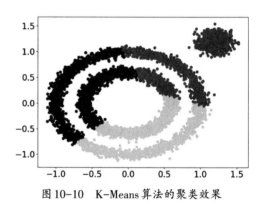

图10-10　K-Means算法的聚类效果

从图10-10中可以明显地看出,对于非凸数据集的聚类,K-Means算法的表现能力不佳。

那么,如果使用DBSCAN算法进行聚类效果又如何呢? 我们先不进行调参,直接采用默认参数,看看聚类效果,具体代码如下。

```
from sklearn.cluster import DBSCAN
y_pred = DBSCAN().fit_predict(X)  # 使用无调参的DBSCAN聚类
plt.scatter(X[:, 0], X[:, 1], c=y_pred)
plt.show()
```

输出结果如图10-11所示。

由图10-11可知,DBSCAN算法的聚类效果不是很理想,竟然将全部数据分为一类。那么,下面我们对DBSCAN算法的两个关键参数eps和min_samples的值进行调整。从图10-11中可以发现,类别数太少,需要增加类别数,那么我们可以减少ϵ-邻域的大小,默认是0.5,我们减到0.1再看看效果如何,具体代码如下。

```
y_pred = DBSCAN(eps=0.1).fit_predict(X)   # 调整参数eps的值为0.1
plt.scatter(X[:, 0], X[:, 1], c=y_pred)
plt.show()
```

输出结果如图10-12所示。

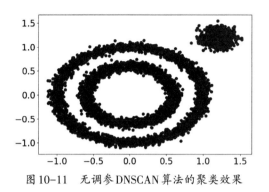
图 10-11　无调参DNSCAN算法的聚类效果

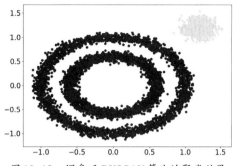
图 10-12　调参后DNSCAN算法的聚类效果

通过观察图10-12所示的聚类效果图，发现调参后DNSCAN算法的聚类效果得以提升，已经将样本集划分为两个类别。但还需进一步优化，可以从两个方面改进参数来增加类别，一个是继续减少eps的值，另一个是增加min_samples的值。下面我们将min_samples从默认的5增加到10，具体代码如下。

```
y_pred = DBSCAN(eps=0.1, min_samples=10).fit_predict(X)
plt.scatter(X[:, 0], X[:, 1], c=y_pred)
plt.show()
```

输出结果如图10-13所示，可以发现聚类效果还不错。

通过本小节的实战案例，能够帮助读者理解DBSCAN算法中调参的基本思路，但在实际操作中遇到的问题可能比这复杂得多，需要考虑更多的参数组合，读者可以自行尝试。

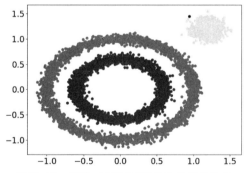
图 10-13　调参后DNSCAN算法的聚类效果

10.4　层次聚类——AGNES算法

层次聚类试图在不同层次对数据集进行划分，从而形成树形的聚类结构。数据集的划分可采用

"自底向上"的聚合策略,也可以采用"自顶向下"的分拆策略。

在学习完了经典的K-Means算法和DNSCAN算法后,本节将介绍另外一种聚类算法AGENS(凝聚嵌套),AGNES是数据挖掘中最流行的层次聚类算法之一。

10.4.1 AGNES算法的原理

AGNES是一种使用"自底向上"聚合策略的层次聚类算法。它将数据集中的每个样本看作一个初始聚类簇,然后在算法运行的每一步找出距离最近的两个簇进行合并。不断重复该过程,直到达到预设的聚类簇个数。此时的关键是,如何找出距离最近的两个簇?实际上,每个簇是一个样本集合,因此只需要采用关于集合的某种距离即可。下面介绍三种计算距离的方法。

(1)单链接:取类间最小距离,定义如下。

$$d_{\min}(C_i, C_j) = \min_{x \in C_i, z \in C_j} \text{distance}(x, z) \qquad (10\text{-}6)$$

(2)全链接:取类间最大距离,定义如下。

$$d_{\max}(C_i, C_j) = \max_{x \in C_i, z \in C_j} \text{distance}(x, z) \qquad (10\text{-}7)$$

(3)均链接:取类间两两平均距离,定义如下。

$$d_{\text{avg}}(C_i, C_j) = \frac{1}{|C_i||C_j|} \sum_{x \in C_i} \sum_{z \in C_j} \text{distance}(x, z) \qquad (10\text{-}8)$$

AGNES算法的基本步骤可以表述如下。

(1)初始化:将每个样本归为一类,然后计算每两个类之间的距离(样本与样本之间的相似度)。

(2)寻找各个类之间最近的两个类,把它们归为一类(总类数目就减少了一个)。

(3)重新计算新生成类与各个旧类之间的距离。

(4)重复第(2)步和第(3)步,直到类别数目达到预设的类簇数目就结束。

10.4.2 Python实现AGNES算法

本小节同样使用Python中的Scikit-learn库演示AGNES算法的过程,使用的数据集是Scikit-learn库中自带的鸢尾花数据集。

(1)导入所需的模块并加载数据集,具体代码如下。

```
# 导入模块
from sklearn import datasets
from sklearn.cluster import AgglomerativeClustering
import matplotlib.pyplot as plt
from sklearn.metrics import confusion_matrix
```

```
import pandas as pd

iris = datasets.load_iris()    # 加载数据集
irisdata = iris.data
```

（2）采用单链接方法实现AGNES算法，具体代码如下。

```
clustering = AgglomerativeClustering(linkage='ward', n_clusters=3)
res = clustering.fit(irisdata)
print("各个簇的样本数目:")
print(pd.Series(clustering.labels_).value_counts())
print("聚类结果:")
print(confusion_matrix(iris.target, clustering.labels_))
```

第1行代码中的AgglomerativeClustering()函数即层级聚类算法模块。其参数n_clusters是一个正整数，用于指定分类簇的数量；参数linkage是一个字符串，用于指定链接方法，linkage='ward'表示采用单链接方法，linkage='complete'表示采用全链接方法，linkage='average'表示采用均链接方法。

输出结果为：

```
各个簇的样本数目:
0    64
1    50
2    36
dtype: int64
聚类结果:
[[ 0 50  0]
 [49  0  1]
 [15  0 35]]
```

（3）可视化聚类效果。

```
# 数据可视化
plt.figure()
d0 = irisdata[clustering.labels_==0]
plt.plot(d0[:, 0], d0[:, 1], 'r.')
d1 = irisdata[clustering.labels_==1]
plt.plot(d1[:, 0], d1[:, 1], 'go')
d2 = irisdata[clustering.labels_==2]
plt.plot(d2[:, 0], d2[:, 1], 'b*')
plt.xlabel("Sepal.Length")
plt.ylabel("Sepal.Width")
plt.title("AGNES Clustering")
plt.show()
```

生成的AGNES聚类散点图，如图10-14所示。

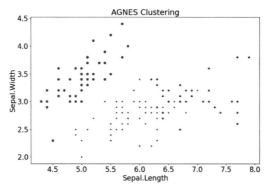

图10-14　单链接方法生成的AGNES聚类散点图

10.5　本章小结

本章介绍了聚类分析的概念及方法,并对有代表性的三种聚类算法:K-Means算法、DBSCAN算法和AGNES算法进行了详细介绍,最后通过示例深入地展示了其聚类计算和建立聚类的过程。

不同的聚类算法在方法和过程上有很大差异,在实际应用时,需要根据实际业务、领域的不同及采集的数据集的不同,选择适合的算法来进行处理。或者结合不同的算法来进行对比分析,以便更好地解释具有实际意义的结果。

10.6　思考与练习

1. 填空题

(1)K-Means算法不能自动识别类的个数,随机挑选_____为中心点计算。

(2)_____是有监督学习,_____是无监督学习(分类/聚类)。

(3)K-Means算法中的启发式迭代方法的停止条件是_____。

(4)如果样本集的密度不均匀,则不适合用_____聚类算法。

(5)AGNES算法通过设置参数linkage指定链接方法,如果采用单链接方法,则linkage的值为_____。

2. 问答题

(1)简述聚类分析的基本思想和基本步骤。

(2)基于DBSCAN的概念定义,若x为核心对象,由x密度可达的所有样本构成的集合为X,试证:X满足连接性与最大性。

3. 上机练习

(1)请随机创建二维数据作为训练集(共800个样本,每个样本2个特征,共4个簇,簇中心在[-1, -1], [0, 0], [1, 1], [1.5, 2],簇方差分别为[0.35, 0.2, 0.2]),并使用K-Means算法完成聚类。代码需满足以下要求。

①输出原始创建数据。

②使用K-Means算法完成聚类。

③用Calinski-Harabasz Index评估聚类分数。

(2)给定数据集data,请使用Scikit-learn库中的DBSCAN进行聚类。代码满足:使用数据集进行DBSCAN聚类并可视化聚类效果。

第4篇 实战应用篇

经过前面三篇的学习，读者已经掌握了数据分析与挖掘的理论知识，也实践了一些简单的例子，本篇通过一些实际应用将知识点融会贯通，提升读者的综合运用能力。

第 11 章

实战案例：房价评估数据分析与挖掘

本章结合国外某房地产公司案例，介绍数据挖掘中的一些算法及其实际应用，重点介绍基于决策树的房价评估，详细演示模型的调优过程，让读者能够更深入地体会这些挖掘算法之间的区别和联系。

本章有三个任务，具体如下。

(1)找出影响房价的变量，例如，房屋面积、房间数量、浴室数量等。

(2)创建一个模型，将房价与房间数量、房屋面积、浴室数量等变量联系起来。

(3)计算模型的准确性，即这些变量的变化情况如何。

通过本章内容的学习，读者能掌握以下知识。

◆ 学会如何应用线性回归模型、决策树模型、随机森林算法解决实际问题。

◆ 理解线性回归模型和决策树模型之间的差别。

◆ 理解模型的优化过程。

◆ 熟悉模型效果的评估方法。

11.1 加载数据集

本章将使用印度德里地区的房产交易数据,来训练和测试一个模型,并评估模型的性能和预测能力。我们希望可以通过该模型预估房屋的销售价值,提高房地产经纪人的工作效率。数据集中包含了房屋的面积(单位为英尺)及停车场等房屋周边的配套设施数据。

导入包并加载数据集,代码如下。

```
# 抑制警告
import warnings
warnings.filterwarnings('ignore')
# 导入必要的包
import numpy as np
import pandas as pd
housing = pd.read_csv(r"Housing.csv")   # 载入数据集,使用Pandas读取CSV文件
```

11.2 数据分析

(1)观察数据。

```
print(housing.head())   # 查看数据集的表头和前5条数据
```

使用head()函数打印并观察前5条数据,输出结果为:

```
   price      area  bedrooms  ...  parking  prefarea  furnishingstatus
0  13300000   7420  4         ...  2        yes       furnished
1  12250000   8960  4         ...  3        no        furnished
2  12250000   9960  3         ...  2        yes       semi-furnished
3  12215000   7500  4         ...  3        yes       furnished
4  11410000   7420  4         ...  2        no        furnished
```

需要特别说明的是,PyCharm中为了美观,部分数据用省略号代替了。如果需要观察完整的数据,可以将下列代码添加到pd.read_csv(r"Housing.csv")之前。

```
# 设置最大列数、列宽等参数,使表格能够显示完全
pd.set_option('display.max_columns', 1000)
pd.set_option('display.width', 1000)
pd.set_option('display.max_colwidth', 1000)
```

(2)使用describe()函数观察数据集中各个特征的统计信息。

```
housing.describe()
```

输出结果如图11-1所示。

	price	area	bedrooms	bathrooms	stories	parking
count	5.450000e+02	545.000000	545.000000	545.000000	545.000000	545.000000
mean	4.766729e+06	5150.541284	2.965138	1.286239	1.805505	0.693578
std	1.870440e+06	2170.141023	0.738064	0.502470	0.867492	0.861586
min	1.750000e+06	1650.000000	1.000000	1.000000	1.000000	0.000000
25%	3.430000e+06	3600.000000	2.000000	1.000000	1.000000	0.000000
50%	4.340000e+06	4600.000000	3.000000	1.000000	2.000000	0.000000
75%	5.740000e+06	6360.000000	3.000000	2.000000	2.000000	1.000000
max	1.330000e+07	16200.000000	6.000000	4.000000	4.000000	3.000000

图11-1　数据描述统计信息

11.3 数据可视化

通过上面的操作,我们对表格中数据的结构有了简单的了解,但对表格中的具体数据还没有做研究。

(1)现在我们就来理解这些具体的数据,使用Matplotlib和Seaborn库来可视化数据。

```
# 导入必要的包
import matplotlib.pyplot as plt import seaborn as sns
import matplotlib.pyplot as plt
# 绘制成对关系
sns.pairplot(housing)
plt.show()
```

输出结果如图11-2所示。

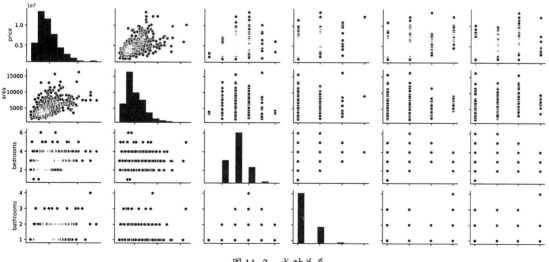

图11-2　成对关系

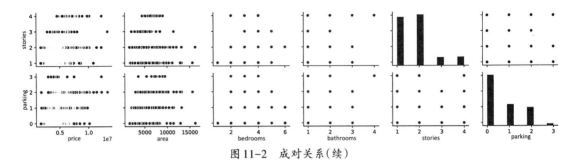

图 11-2　成对关系（续）

通过数据可视化操作，可以发现数据间存在明显的线性关系，还可以确定一些预测因素是否与结果变量具有强关联性。

（2）除了上面绘制的成对关系，还有一些分类变量的数据我们还没有观察到。这里将未展示到的其他变量用箱形图来展示，具体代码如下。

```
# 绘制其他变量的箱形图
plt.figure(figsize=(20, 12))
plt.subplot(2, 3, 1)
sns.boxplot(x='mainroad', y='price', data=housing)
plt.subplot(2, 3, 2)
sns.boxplot(x='guestroom', y='price', data=housing)
plt.subplot(2, 3, 3)
sns.boxplot(x='basement', y='price', data=housing)
plt.subplot(2, 3, 4)
sns.boxplot(x='hotwaterheating', y='price', data=housing)
plt.subplot(2, 3, 5)
sns.boxplot(x='airconditioning', y='price', data=housing)
plt.subplot(2, 3, 6)
sns.boxplot(x='furnishingstatus',y= 'price', data=housing)
plt.show()
```

输出结果如图11-3所示。

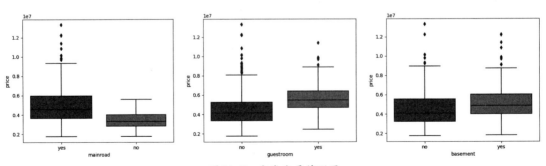

图 11-3　分类变量箱形图

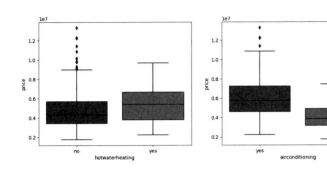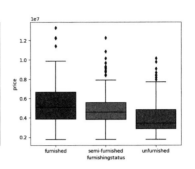

图11-3 分类变量箱形图（续）

（3）将分类特征进一步详细地表现出来。下面可视化展示不同装修状况中是否有空调与房价的关系，具体代码如下。

```
# 通过hue参数查看详情
plt.figure(figsize=(10, 5))
sns.boxplot(x='furnishingstatus', y='price', hue='airconditioning',
            data=housing)
plt.show()
```

输出结果如图11-4所示。

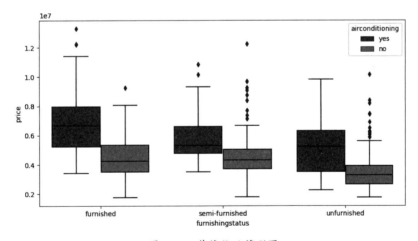

图11-4 装修状况箱形图

11.4 数据预处理

目前，数据集中还有许多值为"是"或"否"的数据未进行处理，但是在数据分析和后期模型拟合时，我们需要的是经过处理后的数值型而非字符串型数据。

（1）prefarea（房屋是否位于城市的首选街区）这个特征的具体数据是"yes"或"no"，因此我们需要将它们转换为1和0，其中1表示"是"，0表示"否"。

```
# 需要处理的变量列表
varlist = ['mainroad', 'guestroom', 'basement', 'hotwaterheating',
           'airconditioning', 'prefarea']
# 定义函数处理数据
def binary_map(x):
    return x.map({'yes': 1, 'no': 0})
# 将函数应用到housing数据集
housing[varlist] = housing[varlist].apply(binary_map)
# 检查处理后的数据结构
print(housing.head())
```

输出结果为：

	price	area	bedrooms	...	parking	prefarea	furnishingstatus
0	13300000	7420	4	...	2	1	furnished
1	12250000	8960	4	...	3	0	furnished
2	12250000	9960	3	...	2	1	semi-furnished
3	12215000	7500	4	...	3	1	furnished
4	11410000	7420	4	...	2	0	furnished

（2）设置虚拟变量。

虚拟变量又称为指标变量，是人为设定的用于将分类变量引入回归模型中的方法，例如，性别、种族等。在本数据集中我们看到装修状况一共有三个级别，与前面对prefarea的处理方法类似，也需要将furnishingstatus中的三个级别转换成数值型。

```
# 获取装修状况的虚拟变量,并将其存储在一个新变量status中
status = pd.get_dummies(housing['furnishingstatus'])
# 查看数据集中status的处理结果
print(status.head())
```

输出结果为：

	furnished	semi-furnished	unfurnished
0	1	0	0
1	1	0	0
2	0	1	0
3	1	0	0
4	1	0	0

上面的结果中共有三列数据，只有0和1两种状态，并不能完全表示所有状态，所以还需要对这些数据进一步进行处理。首先，我们可以删除furnished列，因为装修状况可以通过以下方式来进行区别。

①00用来表示furnished。

②01用来表示unfurnished。

③10用来表示semi-furnished。

（3）可以通过Pandas中的get_dummies()函数来实现上述过程。

```
# 使用drop_first=True属性删除前面步骤中status的第一列
status = pd.get_dummies(housing['furnishingstatus'], drop_first=True)
# 将结果添加到原始的住房数据集
housing = pd.concat([housing, status], axis=1)
# 查看结果
Print(housing.head())
```

输出结果如图11-5所示。

```
     price  area  bedrooms  ...  furnishingstatus  semi-furnished  unfurnished
0  13300000  7420         4  ...        furnished               0            0
1  12250000  8960         4  ...        furnished               0            0
2  12250000  9960         3  ...   semi-furnished               1            0
3  12215000  7500         4  ...        furnished               0            0
4  11410000  7420         4  ...        furnished               0            0
```

图11-5　向数据中添加独热向量

（4）经过这一步已经完成了对独热向量进行编码的过程，现在furnishingstatus这一列对后期的模型拟合已经没有用了，所以可以删除这一列。

```
# 由于前面创建了虚拟变量,这里我们删除furnishingstatus列
housing.drop(['furnishingstatus'], axis=1, inplace=True)
print(housing.head())
```

输出结果如图11-6所示。

```
     price  area  bedrooms  ...  prefarea  semi-furnished  unfurnished
0  13300000  7420         4  ...         1               0            0
1  12250000  8960         4  ...         0               0            0
2  12250000  9960         3  ...         1               1            0
3  12215000  7500         4  ...         1               0            0
4  11410000  7420         4  ...         0               0            0
```

图11-6　删除furnishingstatus列

 11.5　拆分数据集

正如前面线性回归章节所介绍的，线性回归中的一个必要步骤就是拆分训练集和测试集。其中，

训练集用于训练模型的参数,而测试集用于测试模型的性能。

(1)这里我们将数据集中的70%划分为训练集,30%划分为测试集。

```
from sklearn.model_selection import train_test_split
# 通过设置seed()为0使每次生成的随机数相同
np.random.seed(0)
# 设置数据集的70%为训练集,30%为测试集,设置random_state为非0值以便重复使用
# train_test_split后重现相同的结果
df_train, df_test = train_test_split(housing, train_size=0.7, test_size=0.3,
                                     random_state=100)
```

细心的读者可能已经注意到,每个变量的取值范围差异巨大。例如,房屋面积和房价的跨度较大,而其他列的值跨度很小。如果不重新调整变量的比例,线性回归模型拟合后得到的系数可能非常大或非常小,从而导致模型的效果不佳。常见的归一化方法有以下两种。

①最大最小值归一化:将数值缩放到[0,1]范围内。

②零均值归一化:将数值缩放到0附近,使其具有均值为0、方差为1的标准正态分布。

(2)我们将在训练集上使用MinMax缩放,具体代码如下。

```
from sklearn.preprocessing import MinMaxScaler
scaler = MinMaxScaler()
# 对所有列进行特征缩放(不包括1、0和虚拟变量)
num_vars = ['area', 'bedrooms', 'bathrooms', 'stories', 'parking', 'price']
df_train[num_vars] = scaler.fit_transform(df_train[num_vars])
# 查看结果
print(df_train.iloc[:, [1, 2, 3, 4, 10, 0]])
```

输出结果如图11-7所示。

	area	bedrooms	bathrooms	stories	parking	price
359	0.155227	0.4	0.0	0.000000	0.333333	0.169697
19	0.403379	0.4	0.5	0.333333	0.333333	0.615152
159	0.115628	0.4	0.5	0.000000	0.000000	0.321212
35	0.454417	0.4	0.5	1.000000	0.666667	0.548133
28	0.538015	0.8	0.5	0.333333	0.666667	0.575758
..	...	...	...	...	...	...
526	0.118268	0.2	0.0	0.000000	0.000000	0.048485
53	0.291623	0.4	0.5	1.000000	0.666667	0.484848
350	0.139388	0.2	0.0	0.333333	0.333333	0.175758
79	0.366420	0.4	0.5	0.666667	0.000000	0.424242
520	0.516015	0.2	0.0	0.000000	0.000000	0.060606

图11-7 将列表数据归一化

(3)从图11-7中我们能够观察出,经过归一化处理的数据都分布在了0到1之间,通过热力图将看到更为详细的具体效果。

```
# 检查相关系数,查看高度相关的变量
plt.figure(figsize=(16, 10))
```

```
sns.heatmap(df_train.corr(), annot=True, cmap="YlGnBu")
plt.show()
```

输出结果如图11-8所示。

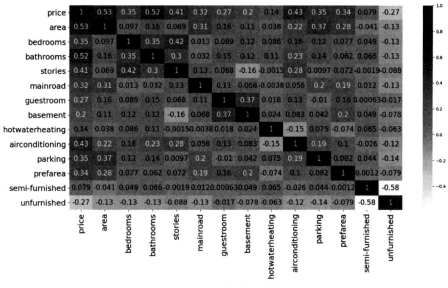

图11-8　变量热力图

（4）通过观察可以看到，房屋面积和房价的关联最大，为了进一步验证猜想，我们通过散点图继续观察。

```
# 散点图观察房屋面积和房价
plt.figure(figsize=[6, 6])
plt.scatter(df_train.area,
            df_train.price)
plt.show()
```

输出结果如图11-9所示。

由图11-9可以确定前面的猜想是正确的，因此可以选择把房屋面积作为第一个变量拟合一条回归线。

（5）划分数据集为 *X* 和 *Y*。前面我们已经将数

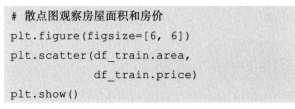

图11-9　房屋面积和房价的散点图

据划分为训练集和测试集，在训练集中，我们很清楚需要预测的内容就是房价，故为price创建一个虚拟列，具体代码如下。

```
# 创建一个临时使用的虚拟列（不用改变原数据集的结构）
y_train = df_train.pop('price')
X_train = df_train
```

11.6 建立线性回归模型

前面已经将房价单独列出来了,但是目前我们还不能确定哪些是影响房价的主要因素。根据常识,房屋面积越大,房价就越高。因此,我们向模型中加入第一个影响因子area。

(1)使用StatsModels库训练数据拟合一条回归直线,代码如下。

```python
import statsmodels.api as sm
X_train_lm = sm.add_constant(X_train[['area']] ) # 添加常数项
lr = sm.OLS(y_train, X_train_lm).fit() # 拟合第一个模型
print(lr.params) # 检查获取的参数
```

第2行代码使用sm.add_constant()函数显式地拟合截距,如果不执行此步骤,在默认情况下,StatsModels库拟合的是经过原点的回归线。

输出结果为:

```
const    0.126894
area     0.462192
dtype: float64
```

(2)可视化拟合的模型。

```python
# 用散点图和拟合的回归线来可视化数据
plt.scatter(X_train_lm.iloc[:, 1], y_train)
plt.plot(X_train_lm.iloc[:, 1], 0.127+0.462*X_train_lm.iloc[:, 1], 'r')
plt.show()
```

输出可视化结果,如图11-10所示。

```python
# 打印线性回归模型得到的摘要
print(lr.summary())
```

输出结果如图11-11所示。

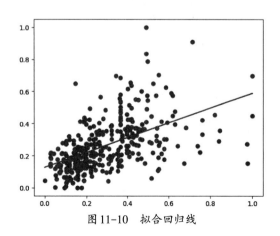

图 11-10　拟合回归线

```
                        OLS Regression Results
==============================================================================
Dep. Variable:                  price   R-squared:                       0.283
Model:                            OLS   Adj. R-squared:                  0.281
Method:                 Least Squares   F-statistic:                     149.6
Date:                Thu, 19 Aug 2021   Prob (F-statistic):           3.15e-29
Time:                        12:05:47   Log-Likelihood:                 227.23
No. Observations:                 381   AIC:                            -450.5
Df Residuals:                     379   BIC:                            -442.6
Df Model:                           1
Covariance Type:            nonrobust
==============================================================================
                 coef    std err          t      P>|t|      [0.025      0.975]
------------------------------------------------------------------------------
const          0.1269      0.013      9.853      0.000       0.102       0.152
area           0.4622      0.038     12.232      0.000       0.388       0.536
==============================================================================
Omnibus:                       67.313   Durbin-Watson:                   2.018
Prob(Omnibus):                  0.000   Jarque-Bera (JB):              143.063
Skew:                           0.925   Prob(JB):                     8.59e-32
Kurtosis:                       5.365   Cond. No.                         5.99
==============================================================================
```

图 11-11　线性回归模型的摘要

（3）向模型中添加另一个自变量。

根据图11-11，我们可以看到模型中得到的R^2（决定系数，度量回归模型的拟合优度的统计量）是0.283，这个值并不是非常理想。这是因为数据集中还有很多与房价有关系的变量未添加到模型中，我们可以继续添加第二个高度相关的变量bathrooms，来进一步优化模型，具体代码如下。

```
# 将area、bathrooms变量指定给X
X_train_lm = X_train[['area', 'bathrooms']]
X_train_lm = sm.add_constant(X_train_lm)    # 添加常数项
lr = sm.OLS(y_train, X_train_lm).fit()      # 拟合线性模型
# 查看参数
print(lr.params)
```

输出结果为：

```
const           0.104589
area            0.398396
bathrooms       0.298374
dtype: float64
```

打印摘要信息：

```
# 打印模型的摘要
print(lr.summary())
```

输出结果如图11-12所示。

由图11-12所示的摘要信息可以看出，将自变量bathrooms加入后模型得到了改进。调整后模型的R^2值从0.283上升到了0.480，证明添加的变量有利于模型效果的提升。

```
                          OLS Regression Results
==============================================================================
Dep. Variable:                  price   R-squared:                       0.480
Model:                            OLS   Adj. R-squared:                  0.477
Method:                 Least Squares   F-statistic:                     174.1
Date:                Thu, 19 Aug 2021   Prob (F-statistic):           2.51e-54
Time:                        12:20:42   Log-Likelihood:                 288.24
No. Observations:                 381   AIC:                            -570.5
Df Residuals:                     378   BIC:                            -558.6
Df Model:                           2
Covariance Type:            nonrobust
==============================================================================
                 coef    std err          t      P>|t|      [0.025      0.975]
------------------------------------------------------------------------------
const          0.1046      0.011      9.384      0.000       0.083       0.127
area           0.3984      0.033     12.192      0.000       0.334       0.463
bathrooms      0.2984      0.025     11.945      0.000       0.249       0.347
==============================================================================
Omnibus:                       62.839   Durbin-Watson:                   2.157
Prob(Omnibus):                  0.000   Jarque-Bera (JB):              168.790
Skew:                           0.784   Prob(JB):                     2.23e-37
Kurtosis:                       5.859   Cond. No.                         6.17
==============================================================================
```

图11-12　添加变量bathrooms后的模型摘要

（4）按照这个思路，向模型中继续添加另一个变量bedrooms。

```
# 将area、bathrooms、bedrooms变量指定给X
X_train_lm = X_train[['area', 'bathrooms', 'bedrooms']]
X_train_lm = sm.add_constant(X_train_lm)    # 添加常数项
lr = sm.OLS(y_train, X_train_lm).fit()      # 拟合线性模型
print(lr.params) # 查看参数
```

输出结果为：

```
const           0.041352
area            0.392211
```

```
bathrooms    0.259978
bedrooms     0.181863
dtype: float64
```

打印摘要信息：

```
# 打印模型的摘要
print(lr.summary())
```

输出结果如图11-13所示。

可以看到添加变量bedrooms后，这次拟合模型R^2的值为0.505，较上次又有提高，说明相比之前拟合的模型，效果有了进一步提升。

（5）将所有变量添加到模型中。

经过前面几次的尝试，可能有读者会认为将所有的特性变量都加入模型中，模型的效果一定是最好的。下面我们就来验证一下该假设，具体代码如下。

```
                          OLS Regression Results
==============================================================================
Dep. Variable:              price    R-squared:              0.505
Model:                        OLS    Adj. R-squared:         0.501
Method:             Least Squares    F-statistic:            128.2
Date:            Thu, 19 Aug 2021    Prob (F-statistic):  3.12e-57
Time:                    12:26:11    Log-Likelihood:        297.76
No. Observations:             381    AIC:                   -587.5
Df Residuals:                 377    BIC:                   -571.7
Df Model:                       3
Covariance Type:        nonrobust
==============================================================================
                coef    std err      t     P>|t|    [0.025    0.975]
------------------------------------------------------------------------------
const         0.0414    0.018     2.292   0.022    0.006     0.077
area          0.3922    0.032    12.279   0.000    0.329     0.455
bathrooms     0.2600    0.026    10.033   0.000    0.209     0.311
bedrooms      0.1819    0.041     4.396   0.000    0.101     0.263
==============================================================================
Omnibus:                   50.037   Durbin-Watson:          2.136
Prob(Omnibus):              0.000   Jarque-Bera (JB):     124.806
Skew:                       0.648   Prob(JB):            7.92e-28
Kurtosis:                   5.487   Cond. No.                8.87
==============================================================================
```

图11-13 添加变量bedrooms后的模型摘要

```
X_train_lm = sm.add_constant(X_train)     # 添加常数项
lr_1 = sm.OLS(y_train, X_train_lm).fit()   # 建立线性模型
print(lr_1.params)
```

输出结果为：

```
const            0.020033
area             0.234664
bedrooms         0.046735
bathrooms        0.190823
stories          0.108516
mainroad         0.050441
guestroom        0.030428
basement         0.021595
hotwaterheating  0.084863
airconditioning  0.066881
parking          0.060735
prefarea         0.059428
semi-furnished   0.000921
unfurnished     -0.031006
dtype:float64
```

打印摘要信息：

```
print(lr_1.summary())
```

输出结果如图11-14所示。

通过观察图11-14中的相关性评估的P值,发现有些变量的P值为0,这就说明并不是所有的变量都会对模型的改进有积极的效果。于是,我们尝试着把不显著P值的变量删掉,同时引入一个更好的评估方法:方差膨胀因子(Variance Inflation Factor,VIF)。

VIF是一种衡量特征变量之间关联程度的指标,也是检验线性模型的一个非常重要的参数。VIF的计算公式为:

$$VIF = \frac{1}{1 - R_i^2} \qquad (11-1)$$

```
                        OLS Regression Results
================================================================================
Dep. Variable:              price      R-squared:                    0.681
Model:                        OLS      Adj. R-squared:               0.670
Method:             Least Squares      F-statistic:                  60.40
Date:            Mon, 14 Sep 2020      Prob (F-statistic):        8.83e-83
Time:                    16:24:44      Log-Likelihood:              381.79
No. Observations:             381      AIC:                         -735.6
Df Residuals:                 367      BIC:                         -680.4
Df Model:                      13
Covariance Type:        nonrobust
================================================================================
                   coef    std err       t      P>|t|    [0.025    0.975]
--------------------------------------------------------------------------------
const            0.0200      0.021     0.955     0.340    -0.021     0.061
area             0.2347      0.030     7.795     0.000     0.175     0.294
bedrooms         0.0467      0.037     1.267     0.206    -0.026     0.119
bathrooms        0.1908      0.022     8.679     0.000     0.148     0.234
stories          0.1085      0.019     5.661     0.000     0.071     0.146
mainroad         0.0504      0.014     3.520     0.000     0.022     0.079
guestroom        0.0304      0.014     2.233     0.026     0.004     0.057
basement         0.0216      0.011     1.943     0.053    -0.000     0.043
hotwaterheating  0.0849      0.022     3.934     0.000     0.042     0.127
airconditioning  0.0669      0.011     5.899     0.000     0.045     0.089
parking          0.0607      0.018     3.365     0.001     0.025     0.096
prefarea         0.0594      0.012     5.040     0.000     0.036     0.083
semi-furnished   0.0009      0.012     0.078     0.938    -0.022     0.024
unfurnished     -0.0310      0.013    -2.440     0.015    -0.056    -0.006
================================================================================
Omnibus:                   93.687      Durbin-Watson:                2.093
Prob(Omnibus):              0.000      Jarque-Bera (JB):           304.917
Skew:                       1.091      Prob(JB):                  6.14e-67
Kurtosis:                   6.801      Cond. No.                      14.6
```

图11-14　添加所有变量后的模型摘要

其中,R_i为自变量对其余变量做回归分析的负相关系数。

下面对加入所有影响因子的模型计算具体的VIF值,代码如下。

```
from statsmodels.stats.outliers_influence import variance_inflation_factor
# 创建一个包含所有变量和它们各自VIF值的DataFrame
vif = pd.DataFrame()
vif['Features'] = X_train.columns
# 计算方差膨胀因子(VIF)
vif['VIF'] = [variance_inflation_factor(X_train.values, i) for i in
             range(X_train.shape[1])]
vif['VIF'] = round(vif['VIF'], 2) # 保留两位小数
vif = vif.sort_values(by="VIF", ascending=False) # 对VIF值进行排序
print(vif)
```

输出结果为:

```
    Features         VIF
1   bedrooms         7.33
4   mainroad         6.02
0   area             4.67
3   stories          2.70
11  semi-furnished   2.19
9   parking          2.12
6   basement         2.02
12  unfurnished      1.82
8   airconditioning  1.77
2   bathrooms        1.67
10  prefarea         1.51
```

```
5  guestroom         1.47
7  hotwaterheating  1.14
```

通常情况下，VIF大于5表示高度多重共线性，因此我们希望VIF小于5。于是，可以根据这个标准删除一些变量。

(6) 删除无关变量并更新模型。

根据前面步骤中得到的摘要信息及各个特征对应的VIF值，可以确定有些变量的确是无关紧要的。于是，我们先将这部分变量删除，剩下的变量通过其他方式进行筛选。其中，变量semi-furnished的P值(0.938)非常高，因此将其删除。

```python
# 去掉高度相关变量和不显著变量
X = X_train.drop('semi-furnished', 1, )
# 建立合适的模型
X_train_lm = sm.add_constant(X)
lr_2 = sm.OLS(y_train, X_train_lm).fit()
# 打印模型的摘要
print(lr_2.summary())
```

输出结果如图11-15所示。

```
                            OLS Regression Results
==============================================================================
Dep. Variable:                  price   R-squared:                       0.681
Model:                            OLS   Adj. R-squared:                  0.671
Method:                 Least Squares   F-statistic:                     65.61
Date:                Thu, 19 Aug 2021   Prob (F-statistic):           1.07e-83
Time:                        20:40:15   Log-Likelihood:                 381.79
No. Observations:                 381   AIC:                            -737.6
Df Residuals:                     368   BIC:                            -686.3
Df Model:                          12
Covariance Type:            nonrobust
==============================================================================
                    coef    std err          t      P>|t|      [0.025      0.975]
------------------------------------------------------------------------------
const             0.0207      0.019      1.098      0.273      -0.016       0.058
area              0.2344      0.030      7.845      0.000       0.176       0.293
bedrooms          0.0467      0.037      1.268      0.206      -0.026       0.119
bathrooms         0.1909      0.022      8.697      0.000       0.148       0.234
stories           0.1085      0.019      5.669      0.000       0.071       0.146
mainroad          0.0504      0.014      3.524      0.000       0.022       0.079
guestroom         0.0304      0.014      2.238      0.026       0.004       0.057
basement          0.0216      0.011      1.946      0.052      -0.000       0.043
hotwaterheating   0.0849      0.022      3.941      0.000       0.043       0.127
airconditioning   0.0668      0.011      5.923      0.000       0.045       0.089
parking           0.0608      0.018      3.372      0.001       0.025       0.096
prefarea          0.0594      0.012      5.046      0.000       0.036       0.083
unfurnished      -0.0316      0.010     -3.096      0.002      -0.052      -0.012
==============================================================================
Omnibus:                       93.538   Durbin-Watson:                   2.092
Prob(Omnibus):                  0.000   Jarque-Bera (JB):              303.844
Skew:                           1.090   Prob(JB):                     1.05e-66
Kurtosis:                       6.794   Cond. No.                         14.1
==============================================================================
```

图11-15　删除变量semi-furnished后的模型摘要

仅仅删除变量semi-furnished是不够的，接下来我们还需要计算删除变量semi-furnished后模型的VIF值，具体代码如下。

```python
# 再次计算新模型的VIF
vif = pd.DataFrame()
```

```
vif['Features'] = X.columns
vif['VIF'] = [variance_inflation_factor(X.values, i) for i in range(X.shape[1])]
vif['VIF'] = round(vif['VIF'], 2)
vif = vif.sort_values(by="VIF", ascending=False)
print(vif)
```

输出结果为：

```
    Features         VIF
1   bedrooms         6.59
4   mainroad         5.68
0   area             4.67
3   stories          2.69
9   parking          2.12
6   basement         2.01
8   airconditioning  1.77
2   bathrooms        1.67
10  prefarea         1.51
5   guestroom        1.47
11  unfurnished      1.40
7   hotwaterheating  1.14
```

目前，还有一些VIF值和P值都较高的变量是不重要的影响因子。因此，重复前面的过程继续删除这些不重要的因子。具体来说，应该删除VIF值较高（6.59）并且P值也很高（0.206）的变量bedrooms，代码如下。

```
# 去掉高度相关变量和不显著变量
X = X.drop('bedrooms', 1)
# 建立拟合模型
X_train_lm = sm.add_constant(X)
lr_3 = sm.OLS(y_train,
        X_train_lm).fit()
# 打印模型的摘要
print(lr_3.summary())
```

输出结果如图11-16所示。

计算删除变量bedrooms后模型的VIF值，具体代码如下。

```
# 再次计算新模型的VIF
vif = pd.DataFrame()
```

```
                          OLS Regression Results
==============================================================================
Dep. Variable:                price   R-squared:                    0.680
Model:                          OLS   Adj. R-squared:               0.671
Method:               Least Squares   F-statistic:                  71.31
Date:            Thu, 19 Aug 2021     Prob (F-statistic):        2.73e-84
Time:                      20:50:38   Log-Likelihood:              380.96
No. Observations:               381   AIC:                         -737.9
Df Residuals:                   369   BIC:                         -690.6
Df Model:                        11
Covariance Type:          nonrobust
==============================================================================
                   coef    std err      t     P>|t|    [0.025    0.975]
------------------------------------------------------------------------------
const            0.0357     0.015    2.421    0.016    0.007    0.065
area             0.2347     0.030    7.851    0.000    0.176    0.294
bathrooms        0.1965     0.022    9.132    0.000    0.154    0.239
stories          0.1178     0.018    6.654    0.000    0.083    0.153
mainroad         0.0488     0.014    3.423    0.001    0.021    0.077
guestroom        0.0301     0.014    2.211    0.003    0.003    0.057
basement         0.0239     0.011    2.183    0.030    0.002    0.045
hotwaterheating  0.0864     0.022    4.014    0.000    0.044    0.129
airconditioning  0.0665     0.011    5.895    0.000    0.044    0.089
parking          0.0629     0.018    3.501    0.001    0.028    0.098
prefarea         0.0596     0.012    5.061    0.000    0.036    0.083
unfurnished     -0.0323     0.010   -3.169    0.002   -0.052   -0.012
==============================================================================
Omnibus:                     97.661   Durbin-Watson:                2.097
Prob(Omnibus):                0.000   Jarque-Bera (JB):            325.388
Skew:                         1.130   Prob(JB):                   2.20e-71
Kurtosis:                     6.923   Cond. No.                       10.6
==============================================================================
```

图11-16　删除变量bedrooms后的模型摘要

```
vif['Features'] = X.columns
vif['VIF'] = [variance_inflation_factor(X.values, i) for i in range(X.shape[1])]
vif['VIF'] = round(vif['VIF'], 2)
vif = vif.sort_values(by="VIF", ascending=False)
print(vif)
```

输出结果为：

```
   Features         VIF
3  mainroad         4.79
0  area             4.55
2  stories          2.23
8  parking          2.10
5  basement         1.87
7  airconditioning  1.76
1  bathrooms        1.61
9  prefarea         1.50
4  guestroom        1.46
10 unfurnished      1.33
6  hotwaterheating  1.12
```

通过观察上述结果，可以发现删除变量bedrooms后，将mainroad的VIF值降低到了5以下。但从摘要信息中，我们仍然可以看到剩下的属性中还有很高的P值。例如，变量basement的P值为0.03，因此也应该删掉这个变量，具体代码如下。

```
X = X.drop('basement', 1)
# 拟合新的模型
X_train_lm = sm.add_constant(X)
lr_4 = sm.OLS(y_train,
            X_train_lm).fit()
print(lr_4.summary())
```

输出结果如图11-17所示。

计算删除变量basement后模型的VIF值，具体代码如下。

```
                          OLS Regression Results
==============================================================================
Dep. Variable:              price    R-squared:              0.676
Model:                        OLS    Adj. R-squared:         0.667
Method:             Least Squares    F-statistic:            77.18
Date:            Mon, 14 Sep 2020    Prob (F-statistic):  3.13e-84
Time:                    16:24:46    Log-Likelihood:        378.51
No. Observations:             381    AIC:                   -735.0
Df Residuals:                 370    BIC:                   -691.7
Df Model:                      10
Covariance Type:        nonrobust
==============================================================================
                   coef   std err       t    P>|t|   [0.025   0.975]
------------------------------------------------------------------------------
const            0.0428    0.014    2.958   0.003    0.014    0.071
area             0.2335    0.030    7.772   0.000    0.174    0.293
bathrooms        0.2019    0.021    9.397   0.000    0.160    0.244
stories          0.1081    0.017    6.277   0.000    0.074    0.142
mainroad         0.0497    0.014    3.468   0.001    0.022    0.078
guestroom        0.0402    0.013    3.124   0.002    0.015    0.065
hotwaterheating  0.0876    0.022    4.051   0.000    0.045    0.130
airconditioning  0.0682    0.011    6.028   0.000    0.046    0.090
parking          0.0629    0.018    3.482   0.001    0.027    0.098
prefarea         0.0637    0.012    5.452   0.000    0.041    0.087
unfurnished     -0.0337    0.010   -3.295   0.001   -0.054   -0.014
==============================================================================
Omnibus:                   97.054    Durbin-Watson:           2.099
Prob(Omnibus):              0.000    Jarque-Bera (JB):      322.034
Skew:                       1.124    Prob(JB):             1.18e-70
Kurtosis:                   6.902    Cond. No.                 10.3
==============================================================================
```

图11-17　删除变量basement后的模型摘要

```
# 再次计算新模型的VIF
vif = pd.DataFrame()
vif['Features'] = X.columns
vif['VIF'] = [variance_inflation_factor(X.values, i) for i in range(X.shape[1])]
vif['VIF'] = round(vif['VIF'], 2)
vif = vif.sort_values(by="VIF", ascending=False)
print(vif)
```

输出结果为：

```
   Features           VIF
3  mainroad           4.55
0  area               4.54
2  stories            2.12
7  parking            2.10
6  airconditioning    1.75
1  bathrooms          1.58
8  prefarea           1.47
9  unfurnished        1.33
4  guestroom          1.30
5  hotwaterheating    1.12
```

经过不断地调整模型，现在VIF值和P值都在可接受的范围内了，于是我们使用这个模型进行预测。

（7）训练数据的残差分析。

由于我们是对训练数据进行预测，所以也需要检查预测结果是否符合正态分布。下面通过直方图来观察训练数据是否符合我们的期望。

```
y_train_price = lr_4.predict(X_train_lm)
# 绘制误差项的直方图
fig = plt.figure()
# 计算训练数据和预测数据的误差并绘制直方图
sns.distplot((y_train-y_train_price), bins=20)
fig.suptitle('Error Terms', fontsize=20)
plt.xlabel('Errors', fontsize=18)
plt.show()
```

输出结果如图11-18所示，从图中可以看出训练数据完全符合正态分布。

（8）使用最终模型进行预测。

现在我们已经对模型进行了拟合，并检查了误差项的正态性。接下来使用最后的模型对测试集进行预测。此过程与对训练集进行的操作一样，测试集也需要将字符串转换成数值型。

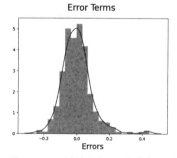

图11-18　训练数据误差的直方图

```
num_vars = ['area', 'bedrooms', 'bathrooms', 'stories', 'parking', 'price']
# 将从训练数据中学习到的均值和方差应用到测试数据中
df_test[num_vars] = scaler.transform(df_test[num_vars])
# 生成对数据的描述性统计
print(df_test.describe())
```

输出结果为：

	price	area	...	semi-furnished	unfurnished
count	164.000000	164.000000	...	164.000000	164.000000
mean	0.263176	0.298548	...	0.420732	0.329268
std	0.172077	0.211922	...	0.495189	0.471387
min	0.006061	-0.016367	...	0.000000	0.000000
25%	0.142424	0.148011	...	0.000000	0.000000
50%	0.226061	0.259724	...	0.000000	0.000000
75%	0.346970	0.397439	...	1.000000	1.000000
max	0.909091	1.263992	...	1.000000	1.000000

划分 X_test 和 y_test：

```python
# 创建一个临时使用的虚拟列(不用改变原数据集的结构)
y_test = df_test.pop('price')
X_test = df_test
# 为测试数据添加常量
X_test_m4 = sm.add_constant(X_test)
# 删除 X_test_m4 中的变量:"bedrooms", "semi-furnished", "basement"
X_test_m4 = X_test_m4.drop(["bedrooms", "semi-furnished", "basement"], axis=1)
# 使用模型进行预测
y_pred_m4 = lr_4.predict(X_test_m4)
```

下面来观察对测试集进行线性回归预测的效果，具体代码如下。

```python
# 绘制 y_test 和 y_pred 散点图来观察效果
fig = plt.figure()
plt.scatter(y_test, y_pred_m4)
fig.suptitle('y_test vs y_pred', fontsize=20)
plt.xlabel('y_test', fontsize=18)
plt.ylabel('y_pred', fontsize=16)
plt.show()
```

输出结果如图11-19所示。

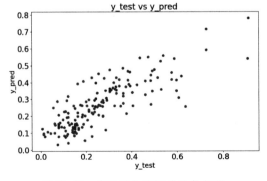

图11-19　实际值和预测值的散点图

通过查看图11-17所展示的线性回归模型的coef参数中各个属性的具体值,并将这些数值代入最佳拟合的直线方程,就可以得出针对该数据集的最佳拟合直线方程,具体如下。

```
Price=area*0.2335+bathrooms*0.2019+stories*0.1081+mainroad*0.0497+guestroom*
0.0402+hotwaterheating*0.0876+airconditioning*0.0682+parking*0.0629+prefarea*
0.0637+unfurnished*(-0.0337)
```

11.7 建立决策树模型

在线性回归模型中,我们已经得到了最佳拟合直线方程。那么,在这个数据集中是否有比线性回归模型更好的模型来提高预测的准确性呢? 我们决定采用决策树模型试一试。

（1）创建模型。

```
from sklearn.tree import DecisionTreeRegressor
# 创建模型:设置random_state,指定一个数字可确保在每次运行中获得相同的结果;树的最大深度为4;
# 叶节点所需的最小样本数为10
dt = DecisionTreeRegressor(random_state=42, max_depth=4, min_samples_leaf=10)
# 通过设置seed()为0使每次生成的随机数相同
np.random.seed(0)
# 设置样本比例
df_train, df_test = train_test_split(housing, train_size=0.7,
                                     random_state=100)
print(df_train.shape, df_test.shape)
```

输出结果为:

```
((381, 14), (164, 14))
```

（2）数据归一化处理。

```
scaler = MinMaxScaler()
# 训练数据归一化
df_train['price'] = scaler.fit_transform(df_train[['price']])
# 测试数据归一化
df_test['price'] = scaler.transform(df_test[['price']])
df_train.price.describe()
```

输出结果为:

```
count 381.000000
mean  0.260333
std   0.157607
min   0.000000
```

```
25%     0.151515
50%     0.221212
75%     0.345455
max     1.000000
```

（3）训练数据。

```
# 创建训练数据虚拟列
y_train = df_train.pop("price")
X_train = df_train
# 创建测试数据虚拟列
y_test = df_test.pop("price")
X_test = df_test
# 查看数据维度和每个维度中的元素个数
print(X_test.shape, X_train.shape)
```

输出结果为：

```
(164, 13) (381, 13)
```

（4）决策树模型的构建。

下面可视化决策树模型的构建过程。

```
# 拟合决策树模型
dt.fit(X_train, y_train)
# 可视化决策树
from IPython.display import Image
from six import StringIO
from sklearn.tree import export_graphviz
import pydotplus, graphviz
# 将此点文件转换为PNG文件
dot_data = StringIO()
# 生成决策树的GraphViz表示
export_graphviz(dt, out_file=dot_data, filled=True, rounded=True,
                feature_names=X_train.columns)
# 生成图表
graph = pydotplus.graph_from_dot_data(dot_data.getvalue())
# 写入PNG文件
graph.write_png('pic2.png')
```

输出结果如图11-20所示。

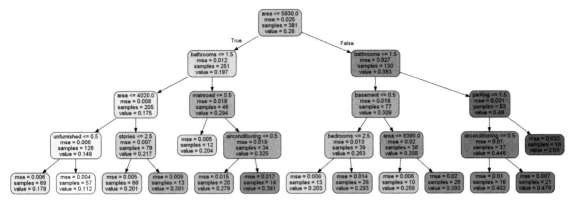

图11-20　可视化决策树

下面以根节点为例，来解释圆角矩形中的4行数据所代表的含义。

①第1行的area：表示决定房价的因素——房屋面积，当房屋面积小于等于5930时，生成左子树，否则生成右子树。

②第2行的mse：表示在381个实例中，该预测结果的均方差（MSE）为0.025。

③第3行的samples：表示当前的样本数。整个数据集有381条数据，根据area是否小于等于5930分为两类，小于等于5930的房屋面积，样本数为251；大于5930的房屋面积，样本数为130。

④第4行的value：表示要预测的房价，这个预测值为与节点相关联的 n 个实例训练的平均值。值得注意的是，value的取值范围为0~1，这是因为前面进行了归一化处理（归一化不是必要操作，这里因数值较大而进行了归一化处理）。

（5）使用随机森林回归器。

在构建决策树时，每个节点确定了最佳选择的算法，意味着每一步都会做出最优决策。但没有考虑全局最优，很容易导致模型过拟合，因此还需要使用随机森林来进行预测，具体代码如下。

```
# 创建模型(n_jobs=-1意味着使用所有处理器)
rf = RandomForestRegressor(random_state=42, n_jobs=-1, max_depth=5,
                           min_samples_leaf=10)
# 拟合模型
rf.fit(X_train, y_train)
# 查看森林中树的情况
sample_tree = rf.estimators_[20]
# 将此点文件转换为PNG文件
dot_data = StringIO()
# 生成决策树的GraphViz表示
export_graphviz(sample_tree, out_file=dot_data, filled=True, rounded=True,
                feature_names=X_train.columns)
# 生成图表
graph = pydotplus.graph_from_dot_data(dot_data.getvalue())
graph.write_png('pic2.png')
```

输出结果如图11-21所示。

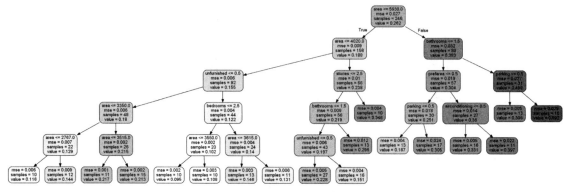

图11-21　可视化随机森林

11.8　对比分析构建的线性回归和决策树模型

前面已经构建好了线性回归模型和决策树模型,但是各个模型的效果如何还有待评估。

(1)对线性回归模型训练集的效果进行评估,具体代码如下。

```
from sklearn.metrics import r2_score
# 使用r2_score评估线性回归模型并输出结果
print(r2_score(y_train, y_train_pred))
```

输出结果为:

```
0.6780870388290547
```

从输出结果可以看出,目前的模型效果还不错,但还有提升的余地。

(2)下面再来观察决策树模型的效果如何。对训练集进行预测并输出模型效果的评分,具体代码如下。

```
# 对训练数据进行预测
y_train_pred = dt.predict(X_train)
print(r2_score(y_train, y_train_pred))
```

输出结果为:

```
0.6234560022579934
```

对上述两个模型的评分进行对比,我们发现使用决策树模型的效果并不如线性回归模型好,因此还需要对模型继续进行调整。

(3)使用随机森林回归器进行预测,具体代码如下。

```
# 使用随机森林对训练集进行预测
y_train_pred = rf.predict(X_train)
# 对测试集进行预测
y_test_pred = rf.predict(X_test)
print(r2_score(y_train, y_train_pred))
```

输出结果为：

```
0.678108218278368
```

从这几个评分结果可以看出，在训练集上构建随机森林模型的效果是最好的，其次是线性回归模型，决策树模型的效果较差。

（4）为了便于分析模型，还可以看看在随机森林中每个特征对预测值的贡献。

```
# 输出每个特征对预测值的贡献(信息增益)
print(rf.feature_importances_)
# 将上面得出的信息增益进行排序
imp_df = pd.DataFrame({"Varname": X_train.columns,
                       "Imp": rf.feature_importances_})
print(imp_df.sort_values(by="Imp", ascending=False))   # 排序
```

第2行代码中的feature_importances_是通过计算每个特征的得分，并对结果进行标准化，以使所有特征的重要性总和等于1。

第6行代码对每个特征的贡献进行降序排列，用排序结果辅助判断随机森林的预测是否合理。

输出结果为：

```
    Varname          Imp
0   area             0.520876
2   bathrooms        0.267388
8   airconditioning  0.043602
12  unfurnished      0.037559
9   parking          0.032280
6   basement         0.023720
10  prefarea         0.023451
3   stories          0.019147
1   bedrooms         0.013811
5   guestroom        0.008170
4   mainroad         0.005875
11  semi-furnished   0.004122
7   hotwaterheating  0.000000
```

通过查看特征的重要性，可以知道哪些特征对预测过程没有足够贡献或没有贡献，从而决定是否丢弃它们。

（5）鉴于在训练集上线性回归模型的表现优于决策树模型，为了确保评估的全面性和准确性，我

们需要在测试集上进一步比较这两个模型的性能。首先,我们对决策树模型在测试集上的性能进行评分。

```
# 对决策树模型的测试集进行评分
y_test_pred = dt.predict(X_test)
print(r2_score(y_test, y_test_pred))
```

输出结果为:

```
0.5289772624972269
```

(6)根据评估结果可知,当前模型的效果仍有提升空间。接下来,我们对线性回归模型在测试集上的性能进行评分。

```
# 对线性回归模型的测试集进行评分
y_test_pred = lr.predict(X_test)
print(r2_score(y_test, y_test_pred))
```

输出结果为:

```
0.584597088758958
```

可以看到,比起决策树模型,线性回归模型的评分有了进一步的提升,这与我们在训练集上得到的结果是一致的。

11.9 本章小结

本章通过真实的房产交易数据的案例,对线性回归模型、决策树模型及随机森林算法进行了实战,通过该案例我们发现,调整线性回归模型的特征变量,对预测的准确率提升有很大的帮助。同时,我们使用决策树和随机森林进一步提高了模型预测的准确率。

第 12 章

实战案例：电信客户流失数据分析与挖掘

　　本章结合电信客户流失案例，系统地演示数据分析与挖掘的整个过程，详细阐述数据挖掘中的一些常用算法及其实际应用，重点分析数据清洗、数据处理及特征工程。本案例旨在让读者更深入地理解数据挖掘的整个过程。

通过本章内容的学习，读者能掌握以下知识。

- ♦ 学会如何运用数据挖掘模型进行预测，以解决实际生活中的问题。
- ♦ 理解如何进行数据挖掘。
- ♦ 了解数据清洗的过程。
- ♦ 了解数据预处理的过程。
- ♦ 了解特征工程。

案例背景

随着移动业务市场的饱和,运营商面临激烈的市场竞争,客户争夺愈演愈烈。从传统意义上来说,留住一个客户所需要的成本是争取一个新用户成本的1/5,尤其对于增量客户越来越少的通信市场来说,减少客户流失就意味着用更少的成本减少利润的流失。因此,如何最大限度地挽留在网用户、吸引新客户,是电信企业最为关注的问题之一。

电信企业客户流失预测是基于数据挖掘技术利用客户的历史记录数据,对潜在的流失客户进行判断的过程。数据挖掘技术与传统数据分析的区别在于,前者是在没有任何假设和前提条件的情况下完成的,有效的数据挖掘预测系统可更客观地对实际的市场情况进行分析和描述。

本章将采用真实的电信客户信息数据,来训练和测试多个模型,并对各个模型的性能和预测能力进行评估。我们希望可以通过这些模型实现对电信客户流失的因素进行预估,以降低电信企业的营销成本,提升用户满意度,提高收益。

 加载数据

本章的数据集来自Kaggle网站。该数据集共有7043条记录,共21个特征,每条记录包含了唯一客户的特征。数据中存在重复值、缺失值与异常值,其字段说明如表12-1所示。

表12-1　数据集中各字段的含义

字段	含义
customerID	客户ID
gender	性别(Female & Male)
SeniorCitizen	老年人(1表示是,0表示不是)
Partner	是否有配偶(Yes or No)
Dependents	是否经济独立(Yes or No)
tenure	客户的职位(0~72,共73个职位)
PhoneService	是否开通了电话服务业务(Yes or No)
MultipleLines	是否开通了多线业务(Yes、No or No phone service三种)
InternetService	是否开通了互联网服务(No、DSL、Fiber optic三种)
OnlineSecurity	是否开通了网络安全服务(Yes、No、No internet service三种)
OnlineBackup	是否开通了在线备份业务(Yes、No、No internet service三种)
DeviceProtection	是否开通了设备维护业务(Yes、No、No internet service三种)

续表

字段	含义
TechSupport	是否开通了技术支持服务（Yes、No、No internet service 三种）
StreamingTV	是否开通了网络电视（Yes、No、No internet service 三种）
StreamingMovies	是否开通了网络电影（Yes、No、No internet service 三种）
Contract	签订合同方式（按月、一年、两年）
PaperlessBilling	是否开通了电子账单（Yes or No）
PaymentMethod	付款方式（bank transfer、credit card、electronic check、mailed check）
MonthlyCharges	月费用
TotalCharges	总费用
Churn	该客户是否流失（Yes or No）

通过表12-1的内容，我们已经大致清楚了数据集中的数据包含哪些特征，下面我们就通过Python来演示如何对电信客户流失进行预测。

首先导入包并加载数据集，具体代码如下。

```python
import pandas as pd
import matplotlib.pyplot as plt
import seaborn as sns
from pylab import *
import scipy

from collections import Counter
from sklearn.preprocessing import LabelEncoder                # 编码转换
from sklearn.preprocessing import StandardScaler              # 归一化
from sklearn.model_selection import StratifiedShuffleSplit, train_test_split
                                                             # 分层抽样

from sklearn.ensemble import RandomForestClassifier          # 随机森林
from sklearn.linear_model import LogisticRegression          # 逻辑回归
from sklearn.neighbors import KNeighborsClassifier           # KNN算法
from sklearn.tree import DecisionTreeClassifier              # 决策树
from sklearn.metrics import precision_score, recall_score, f1_score  # 分类报告

import warnings
warnings.filterwarnings('ignore')                            # 忽略警告信息

# 读取数据
df = pd.read_csv(r'. /Customer-Churn.csv')
```

12.3 数据准备

（1）观察数据。

```
print(df.head()) # 预览数据
```

使用head()函数打印并观察前5条数据，输出结果如图12-1所示。

```
   customerID  gender  SeniorCitizen ... MonthlyCharges TotalCharges Churn
0  7590-VHVEG  Female              0 ...          29.85        29.85    No
1  5575-GNVDE  Male                0 ...          56.95       1889.5    No
2  3668-QPYBK  Male                0 ...          53.85       108.15   Yes
3  7795-CFOCW  Male                0 ...          42.30      1840.75    No
4  9237-HQITU  Female              0 ...          70.70       151.65   Yes
```

图 12-1　数据集中前5条数据的部分信息

需要特别说明的是，PyCharm中为了美观，部分数据用省略号代替了。如果需要观察完整的数据，可以将下列代码添加到pd.read_csv(r'. /Customer-Churn.csv')之前。

```
# 设置最大列数、列宽等参数,使表格能够显示完全
pd.set_option('display.max_columns', 1000)
pd.set_option('display.width', 1000)
pd.set_option('display.max_colwidth', 1000)
```

输出的前5条完整数据信息如图12-2所示。

```
   customerID  gender  SeniorCitizen Partner Dependents tenure PhoneService       MultipleLines InternetService OnlineSecurity
0  7590-VHVEG  Female              0     Yes         No      1           No  No phone service             DSL             No
1  5575-GNVDE  Male                0      No         No     34          Yes                No             DSL            Yes
2  3668-QPYBK  Male                0      No         No      2          Yes                No             DSL            Yes
3  7795-CFOCW  Male                0      No         No     45           No  No phone service             DSL            Yes
4  9237-HQITU  Female              0      No         No      2          Yes                No     Fiber optic             No
```

图 12-2　数据集的前5条完整数据信息

（2）使用describe()函数观察数据集中各个特征的统计信息。

```
# 查看数据及数据分布
print(df.describe())
```

输出结果如图12-3所示。

```
       SeniorCitizen       tenure  MonthlyCharges
count    7043.000000  7043.000000     7043.000000
mean        0.162147    32.371149       64.761692
std         0.368612    24.559481       30.090047
min         0.000000     0.000000       18.250000
25%         0.000000     9.000000       35.500000
50%         0.000000    29.000000       70.350000
75%         0.000000    55.000000       89.850000
max         1.000000    72.000000      118.750000
```

图 12-3　数据描述统计信息

12.4 数据清洗

通过上面的操作，我们对表格中数据的结构有了一个简单的了解，但还没有清晰的认识。我们知道该数据并非干净的数据，所以需要进一步对数据进行清洗。

12.4.1 缺失值处理

查看缺失值的代码如下。

```
# 查看缺失值
print(df.isnull().sum())
```

使用isnull()函数可以判断缺失值；isnull().sum()函数能更加直观地看到每列数据中缺失值的数量，上述代码的输出结果如图12-4所示。

通过观察图12-4可以发现，该数据集中不存在缺失值。但需要注意的是，缺失值的数据类型是float类型。一旦有变量的数据类型转换成float类型，需要再次查看缺失值。

12.4.2 重复值处理

查看重复值的代码如下。

```
# 查看重复值
print(df.duplicated().sum())
```

输出结果如下，结果为零，代表该数据集中不存在重复值。

```
0
```

```
customerID          0
gender              0
SeniorCitizen       0
Partner             0
Dependents          0
tenure              0
PhoneService        0
MultipleLines       0
InternetService     0
OnlineSecurity      0
OnlineBackup        0
DeviceProtection    0
TechSupport         0
StreamingTV         0
StreamingMovies     0
Contract            0
PaperlessBilling    0
PaymentMethod       0
MonthlyCharges      0
TotalCharges        0
Churn               0
dtype: int64
```

图 12-4　数据集中每列数据
缺失值的数量

12.4.3 数值类型转换

查看数据类型的代码如下。

```
# 查看数据类型
print(df.info())
```

使用info()函数查看每个特征的数据类型，输出结果如图12-5所示。

观察图12-5，我们发现TotalCharges与MonthlyCharges这两列数据的类型不同。按照常理来说，它们应该是同一个数据类型（float64）。故需将TotalCharges由object类型转换成float64类型，且需要再次查看缺失值。

```
# 数据类型转换
df['TotalCharges'] = pd.to_numeric(df["TotalCharges"], errors="coerce")
print(df['TotalCharges'].dtype)
print(df.isnull().sum())  # 查看缺失值
```

使用 pd.to_numeric(df["TotalCharges"], errors="coerce") 将特征 TotalCharges 的类型转换为 float64 类型。

数据类型转换后使用 isnull().sum() 函数可以直观地看到每列数据中缺失值的数量,具体效果如图 12-6 所示。

```
<class 'pandas.core.frame.DataFrame'>
RangeIndex: 7043 entries, 0 to 7042
Data columns (total 21 columns):
 #   Column            Non-Null Count  Dtype
---  ------            --------------  -----
 0   customerID        7043 non-null   object
 1   gender            7043 non-null   object
 2   SeniorCitizen     7043 non-null   int64
 3   Partner           7043 non-null   object
 4   Dependents        7043 non-null   object
 5   tenure            7043 non-null   int64
 6   PhoneService      7043 non-null   object
 7   MultipleLines     7043 non-null   object
 8   InternetService   7043 non-null   object
 9   OnlineSecurity    7043 non-null   object
 10  OnlineBackup      7043 non-null   object
 11  DeviceProtection  7043 non-null   object
 12  TechSupport       7043 non-null   object
 13  StreamingTV       7043 non-null   object
 14  StreamingMovies   7043 non-null   object
 15  Contract          7043 non-null   object
 16  PaperlessBilling  7043 non-null   object
 17  PaymentMethod     7043 non-null   object
 18  MonthlyCharges    7043 non-null   float64
 19  TotalCharges      7043 non-null   object
 20  Churn             7043 non-null   object
dtypes: float64(1), int64(2), object(18)
memory usage: 1.1+ MB
```

图 12-5　每个特征的数据类型

图 12-6　数据集中每列数据缺失值的数量

观察图 12-6 可知,TotalCharges 列共有 11 个缺失值。处理缺失值的原则是尽量填充,最后才是删除。缺失值填充的原则如下。

(1)如果是分类型数据,则可以采用众数进行填充。

(2)如果数值型数据服从正态分布,则可以采用均值或中位数进行填充。

(3)如果数值型数据服从偏态分布,则可以采用中位数进行填充。

TotalCharges 列是数值型数据,接下来先通过直方图观察数据的分布情况,具体代码如下。

```
"""
全部客户的总付费直方图
"""
plt.figure(figsize=(16, 5))
plt.subplot(1, 3, 1)
plt.title('全部客户的总付费直方图')
sns.distplot(df['TotalCharges'].dropna())
"""
流失客户的总付费直方图
```

```
"""
plt.subplot(1, 3, 2)
plt.title('流失客户的总付费直方图')
sns.distplot(df[df['Churn']=='Yes']['TotalCharges'].dropna())


"""
留存客户的总付费直方图
"""
plt.subplot(1, 3, 3)
plt.title('留存客户的总付费直方图')
sns.distplot(df[df['Churn']=='No']['TotalCharges'].dropna())
plt.show()
```

输出结果如图12-7所示。

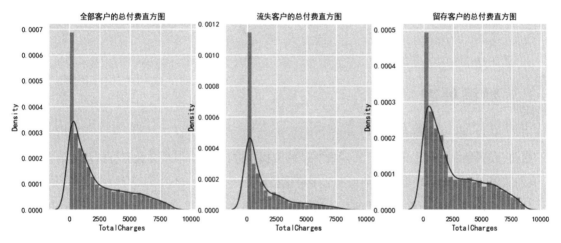

图12-7　全部客户、流失客户及留存客户的总付费直方图

通过图12-7可知,TotalCharges列数据呈现偏态分布,故选择中位数进行填充,具体代码如下。

```
# 中位数填充
df.fillna({'TotalCharges':df['TotalCharges'].median()}, inplace=True)
# 再次确认是否还有空值
print(df.isnull().sum())
```

使用fillna({'TotalCharges':df['TotalCharges'].median()}, inplace=True)函数进行缺失值填充,第一个参数为字典类型,即替换空值的值;第二个参数inplace的值为True,代表修改原文件。用中位数填充后,再次查看每列数据中缺失值的数量,具体效果如图12-8所示。

由图12-8可以看出,通过中位数对TotalCharges列数据进行填充后,该列数据目前没有任何缺失值了。

```
        customer ID        0
        gender             0
        SeniorCitizen      0
        Partner            0
        Dependents         0
        tenure             0
        PhoneService       0
        MultipleLines      0
        InternetService    0
        OnlineSecurity     0
        OnlineBackup       0
        DeviceProtection   0
        TechSupport        0
        StreamingTV        0
        StreamingMovies    0
        Contract           0
        PaperlessBilling   0
        PaymentMethod      0
        MonthlyCharges     0
        TotalCharges       0
        Churn              0
        dtype: int64
```

图 12-8 数据集中每列数据缺失值的数量

12.5 数据处理

目前，数据集中还有许多值为"Yes"或"No"的数据未进行处理，但是在数据分析和后期模型拟合时，我们需要的是经过处理后的数值型而非字符串型数据。

（1）处理数据。Churn这个特征的具体数据是"Yes"和"No"，因此我们需要将它们重新编码为1和0，其中1表示"Yes"，0表示"No"，具体代码如下。

```
# 将Churn这个特征重新编码为1和0
df['Churn'] = df['Churn'].map({'Yes':1, 'No':0})
print(df['Churn'].head())# 预览Churn列的前5行数据
```

输出结果为：

```
0    0
1    0
2    1
3    0
4    1
```

（2）绘制饼图，查看流失客户占比，代码如下。

```
churn_value = df["Churn"].value_counts()
labels = df["Churn"].value_counts().index.map({1:"流失客户", 0:"留存客户"})
```

```
# 绘制饼图
plt.figure(figsize=(5, 5))
plt.pie(churn_value, labels=labels, colors=["b", "g"], explode=(0.1, 0),
        autopct='%1.1f%%', shadow=True)
plt.title("流失客户占比图")
plt.legend(loc="upper right")
plt.show()
```

输出结果如图12-9所示。

由图12-9可以看出,流失客户样本占比26.5%,留存客户样本占比73.5%,明显存在"样本不均衡"的情况。要解决样本不均衡问题,可以采用以下三种方法。

①分层抽样。

②过抽样。

③欠抽样。

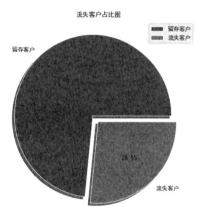

图12-9　流失客户占比图

12.6　数据可视化

由于存在样本不均衡的情况,接下来采用分层抽样和过抽样两种方法来对数据进行处理,通过对两种方法的效果进行对比,哪个效果更佳就采用哪种方法。在对数据进行抽样之前,我们首先观察一下具体的数据,然后对数据进行可视化处理。

(1)特征提取。

```
feature = df.iloc[:, 1:20]
corr_df = feature.apply(lambda x: pd.factorize(x)[0])
# print(corr_df.head())
```

使用pd.factorize()函数将字符串特征转化为数字特征,转换后的数据如图12-10所示。

```
   gender  SeniorCitizen  Partner  ...  PaymentMethod  MonthlyCharges  TotalCharges
0       0              0        0  ...              0               0             0
1       1              0        1  ...              1               1             1
2       1              0        1  ...              1               2             2
3       1              0        1  ...              2               3             3
4       0              0        1  ...              0               4             4

[5 rows x 19 columns]
```

图12-10　字符串特征转化为数字特征的数据信息

(2)计算相关性矩阵。

```
# 相关性矩阵
corr = corr_df.corr()
```

```
print(corr)
```

使用corr_df.corr()函数查看相关性矩阵,输出结果如图12-11所示。

	gender	SeniorCitizen	...	MonthlyCharges	TotalCharges
gender	1.000000	-0.001874	...	-0.008072	-0.012302
SeniorCitizen	-0.001874	1.000000	..	0.049649	0.023880
Partner	0.001808	-0.016479	...	-0.036054	-0.042628
Dependents	0.010517	-0.211185	...	-0.029390	0.006300
tenure	-0.000013	0.010834	...	0.041647	0.108142
PhoneService	-0.006488	0.008576	...	-0.141829	-0.029806
MultipleLines	-0.009451	0.113791	...	0.024338	0.015373
InternetService	-0.000863	-0.032310	...	-0.289963	-0.038247
OnlineSecurity	-0.003429	-0.210897	...	-0.220566	-0.026788
OnlineBackup	0.012230	-0.144828	...	-0.284344	-0.054537
DeviceProtection	0.005092	-0.157095	...	-0.220217	-0.025159
TechSupport	0.000985	-0.223770	...	-0.213417	-0.021945
StreamingTV	0.001156	-0.130130	...	-0.230706	-0.018643
StreamingMovies	-0.000191	-0.120802	...	-0.241007	-0.026122
Contract	0.000126	-0.142554	...	-0.007618	0.051905
PaperlessBilling	0.011754	-0.156530	...	-0.087229	-0.011179
PaymentMethod	-0.005209	-0.093704	...	-0.009290	0.008458
MonthlyCharges	-0.008072	0.049649	...	1.000000	0.267898
TotalCharges	-0.012302	0.023880	...	0.267898	1.000000

图12-11　相关性矩阵

(3)可视化相关性矩阵。

```
"""
可视化相关性矩阵:绘制热力图观察变量之间的相关性
"""
plt.figure(figsize=(15, 15))
ax = sns.heatmap(corr, xticklabels=corr.columns, yticklabels=corr.columns,
                 linewidths=0.1, cmap="RdYlGn", annot=True)
plt.title("Correlation between variables")
plt.show()
```

使用heatmap()函数绘制热力图,输出结果如图12-12所示。

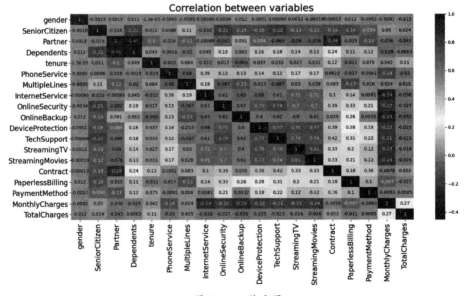

图12-12　热力图

由图 12-12 可以看出，互联网服务、网络安全服务、在线备份业务、设备维护业务、技术支持服务、开通网络电视、开通网络电影之间的相关性很强，且是正相关关系。此外，电话服务业务和多线业务之间也存在很强的正相关关系。

（4）查看 Churn 变量与其他变量之间的相关性。

首先通过独热编码，将分类变量下的标签进行转化，然后再绘图查看客户流失（Churn）与其他各个维度之间的关系。

```
df_onehot = pd.get_dummies(df.iloc[:, 1:21])  # 独热编码
# print(df_onehot.head())
# 绘图
plt.figure(figsize=(15, 6))
df_onehot.corr()['Churn'].sort_values(ascending=False).plot(kind='bar')
plt.title('Correlation between Churn and variables')
plt.show()
```

第 1 行代码利用 Pandas 中的 get_dummies() 函数实现独热编码。

第 5 行代码利用 df_onehot .corr() 函数获取独热编码系数矩阵，并利用 Pandas 中的 sort_values (ascending=False) 函数将数据集按照 Churn 字段中的数据进行排序。

输出结果如图 12-13 所示。

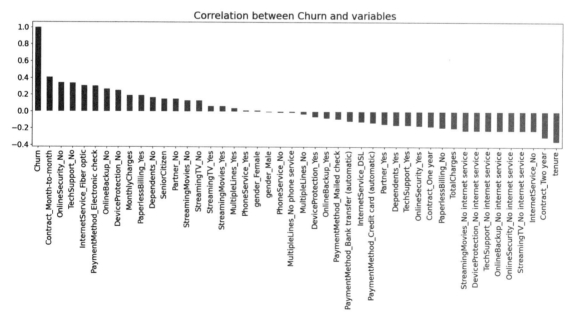

图 12-13　Churn 变量与其他变量之间的相关性

从图 12-13 中可以看出，gender（性别）、PhoneService（电话服务业务）与 Churn 的相关性几乎为 0，故这两个维度可以忽略。而 ['SeniorCitizen', 'Partner', 'Dependents', MultipleLines, 'InternetService', 'OnlineSecurity', 'OnlineBackup', 'DeviceProtection', 'TechSupport', 'StreamingTV', 'StreamingMovies',

'Contract', 'PaperlessBilling', 'PaymentMethod']等特征与Churn特征都有较高的相关性。

接下来,我们将以上维度合并成一个列表kf_var,然后进行频数分布比较,具体代码如下。

```
"""
将相关性高的特征合并成一个列表kf_var,方便进行频数分布比较
"""
kf_var = list(df.columns[2:5])
for var in list(df.columns[7:18]):
    kf_var.append(var)
print('kf_var=', kf_var)
```

输出结果为:

```
kf_var = ['SeniorCitizen', 'Partner', 'Dependents', 'MultipleLines',
          'InternetService', 'OnlineSecurity', 'OnlineBackup',
          'DeviceProtection', 'TechSupport', 'StreamingTV',
          'StreamingMovies', 'Contract', 'PaperlessBilling', 'PaymentMethod']
```

(5)频数分布比较。

通过上述步骤,我们已经明确了与Churn特征有高相关性的特征。那么,接下来对这些特征的频数分布进行可视化,以便直接从柱状图中去判断各个维度对客户流失的影响程度。值得注意的是,组间有显著性差异,频数分布比较才有意义,否则无任何意义。其中,"卡方检验"就是提高频数分布比较结论可信度的一种统计方法。

①卡方检验。

```
"""
自定义卡方检验函数
"""

def KF(x):
    df1 = pd.crosstab(df['Churn'], df[x])   # 计算交叉表
    li1 = list(df1.iloc[0, :])
    li2 = list(df1.iloc[1, :])
    kf_data = np.array([li1, li2])
    kf = chi2_contingency(kf_data)          # 卡方检验
    if kf[1] < 0.05:
        print('Churn by {} 的卡方临界值是{:.2f},小于0.05,表明{}组间有显著性差异,可进
              行【交叉分析】'.format(x, kf[1], x), '\n')
    else:
        print('Churn by {} 的卡方临界值是{:.2f},大于0.05,表明{}组间无显著性差异,不可
              进行交叉分析'.format(x, kf[1], x), '\n')
# 对kf_var进行卡方检验
print('kf_var的卡方检验结果如下:', '\n')
```

输出结果为：

```
kf_var的卡方检验结果如下：
Churn by SeniorCitizen 的卡方临界值是0.00,小于0.05,表明SeniorCitizen组间有显著性差
异,可进行【交叉分析】
Churn by Partner 的卡方临界值是0.00,小于0.05,表明Partner组间有显著性差异,可进行【交叉分
析】
Churn by Dependents 的卡方临界值是0.00,小于0.05,表明Dependents组间有显著性差异,可进
行【交叉分析】
Churn by MultipleLines 的卡方临界值是0.00,小于0.05,表明MultipleLines组间有显著性差
异,可进行【交叉分析】
Churn by InternetService 的卡方临界值是0.00,小于0.05,表明InternetService组间有显著
性差异,可进行【交叉分析】
Churn by OnlineSecurity 的卡方临界值是0.00,小于0.05,表明OnlineSecurity组间有显著性
差异,可进行【交叉分析】
Churn by OnlineBackup 的卡方临界值是0.00,小于0.05,表明OnlineBackup组间有显著性差异,
可进行【交叉分析】
Churn by DeviceProtection 的卡方临界值是0.00,小于0.05,表明DeviceProtection组间有显
著性差异,可进行【交叉分析】
Churn by TechSupport 的卡方临界值是0.00,小于0.05,表明TechSupport组间有显著性差异,可
进行【交叉分析】
Churn by StreamingTV 的卡方临界值是0.00,小于0.05,表明StreamingTV组间有显著性差异,可
进行【交叉分析】
Churn by StreamingMovies 的卡方临界值是0.00,小于0.05,表明StreamingMovies组间有显著
性差异,可进行【交叉分析】
Churn by Contract 的卡方临界值是0.00,小于0.05,表明Contract组间有显著性差异,可进行【交
叉分析】
Churn by PaperlessBilling 的卡方临界值是0.00,小于0.05,表明PaperlessBilling组间有显
著性差异,可进行【交叉分析】
Churn by PaymentMethod 的卡方临界值是0.00,小于0.05,表明PaymentMethod组间有显著性差
异,可进行【交叉分析】
```

从上述卡方检验的结果可以看出,kf_var中包含的特征,组间都有显著性差异,说明可以进行频
数分布比较。

②绘制柱状图比较频数分布。

```
"""
绘制柱状图
"""
plt.figure(figsize=(20, 30)))
a = 0
for k in kf_var:
    a = a + 1
```

```
    plt.subplot(4, 4, a)
    plt.title('Churn BY '+k)
    sns.countplot(x=k, hue='Churn', data=df)              # 计数图

plt.xticks(rotation=45)
sns.countplot(x='PaymentMethod', hue='Churn', data=df)  # 计数图
plt.show()
```

输出结果如图12-14所示。

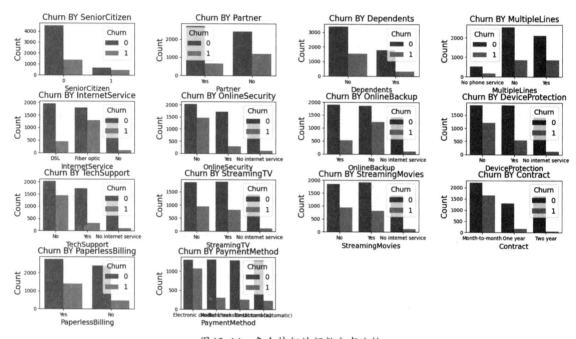

图12-14　各个特征的频数分布比较

由于PaymentMethod的标签比较长,影响图12-14整体的美观度,所以单独画该特征的频数分布对比图,如图12-15所示。

上述步骤已经展示了各个特征的频数分布情况,能直观地看出各个特征对客户流失有一定的影响,但并不能直接从柱状图去判断哪个维度对客户流失的影响大。因为样本不均衡(流失客户样本占比26.5%,留存客户样本占比73.5%),基数不一样,故不能直接通过频数分布的柱状图去分析。要解决这

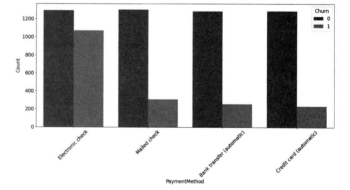

图12-15　PaymentMethod特征的频数分布对比

个问题,最好的方法是使用交叉分析,且做同行百分比(Churn作为"行")。

③交叉分析。

```
"""
交叉验证
"""
print('ka_var列表中的维度与Churn交叉分析结果如下:', '\n')
for i in kf_var:
    print('...............Churn BY {}...............'.format(i))
    print(pd.crosstab(df['Churn'], df[i], normalize=0), '\n')  # 交叉分析,同行百分比
```

输出结果为:

ka_var列表中的维度与Churn交叉分析结果如下:(图12-16~图12-27)

图12-16 SeniorCitizen特征交叉验证的结果   图12-17 Parter特征交叉验证的结果

通过对SeniorCitizen特征进行分析,发现年轻客户在流失、留存两个群体中的人数占比都很高,如图12-16所示。

通过对Parter特征进行分析,发现单身的客户更容易流失,如图12-17所示。

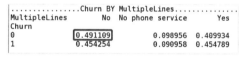

图12-18 Denpendents特征交叉验证的结果   图12-19 MultipleLines特征交叉验证的结果

通过对Denpendents特征进行分析,发现经济不独立的客户更容易流失,如图12-18所示。

通过对MultipleLines特征进行分析,发现是否开通了多线业务,对客户留存和流失没有明显的促进作用,如图12-19所示。

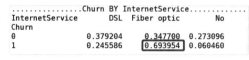

图12-20 InternetService特征交叉验证的结果   图12-21 OnlineSecurity特征交叉验证的结果

通过对InternetService特征进行分析,发现开通了Fiber optic的客户更容易流失,如图12-20所示。

通过对OnlineSecurity特征进行分析,发现没开通网络安全服务的客户更容易流失,如图12-21所示。

```
..............Churn BY OnlineBackup..............
OnlineBackup          No  No internet service      Yes
Churn
0               0.358523         0.273096  0.368380
1               0.659711         0.060460  0.279829
```

图12-22　OnlineBackup特征交叉验证的结果

```
..............Churn BY DeviceProtection..............
DeviceProtection      No  No internet service      Yes
Churn
0               0.364128         0.273096  0.362775
1               0.647940         0.060460  0.291600
```

图12-23　DeviceProtection特征交叉验证的结果

通过对OnlineBackup特征进行分析,发现没开通在线备份业务的客户更容易流失,如图12-22所示。

通过对DeviceProtection特征进行分析,发现没开通设备维护业务的客户更容易流失,如图12-23所示。

```
..............Churn BY TechSupport..............
TechSupport           No  No internet service      Yes
Churn
0               0.391767         0.273096  0.335137
1               0.773676         0.060460  0.165864
```

图12-24　TechSupport特征交叉验证的结果

```
..............Churn BY StreamingTV..............
StreamingTV           No  No internet service      Yes
Churn
0               0.361036         0.273096  0.365868
1               0.504013         0.060460  0.435527
```

图12-25　StreamingTV特征交叉验证的结果

通过对TechSupport特征进行分析,发现没开通技术支持服务的客户更容易流失,如图12-24所示。

通过对StreamingTV特征进行分析,发现是否开通了网络电视,对客户留存和流失没有明显的促进作用,如图12-25所示。

```
..............Churn BY Contract..............
Contract  Month-to-month  One year  Two year
Churn
0               0.429068  0.252609  0.318322
1               0.885500  0.088818  0.025682
```

图12-26　Contract特征交叉验证的结果

通过对Contract特征进行分析,发现按月签订合同的客户更容易流失,如图12-26所示。

```
..............Churn BY PaperlessBilling..............
PaperlessBilling      No       Yes
Churn
0               0.464438  0.535562
1               0.250936  0.749064


..............Churn BY PaymentMethod..............
PaymentMethod  Bank transfer (automatic)  Credit card (automatic)  \
Churn
0                              0.248550                 0.249324
1                              0.138042                 0.124131


PaymentMethod  Electronic check  Mailed check
Churn
0                      0.250097      0.252029
1                      0.573034      0.164794
```

图12-27　PaperlessBilling和PaymentMethod特征交叉验证的结果

通过对PaperlessBilling和PaymentMethod特征进行分析,发现使用电子支票支付的客户更容易流失。

(6)均值比较。

```
"""
均值比较
```

```
"""
# 自定义方差齐性检验和方差分析函数
def ANOVA(x):
    li_index = list(df['Churn'].value_counts().keys())
    args = []
    for i in li_index:
        args.append(df[df['Churn']==i][x])
    w, p = scipy.stats.levene(*args)                   # 方差齐性检验
    if p < 0.05:
        print('警告:Churn BY {}的P值为{:.2f},小于0.05,表明方差齐性检验不通过,不可做方
              差分析'.format(x, p), '\n')
    else:
        f, p_value = scipy.stats.f_oneway(*args)  # 方差分析
        print('Churn BY {} 的f值是{}, p_value值是{}'.format(x, f, p_value), '\n')
        if p_value < 0.05:
            print('Churn BY {}的均值有显著性差异,可进行均值比较'.format(x), '\n')
        else:
            print('Churn BY {}的均值无显著性差异,不可进行均值比较'.format(x), '\n')

print('MonthlyCharges、TotalCharges 的方差齐性检验和方差分析结果如下:', '\n')
ANOVA('MonthlyCharges')
ANOVA('TotalCharges')
```

输出结果为：

```
MonthlyCharges、TotalCharges的方差齐性检验和方差分析结果如下:
警告:Churn BY MonthlyCharges的P值为0.00,小于0.05,表明方差齐性检验不通过,不可做方差分析
警告:Churn BY TotalCharges的P值为0.00,小于0.05,表明方差齐性检验不通过,不可做方差分析
```

12.7 特征工程

1. 特征提取

通过前面的客户流失率与各个维度的相关系数柱状图可知,客户流失率与 gender(性别)、PhoneService(电话服务业务)的相关性几乎为 0,可以筛选掉；而 customerID 是随机数,不影响建模,故可以筛选掉,得到最终特征 churn_var。

```
# 特征提取
churn_var = df.iloc[:, 2:20]
churn_var.drop("PhoneService", axis=1, inplace=True)
```

```
print(churn_var.head())
```

输出结果如图12-28所示。

由图12-28可以看出，MonthlyCharges和TotalCharges两个特征与其他特征相比，量纲差异大。处理量纲差异大的问题有两种方法：标准化和离散化。这两种方法没有好坏之分，哪个能让模型精度提高，就选哪种方法。下面我们对两种方法进行对比分析。

```
       SeniorCitizen Partner  ...  MonthlyCharges  TotalCharges
0                  0     Yes  ...           29.85         29.85
1                  0      No  ...           56.95       1889.50
2                  0      No  ...           53.85        108.15
3                  0      No  ...           42.30       1840.75
4                  0      No  ...           70.70        151.65
```

图12-28　特征提取结果

2. 标准化

每个变量的数据范围不同。如果不进行标准化处理，目标函数就无法适当地运作，后面拟合的模型得到的系数有可能非常大或非常小，从而导致模型的效果不理想。因此，我们要对数据进行标准化处理，具体如下。

```
# 标准化
scaler = StandardScaler(copy=False)
scaler.fit_transform(churn_var[['MonthlyCharges', 'TotalCharges']])
                                                    # fit_transform拟合数据
churn_var[['MonthlyCharges', 'TotalCharges']] = scaler.transform(churn_var
[['MonthlyCharges', 'TotalCharges']])  # transform标准化
print(churn_var[['MonthlyCharges', 'TotalCharges']].head())  # 查看拟合结果
```

输出结果如图12-29所示。

3. 离散化MonthlyCharges列

特征离散化后，模型易于快速迭代，且更稳定，具体代码如下。

```
# 查看MonthlyCharges列的四分位
churn_var['MonthlyCharges'].describe()
```

输出结果如图12-30所示。

```
   MonthlyCharges  TotalCharges
0       -1.160323     -0.994242
1       -0.259629     -0.173244
2       -0.362660     -0.959674
3       -0.746535     -0.194766
4        0.197365     -0.940470
```

图12-29　标准化输出结果

```
count    7.043000e+03
mean    -6.406285e-17
std      1.000071e+00
min     -1.545860e+00
25%     -9.725399e-01
50%      1.857327e-01
75%      8.338335e-01
max      1.794352e+00
Name: MonthlyCharges, dtype: float64
```

图12-30　MonthlyCharges的描述信息

用四分位数进行离散，代码如下。

```
# 用四分位数进行离散
churn_var['MonthlyCharges'] = pd.qcut(churn_var['MonthlyCharges'], 4,
                           labels=['1', '2', '3', '4'])
```

```
print(churn_var['MonthlyCharges'].head())
```

输出结果如图12-31所示。

```
Name: MonthlyCharges, dtype: float64
0    1
1    2
2    2
3    2
4    3
Name: MonthlyCharges, dtype: category
Categories (4, object): ['1' < '2' < '3' < '4']
```

图12-31　离散化MonthlyCharges的结果

离散化TotalCharges列,代码如下。

```
"""
离散化TotalCharges列
"""
# 查看TotalCharges列的四分位
print(churn_var['TotalCharges'].describe())   # 用四分位数进行离散
churn_var['TotalCharges'] = pd.qcut(churn_var['TotalCharges'], 4,
                                    labels=['1', '2', '3', '4'])
churn_var['TotalCharges'].head()
```

输出结果如图12-32和图12-33所示。

```
count    7.043000e+03
mean    -1.488074e-17
std      1.000071e+00
min     -9.991203e-01
25%     -8.298459e-01
50%     -3.904632e-01
75%      6.642871e-01
max      2.826743e+00
Name: TotalCharges, dtype: float64
```

图12-32　TotalCharges的描述信息

```
0    1
1    3
2    1
3    3
4    1
Name: TotalCharges, dtype: category
Categories (4, object): ['1' < '2' < '3' < '4']
```

图12-33　离散化TotalCharges的结果

查看churn_var中分类变量的label(标签),代码如下。

```
"""
查看churn_var中分类变量的label(标签)
"""
# 自定义函数获取分类变量中的label
def Label(x):
    print(x, "--" ,churn_var[x].unique())
# 筛选出数据类型为object的数据点
df_object = churn_var.select_dtypes(['object'])
print(list(map(Label, df_object)))
```

输出结果如图12-34所示。

图12-34中的这6项增值服务(靠下的框标注的数据),都是需要开通互联网服务(靠上的框标注

的数据)才能享受到的。如果不开通互联网服务,视为没开通这6项增值服务,故可以将6个特征中的"No internet service"合并到"No"中;而MultipleLines特征的"No phone service"在流失客户、留存客户样本中的人数占比几乎接近,且比较少,故可以将"No phone service"合并到"No"中,具体代码如下。

```
churn_var.replace(to_replace='No internet service', value='No', inplace=True)
churn_var.replace(to_replace='No phone service', value='No', inplace=True)
df_object = churn_var.select_dtypes(['object'])
print(list(map(Label, df_object.columns)))
```

输出结果如图12-35所示。

```
Partner -- ['Yes' 'No']
Dependents -- ['No' 'Yes']
MultipleLines -- ['No phone service' 'No' 'Yes']
InternetService -- ['DSL' 'Fiber optic' 'No']
OnlineSecurity -- ['No' 'Yes' 'No internet service']
OnlineBackup -- ['Yes' 'No' 'No internet service']
DeviceProtection -- ['No' 'Yes' 'No internet service']
TechSupport -- ['No' 'Yes' 'No internet service']
StreamingTV -- ['No' 'Yes' 'No internet service']
StreamingMovies -- ['No' 'Yes' 'No internet service']
Contract -- ['Month-to-month' 'One year' 'Two year']
PaperlessBilling -- ['Yes' 'No']
PaymentMethod -- ['Electronic check' 'Mailed check' 'Bank transfer (automatic)'
 'Credit card (automatic)']
```

图12-34 churn_var中分类变量的label(标签)

```
Partner -- ['Yes' 'No']
Dependents -- ['No' 'Yes']
MultipleLines -- ['No' 'Yes']
InternetService -- ['DSL' 'Fiber optic' 'No']
OnlineSecurity -- ['No' 'Yes']
OnlineBackup -- ['Yes' 'No']
DeviceProtection -- ['No' 'Yes']
TechSupport -- ['No' 'Yes']
StreamingTV -- ['No' 'Yes']
StreamingMovies -- ['No' 'Yes']
Contract -- ['Month-to-month' 'One year' 'Two year']
PaperlessBilling -- ['Yes' 'No']
PaymentMethod -- ['Electronic check' 'Mailed check' 'Bank transfer (automatic)'
 'Credit card (automatic)']
```

图12-35 合并后的结果

4. 整数编码

目前,数据集中还有许多值为"Yes"或"No"的数据未进行处理,但是在数据分析和后期模型拟合时,我们需要的是经过处理后的数值型而非字符串型数据。因此,需要将它们转换为1和0,其中1表示"Yes",0表示"No"。

```
# 整数编码
def labelencode(x):
    churn_var[x] = LabelEncoder().fit_transform(churn_var[x])
for i in range(0, len(df_object.columns)):
    labelencode(df_object.columns[i])
print(list(map(Label, df_object.columns)))
```

输出结果如图12-36所示。

5. 分层抽样

根据前面的分析,我们已经知道存在样本不均衡问题,并且已经介绍了解决样本不均衡问题的三种方法。至于选择哪种方法来处理样本分布不均衡问题,读者可以依据最终模型训练的精度来做出判断。下面采用分层抽样来处理样本不均衡问题。

```
Partner -- [1 0]
Dependents -- [0 1]
MultipleLines -- [0 1]
InternetService -- [0 1 2]
OnlineSecurity -- [0 1]
OnlineBackup -- [1 0]
DeviceProtection -- [0 1]
TechSupport -- [0 1]
StreamingTV -- [0 1]
StreamingMovies -- [0 1]
Contract -- [0 1 2]
PaperlessBilling -- [1 0]
PaymentMethod -- [2 3 0 1]
```

图12-36 整数编码后的结果

```
"""
处理样本不均衡问题:分层抽样
"""
sss = StratifiedShuffleSplit(n_splits=5, test_size=0.2, random_state=0)
# print(sss)
# print("训练数据和测试数据被分成的组数:", sss.get_n_splits(x, y))


"""
拆分训练集和测试集
"""
for train_index, test_index in sss.split(x, y):
    x_train, x_test = x.iloc[train_index], x.iloc[test_index]
    y_train, y_test = y[train_index], y[test_index]
```

6. 过抽样

下面采用过抽样来处理样本不均衡问题。在数据集的拆分过程中,我们将数据集中的30%作为训练集,剩下的70%作为测试集,具体代码如下。

```
"""
处理样本不均衡问题:过抽样
"""

from imblearn.over_sampling import SMOTE
model_smote = SMOTE()    # 建立SMOTE对象
x, y = model_smote.fit_resample(x, y)
x = pd.DataFrame(x, columns=churn_var.columns)


"""
数据集的拆分
"""
# 数据集拆分:30%训练集和70%测试集
x_train, x_test, y_train, y_test = train_test_split(x, y, test_size=0.3,
                                                    random_state=0)
print('过抽样数据特征:', x.shape,
      '训练数据特征:', x_train.shape,
      '测试数据特征:', x_test.shape)

print('过抽样后数据标签:', y.shape,
      '    训练数据标签:', y_train.shape,
      '    测试数据标签:', y_test.shape)
```

输出结果为:

```
过抽样数据特征：(10348, 17)  训练数据特征：(7243, 17)  测试数据特征：(3105, 17)
过抽样后数据标签：(10348, )  训练数据标签：(7243, )  测试数据标签：(3105, )
```

12.8 数据建模

前面已经将数据集拆分好了，接下来应该对数据进行建模了。但是，我们还不能确定哪些模型能更好地去预测电信客户的流失，所以这里采用多个模型进行对比分析，以便能够拟合出最优的模型去进行预测。

```python
Classifiers = [["Random Forest", RandomForestClassifier()],       # 随机森林
               ["LogisticRegression", LogisticRegression()],      # 逻辑回归
               ["KNN", KNeighborsClassifier(n_neighbors=5)],      # KNN
               ["Decision Tree", DecisionTreeClassifier()]]       # 决策树
```

12.9 训练模型

下面分别采用随机森林模型（RandomForestClassifier）、逻辑回归模型（LogisticRegression）、KNN 模型（KNeighborsClassifier）和决策树模型（DecisionTreeClassifier）来训练上述电信客户信息数据集，具体代码如下。

```python
"""
训练模型
"""
Classify_result = []
names = []
prediction = []
for name, classifier in Classifiers:
    classifier.fit(x_train, y_train)                       # 训练模型
    y_pred = classifier.predict(x_test)                    # 预测
    recall = recall_score(y_test, y_pred)                  # 召回率
    precision = precision_score(y_test, y_pred)            # 准确率
    f1score = f1_score(y_test, y_pred)                     # 计算F1分数
    class_eva = pd.DataFrame([recall, precision, f1score])
    Classify_result.append(class_eva)
    name = pd.Series(name)
    names.append(name)
```

```
y_pred = pd.Series(y_pred)    # 预测值
prediction.append(y_pred)
```

 12.10 模型的评估

前面已经构建好了随机森林模型、逻辑回归模型、KNN模型和决策树模型,但是各个模型具体的效果如何还有待评估。下面就对各个模型进行评估,具体代码如下。

```
"""
模型评估
"""
names = pd.DataFrame(names)
names = names[0].tolist()
result = pd.concat(Classify_result, axis=1)
result.columns = names
result.index = ["recall", "precision", "f1score"]
print(result)
```

采用分层抽样来处理样本不均衡问题,并采用随机森林、逻辑回归、KNN及决策树来训练模型,得到的结果如下。

	Random Forest	LogisticRegression	KNN	Decision Tree
recall	0.508021	0.545455	0.582888	0.513369
precision	0.620915	0.658065	0.578249	0.486076
f1score	0.558824	**0.596491**	0.580559	0.499350

由上述结果可以看出,逻辑回归模型的评分最高,决策树模型的评分最低。显然,当前模型的效果还有待提升。

采用过抽样来处理样本不均衡问题,并采用随机森林、逻辑回归、KNN及决策树来训练模型,得到的结果如下。

	Random Forest	LogisticRegression	KNN	Decision Tree
recall	0.872914	0.82285	0.924262	0.836329
precision	0.80236	0.761283	0.745342	0.775595
f1score	0.836151	0.79087	0.825215	0.804818

由上述结果可以看出,在处理样本不均衡问题时,采用过抽样能够显著提升模型的性能。特别是在评估F_1分数时,随机森林模型的表现尤为出色,达到了所有测试模型中的最高分。

12.11 本章小结

　　本章通过真实的电信客户信息数据的案例,对数据挖掘实战中的各个步骤进行了详细的演示。从数据准备、数据清洗、数据处理、数据可视化、特征工程,到采用随机森林、逻辑回归、KNN 及决策树构建模型,再到模型的训练和评估。通过该案例挖掘出了电信客户流失与哪些因素有关,不仅能为电信企业提高销售利润、降低营销成本,还能帮助电信企业改善业务布局,提升用户满意度。